F. David Peat:
Der Stein der Weisen
Chaos und verborgene Weltordnung

Mit 36 Abbildungen
Aus dem Amerikanischen von
Hainer Kober

Deutscher
Taschenbuch
Verlag

dtv

Von F. David Peat
ist im Deutschen Taschenbuch Verlag erschienen:
Die Entdeckung des Chaos (mit John Briggs; 30349)

Ungekürzte Ausgabe
Juni 1994
Deutscher Taschenbuch Verlag GmbH & Co. KG,
München

Titel der amerikanischen Originalausgabe:
The Philosopher's Stone, Chaos, Synchronicity,
and the hidden order of the world
Bantam Books, New York 1991

ISBN 3-455-08407-0
Umschlaggestaltung: Dieter Brumshagen
Umschlagabbildung: Scott A. Burns
Satz: Utesch Satztechnik GmbH, Hamburg
Druck und Bindung: C. H. Beck'sche Buchdruckerei,
Nördlingen
Printed in Germany · ISBN 3-423-30416-2

Der Autor dankt den Mitarbeitern des
Canada Council für ihre Unterstützung
bei der Arbeit an diesem Buch

Inhalt

Sechstes Kapitel

Siebtes Kapitel

Einführung

Im vorliegenden Buch geht es um eine neue Lehre von der Beschaffenheit des Universums. Sie sieht Geist und Materie, Subjektivität und Objektivität zu einer Ganzheit vereinigt, in der jede Zelle und jedes Atom unseres Körpers am selben schöpferischen Prozeß teilhaben. Das Universum ist nach dieser Auffassung auf jeder Ebene von unendlicher Komplexität und läßt sich in seinen feinsten Verästelungen mit keiner Theorie und keinem System wissenschaftlicher Forschung vollständig erklären.

In diesem Buch sollen die traditionellen Grenzen und Unterscheidungen zwischen der materiellen oder »realen« Welt einerseits und der Welt menschlicher Erfahrung andererseits aufgehoben werden, indem auf den tieferen Zusammenhang zwischen dem inneren Charakter oder dem Wesen der Dinge und ihrem äußeren Charakter, nämlich ihrem Erscheinungsbild, hingewiesen wird. Darüber hinaus wird darin die ganzheitliche Natur unserer Physis, unseres Denkens und Fühlens beschrieben und auf die Beziehungen eingegangen, die jeden einzelnen mit seinem sozialen Umfeld und seinem biologischen Lebensraum verbinden. Vielleicht kann es dem Leser wieder zu Bewußtsein bringen, daß die Natur lebendig ist und daß alle Dinge in einem tieferen Zusammenhang stehen.

Auch das Universum bietet Lebensraum und Bezugssystem für uns alle. Jeder von uns ist lebendiges Glied eines grenzenlosen schöpferischen Prozesses. Als Kinder des Kosmos genießen wir jeden Augenblick eine ungeheure Freiheit, tragen aber auch die Verantwortung für uns, für andere und für unsere

Welt. Wenn wir an die unendliche Verästelung und Ganzheitlichkeit der Natur glauben und sie wirklich begreifen wollen, ergibt sich daraus beinahe zwangsläufig die Forderung nach einer neuen Moral, nach einem radikal anderen Grundmuster gesellschaftlichen Handelns. Wenn wir uns selbst vollständig in Wirken und Zusammenhang der Welt einbezogen fühlen, werden wir vielleicht weniger danach trachten, die Natur unseren Zwecken unterzuordnen und sie auszubeuten. Wir brauchen also eine radikale Veränderung unserer Einstellungen, völlig neue Reaktionsweisen, die ich später unter den Stichwörtern *schöpferisches Innehalten* und *sanftes Handeln* erörtern werde.

Suche nach Sinn

Wir alle haben schon einmal jene plötzliche Verdichtung von Erfahrung und Empfindung verspürt, die uns den Sinn der Welt jäh deutlich zu machen scheint. Es kann eine besonders eindringliche Naturwahrnehmung sein, als würden wir Berge und Bäume zum erstenmal sehen oder die Begegnung mit einem anderen Menschen. Ein solches Erlebnis kann uns während der Auseinandersetzung mit unserem Beruf, bei einer kreativen Arbeit oder bei der Ausübung unseres Hobbys begegnen. Vielleicht wird es einfach dadurch ausgelöst, daß wir für Momente Körper und Seele besonders intensiv wahrnehmen oder eine lebhafte innere Vision haben. Möglicherweise empfinden wir dann, daß die Natur lebendig ist – und zwar lebendig auf allen Ebenen und alle Dinge umfassend: den Stein und den Baum, das Molekül und den Stern. Im Augenblick einer solchen Epiphanie wird uns bewußt, daß wir es mit einem universalen, vielleicht sogar ewigen Phänomen zu tun haben. Dieser Augenblick gewinnt eine besondere, erhellende Qualität und scheint sich in der Zeit unendlich auszudehnen. Wir spüren, daß alle Grenzen zwischen uns und der Außenwelt aufgehoben sind, denn das, was wir erleben, liegt jenseits aller Kategorien und aller Versuche, es mit Hilfe des logischen Denkens zu erfassen. Solche Epiphanien können sich in flüchtigen Augenblicken ereignen oder das ganze Leben eines Menschen durchdringen. Wie immer sie auch beschaffen sind, sie vermitteln uns ein Gefühl der Hoffnung und das Empfinden, das Universum selbst verfüge über einen tieferen Sinn. In solchen Augenblicken gewinnen wir die Überzeugung, daß es in der Tat möglich sei, in Harmonie mit Natur und Erde zu leben, Geist und Körper als Einheit zu empfinden und zutiefst befriedigende Beziehungen zu allem, was uns umgibt, zu unterhalten.

Demgegenüber leugnet die traditionelle Naturwissenschaft, daß Materie mit Sinn in irgendeiner objektiven Bedeutung des Wortes erfüllt sein könnte. Die materielle Welt, so erklärt man uns, werde von unveränderlichen Gesetzen gesteuert und lasse sich keinesfalls als frei, als nicht-determiniert beschreiben. Darüber hinaus sei jede Struktur letztlich auf einfachste Strukturen zurückzuführen, auf Quarks oder Superstrings. In dieser objektiven, materiellen Welt gibt es offenbar keinen Platz für subjektive menschliche Wertvorstellungen wie Sinn, Freiheit, Kreativität und Bedeutung.

Synchronizitäten

In einem früheren Buch – *Synchronizität – Die verborgene Ordnung*[1] – habe ich mich mit dem Gegensatz zwischen der Unmittelbarkeit bestimmter menschlicher Erfahrungen und der Distanz schaffenden Wirkung verschiedener rationaler Theorien und Interpretationen beschäftigt, die sich anheischig machen, die Welt zu erklären. Den Begriff *Synchronizität* hat der Psychoanalytiker Carl Jung geprägt.[2] Ihn interessierten Symbole, Muster und Erfahrungen, die die Grenze zwischen Materie und Geist, innerer Erfahrung und objektiver Außenwelt überwanden.

So hat er beispielsweise dargelegt, daß Träume in den alltäglichen Bereich persönlicher Beziehungen und materieller Ereignisse übergreifen können. Manchmal spiegeln sich die

Ereignisse und Symbole eines Traums in der Außenwelt. Beispielsweise träumt ein Mensch intensiv von einem Unglück und liest am nächsten Tag in der Zeitung von einer Katastrophe, die seinem Traum in verblüffend vielen Einzelheiten entspricht. Oder es begegnen ihm Bilder aus einem Traum wenige Tage später tatsächlich in einer Landschaft wieder. Nicht selten erleben Psychiater, daß Glühbirnen explodieren, an Türen geklopft wird, ohne daß jemand davor steht, oder Möbel in Schwingungen geraten, wenn ein Patient an einen kritischen Punkt in der Therapie gelangt. In diesen Fällen berühren und durchdringen sich, wie Jung darlegt, Innenwelt und Außenwelt, Subjektivität und Objektivität.

Nehmen wir ein konkretes Beispiel: Ein Psychologe wachte aus einem besonders scheußlichen Traum auf, in dessen Mittelpunkt ein brutaler Mord stand. Er versuchte, diesen Traum zu deuten, und ging dabei von der Annahme aus, die Trauminhalte hätten mit jüngeren Ereignissen in seinem Leben zu tun und er, der Psychologe, habe sie auf irgendeine Weise in die verschiedenen Charaktere des Traums projiziert. Doch ganz gleich, wie er sich seinem Traum zu nähern suchte, er kam der Bedeutung und der persönlichen Beziehung dazu nicht auf die Spur. Am Tag darauf wurde er gebeten, als Gutachter in einem Prozeß aufzutreten. Überrascht stellte er fest, daß die Einzelheiten des tatsächlichen Mordes mit denen in seinem Traum auf verblüffende Weise übereinstimmten.

Ein anderes Beispiel kann ich aus meiner persönlichen Erfahrung beisteuern. Unlängst zeigte mir ein befreundeter Maler einige seiner Bilder. Eines davon wies ein merkwürdiges Muster in der rechten oberen Ecke auf, das wie eine »Sternenkarte« aussah. Tatsächlich erzählte der Maler, er habe die ersten Skizzen zu seinem Bild aus einer Karte entwickelt, die von den Ureinwohnern Ozeaniens benutzt werde. Seine endgültige Form habe das Bild bei einer Art Wachtraum angenommen, den er während der Arbeit daran gehabt habe.

Wenig später besuchte ich einige Ureinwohner, die Kanufahrten auf dem Pazifischen Ozean planten. Anlaß der Reise war die Vision einer kanadischen Indianerin, die später von vielen Stammesältesten in aller Welt gedeutet wurde. In dieser Vision spielte eine Karte eine große Rolle, die dem Motiv auf dem Bild meines Malerfreundes bemerkenswert ähnlich war. Auf irgendeine Weise hatte die Karte, die weit verstreut lebende Menschen zu einem gemeinsamen Vorhaben vereinigt und motiviert hatte, auch die künstlerischen Vorstellungen eines in Kanada lebenden englischen Malers berührt und geprägt.

Der australische Anthropologe A. P. Elkin beschreibt, daß ein Aboriginal während eines ganz normalen Gesprächs oder während er seiner Arbeit nachgeht, plötzlich eine unwillkürliche Bewegung eines Körperteils verspürt.[3] Er zieht sich dann sofort in eine Art meditativen Zustand zurück, der einige Minuten dauert, bis er »weiß«, wer ihn in nächster Zeit besuchen wird – etwa ein bestimmtes Mitglied seines Stammes. Oft reagieren sogenannte Zivilisationsmenschen mit Bestürzung, wenn ein Ureinwohner während längerer Abwesenheit von seiner Heimat plötzlich mit Bestimmtheit erklärt, sein Vater sei gestorben oder seine Frau habe ein Kind geboren. Doch für die Aborigines sind Träume und innere Erleuchtungen so real wie für uns Telefon und Radio. Ihre Realität hat nämlich weniger mit der Welt der alltäglichen Erscheinungen zu tun als mit der »Traumzeit« und den totemistischen Ahnen, die bis in die Gegenwart eines jeden Lebenden hineinwirken.

Jung bezeichnet solche parallelen Vorgänge als Synchronizitäten und sagt, sie lägen außerhalb der normalen Grenzen von Kausalität und physikalischen Gesetzen. Diese »akausalen Verknüpfungen«, wie er das Phänomen nennt, seien nicht dem Einfluß von Zeit und Raum unterworfen und überschritten die Grenzen zwischen Geist und Materie. Nach Auffassung des Physikers Wolfgang Pauli, der mit Jung zusammengearbeitet hat, ist zur Erklärung dieser Zusammenhänge erforderlich, die Gesetze von Physik und Psychologie einzubeziehen in eine neue Wissenschaft, deren Bereich – so Pauli – die objektive Seite des menschlichen Bewußtseins und die subjektive Seite der Materie sein müßte.

Mit der Bedeutung von Jungs Ideen habe ich mich ausführlich in dem Buch *Synchronizität – Die verborgene Ordnung* beschäftigt. In seinen Schlußkapiteln habe ich von der Möglichkeit gesprochen, daß es bereits eine neue Wissenschaft gibt, die in der Lage ist, die Kreativität, die unvorstellbare Verästelung und Grenzenlosigkeit des Universums zu erfassen. Vom fortgesetzten Wachstum und der Entwicklung dieser neuen Wissenschaft soll im vorliegenden Buch die Rede sein.

Authentische Erfahrung

Zwar haben die meisten von uns Augenblicke besonderer Intensität erlebt, doch wenn diese besonders erhellten Momente vorüber waren, blieben wir manchmal mit einem Gefühl des Getrenntseins von der Welt um uns her zurück. Viele Menschen gehen durch belebte Straßen, ohne irgend etwas Konkretes wahrzunehmen, nicht einmal der Elendszustand eines Bettlers oder Obdachlosen vermag das Vakuum, das sie umgibt, zu durchdringen. Auch in einem überfüllten Fahrstuhl schaffen wir uns dieses »private« Vakuum, und in unseren Büros richten wir uns Schutzzonen ein. Gelegentlich erscheint uns unser Beruf wenig sinnvoll und nicht mehr zu sein als ein endloser Wettlauf um Beförderung, Ansehen, Macht und Autorität. Für manche Menschen hat das Leben wenig Sinn; sie haben kein Ziel.

Die Frage nach der mangelnden Authentizität menschlicher Existenz in moderner Zeit ist von vielen Denkern und Schriftstellern eingehend erörtert worden. Besonders gilt dies für die Philosophen des Existentialismus, die großen Einfluß auf das Denken ihrer Zeit hatten. Der dänische Philosoph Søren Kierkegaard meint, wahre individuelle Freiheit könne in diesem sinnlosen oder »absurden« Universum nur durch den Sprung ins Ungewisse erreicht werden, durch den Entschluß zum individuellen Handeln – trotz aller Sinnlosigkeit. Auch Jean-Paul Sartre sieht die Situation düster. Antoine Roquentin, die Hauptperson seines Romans *La Nausée* (Der Ekel), fühlt sich getrennt von aller Erfahrung und heimgesucht von einem überwältigenden Gefühl des Ekels angesichts der Sinnlosigkeit menschlicher Existenz. Für Sartre ist die materielle Welt, »das Ansichsein« (*l'en-soi*), »ohne Grund für das Sein, ohne Beziehung zu anderem Sein; Ansichsein ist grundlos in alle Ewigkeit«. Er gelangt zu der Überzeugung, es sei nutzlos in einer so sinnlosen Welt nach Wert- oder Moralvorstellungen zu suchen. Doch für Sartre wie Kierkegaard liegt die Möglichkeit individueller Freiheit darin, die Absurdität des Lebens zu akzeptieren. Der existentialistische Mensch findet in der Vorstellung von einer sinnentleerten Existenz Ermutigung und sogar eine Art stolzer Genugtuung, weil er seinem Leben durch die eigenen Handlungen und Entscheidungen einen Sinn geben kann.

Woody Allens Film *Crimes and Misdemeanors* ist ein jüngeres und populäreres Beispiel für diese Haltung. Die Hauptperson stiftet jemanden zu einem Mord an, um den Familienfrieden und sein bequemes Leben zu bewahren. Nachdem das Verbrechen ausgeführt ist, leidet er unter schrecklichen Schuldgefühlen, denn inzwischen glaubt er an einen allwissenden Gott und ein von Sinn und moralischen Gesetzen bestimmtes Universum, gegen die er verstoßen hat. Doch einige Monate nach dem Mord wacht er eines Morgens auf und stellt fest, daß seine Schuldgefühle, aber auch sein Glaube an einen allwissenden Gott, ein absolutes moralisches Gesetz und den Sinn des Universums verschwunden sind. Ihm genügt die persönliche Erfüllung, die er in den menschlichen Beziehungen findet und in der Freiheit, nach Belieben zu handeln und zu entscheiden.

Wer so denkt, hält Synchronizität natürlich für eine Illusion, für den sind Epiphanien heftige innere Erlebnisse ohne Einfluß auf die Außenwelt. Die Gefahr einer solchen Auffassung liegt jedoch darin, daß sie den Menschen sich selbst, anderen und der Natur entfremden kann. Sie führt womöglich zu Wertvorstellungen, in deren Mittelpunkt allein das Individuum oder bestenfalls noch eine abstrakte Vorstellung von Gesellschaft steht, ohne den sehr viel komplexeren Prozeß des Lebens zu berücksichtigen oder sich selbst im Zusammenhang eines größeren Ganzen zu sehen. In seiner extremen Form überschattet dieses Gefühl des Von-der-Welt-isoliert-Seins die gesamte

Wahrnehmung dieser Welt mit düsterer Schwermut. Sogar der eigene Körper wird dann oft als fremd empfunden. Er wird ernährt, gewaschen und bekleidet. Er wird krank und verspürt Schmerz, aber er ist ein fremdes Objekt, das man mißachten kann, bis es nicht mehr funktioniert und versagt. Diese Trennung vom eigenen Körper und all seinen Gefühlen, Empfindungen und Erlebnissen und damit vom eigenen Ich kann sich ausweiten, bis auch eine Isolation von der Familie und den Freunden, erst recht aber von der Natur und dem natürlichen Weltgeschehen erreicht ist. Das Gefühl der Fremdheit durchdringt dann alle Facetten des Lebens, unsere Innenwelt, die Außenwelt und alles, was diese Außenwelt repräsentiert.

Wir müssen uns klarmachen, daß die Beschäftigung mit der Synchronizität oder dem Sinn des Universums kein rein akademisches Unterfangen ist, denn sie hat entscheidende Bedeutung für unser Leben, und im weiteren Sinn sogar für das Überleben des Planeten. Wenn wir uns wirklich als Teil einer sinnerfüllten Natur fühlen, wenn wir einen Zusammenhang zwischen der Welt der inneren Erfahrung und der äußeren Ereignisse voraussetzen, wird sich unser gesamtes Denken radikal verändern.

Mit diesem Buch möchte ich den Leser mitnehmen auf eine Reise zum Mittelpunkt dessen, was ich unter einem lebendigen Universum verstehe. Die hier dargelegte Vorstellung von Sinn und Zusammenhang verlangt nach einer neuen Wissenschaft, deren Grundlagen ganzheitliche Betrachtung und Kreativität sind. Beginnen wir also diese Reise und rüsten wir uns wie alle Reisenden mit Karten aus, die uns dabei helfen, uns zu orientieren und unseren Weg zu finden.

Erstes Kapitel

KARTEN UND REISEN

Vielleicht kann die Suche nach einer neuen Physik und einer neuen wissenschaftlichen Sichtweise dazu beitragen, die Hindernisse zu überwinden, die uns von der Natur trennen. Vielleicht kann sie uns helfen, unsere Existenz und unsere Gesellschaft mit neuem Leben zu erfüllen. Wenn wir eine Reise in den Bereich einer neuen Wissenschaft unternehmen wollen, müssen wir zunächst Karten, mit deren Hilfe wir uns bislang orientiert haben, die der Newtonschen Wissenschaft, gegen eine andere Art Karten austauschen. Ich werde sie die Karten der nicht-unitären Physik nennen. Doch was ist in diesem Zusammenhang eigentlich eine Karte? In gewissem Sinne stellt sie eine echte Synchronizität dar, denn sie ist ein Symbol für den Zusammenhang zwischen materiellen Ereignissen in der Außenwelt und dem inneren Leben des Menschen. Ein solcher Kartenbegriff mag zunächst etwas ungewöhnlich erscheinen. Doch wir müssen uns klarmachen, daß die Straßenkarte, mit deren Hilfe wir uns in einer Stadt zurechtfinden, eben eine sehr spezielle Art von Karte ist. In vielen Kulturkreisen sind Karten geradezu heilige Objekte. In manchen Gesellschaften verbietet sogar ein Gesetz, daß die falsche Person bestimmte Karten zu Gesicht bekommt. Verstöße gegen dieses Tabu werden mit dem Tod bestraft.

Sinnerfüllte und ganzheitliche Augenblicke sind in unserer Kultur so selten geworden, daß wir spezielle Wörter erfinden müssen, um sie zu beschreiben – etwa *Synchronizität* oder *Epiphanie*. Der Psychologe Abraham Maslow[1] nennt solche Ereignisse »Gipfelerlebnisse«. Die Angehörigen mancher Völker jedoch verbringen ihr gesamtes Leben auf diesem Gipfel. Beschäftigen wir uns also zunächst mit einer Karte eines solchen Naturvolkes, mit der Naturverbundenheit seiner Menschen und ihrem Lebensgefühl.

Häuptling Seattle[2] vom Stamm der Dwamish am Pugetsund hat gesagt: »Jeder Teil dieser Erde [...], jede Lichtung, jedes summende Insekt ist heilig.«

Den Indianern gelten Tiere, Bäume und sogar Felsen als gleichwertige Geschöpfe, zu denen sie auch sprechen. Jungs Idee vom sinnerfüllten Zusammenhang, der »akausalen Verknüpfung«, ist für Indianer eine lebendige Erfahrung und nicht nur eine theoretische Idee. Nach meiner Überzeugung verfügen viele dieser Völker über eine tiefgreifende und umfassende Vorstellung von ihrer Beziehung zum Kosmos, die über Jungs Ideen noch hinausreicht. Für fast alle Europäer und Amerikaner, geprägt von einem rationalen Naturbegriff, wäre es völlig indiskutabel, mit unbelebter Materie zu kommunizieren. Nach unserem Verständnis beruht Kommunikation stets auf irgendeiner Art von Wechselwirkung, bei der wahrnehmbare Signale ausgetauscht werden. Wie sollte unter diesen Umständen ein Stein sprechen oder ein Baum hören können?

Doch nehmen wir an, es gäbe andere Seinsweisen – Seinsweisen, in denen die Kommunikation zu einer direkten, durch nichts vermittelten Gegenwart wird. Bei den Indianern der nordamerikanischen Waldgebiete heißt dieses Phänomen *skanagoab* und ist das magische Bewußtsein von Einheit und Gleichgewicht in der Natur. Wenn eine Trennung nicht überwunden werden muß, kann man mit Steinen und Bäumen reden und ihre inneren Stimmen hören. Man kann die Authentizität aller Dinge erfahren. Hören wir die Worte eines anderen Indianerhäuptlings: »Wir müssen die Natur verstehen. Deshalb sprechen wir zu ihnen. Wir beten sie nicht an. Wir sprechen zu ihnen, weil sie die gleiche Luft atmen wie wir. Wir bewohnen mit ihnen die gleiche Erde. Auch zum Pflanzenleben gehören wir. Wir wachsen stetig. Deshalb brauchen wir starke Wurzeln.«[3]

Den ersten europäischen Siedlern erschien der nordamerikanische Kontinent grenzenlos. Häuptling Seattle, der seine poetischen Naturbetrachtungen Mitte des 19. Jahrhunderts schrieb, war sich über die Isolation des weißen Mannes von der Natur und ihrem wahren Wesen bewußt: »Wir sind ein Teil der Erde, und sie ist ein Teil von uns. Die duftenden Blumen sind unsere Schwestern, die Rehe, das Pferd, der große Adler – sind unsere Brüder. Die felsigen Höhen, die saftigen Wiesen, die Körperwärme des Ponys – und des Menschen –, sie alle gehören zur gleichen Familie.«

Ich denke, daß wir trotz der Trennungs- und Entfremdungsgefühle, die in unserer Gesellschaft vorherrschen, zu dieser einstigen Ganzheitlichkeit zurückfinden können. Wenn wir in unserer Erinnerung weit genug zurückgehen, waren wir alle in gewissem Sinne solche Naturkinder, denn unsere Kindheit war erfüllt von ähnlich intensiven Erfahrungen.

Eine Welt von Karten

Um sich auf ihren Kanufahrten zwischen den Pazifikinseln zu orientieren, verwenden die Mikronesier Karten aus Stöckchen und kleinen Steinen. Die Hopi symbolisieren ihre Wanderungen durch Nordamerika mit Hilfe von Markierungen und Malereien. Die Ojibwa haben ihre Wanderungen und die Geschichte ihres Ursprungs auf Rollen aus Birkenrinde aufgezeichnet, die ihnen heilig sind. Die Architektur und Anordnung der Großen Häuser oder *Marae* der Maori entsprechen kosmologischen Karten oder Darstellungen des menschlichen Körpers. Die Sandzeichnungen der Navajos sind ein gutes Beispiel für Synchronizitäten, denn sie werden auch als Energiequellen genutzt: Um die Heilung von einer Krankheit zu fördern, geht der Rekonvaleszent vorsichtig innerhalb der in den Sand gemalten Muster umher und gewinnt so seine Harmonie mit dem Kosmos zurück. Diese Karten sind so heilig, daß sie nach dem Ritual sofort ausgelöscht werden müssen. Die australischen Aborigines zeichnen herrliche Karten, auf denen die Wege symbolisiert sind, die ihre Ahnen in der Traumzeit zurückgelegt haben. Diese Karten stellen den Kontinent anhand seiner prägnanten Merkmale dar. Einerseits repräsentieren sie die geographischen und topographischen Gegebenheiten, andererseits sind sie aber auch Ausdruck der Beziehung, die eine Gesellschaft zu ihrer Landschaft hat. Vor allem aber stellen diese Karten oft den individuellen Lebensweg einzelner Ureinwohner dar, von der Anfangsphase ihrer Existenz im Mutterleib bis zum Augenblick ihres Todes. Jeder Punkt in der Landschaft entspricht einem Teil des Traumpfades auf der Karte, und jede Region auf der Karte hat ihre eigenen Songlines, die auf bestimmten Reisen gesungen werden müssen. Wenn ein Aboriginal den Tod nahen fühlt, tritt er seine letzte Reise an und sucht eine vorher bestimmte Region auf. Sie wurde von dem Ahnen geheiligt, der auch für den ersten Atemzug des nun alten Menschen verantwortlich war.

Manche dieser Traumpfade sind viele hundert Meilen lang und führen durch das Gebiet verschiedener Stämme.

Viele amerikanische Indianer erklären, sie hätten »eine Karte im Kopf« – sie könnten ihren eigenen Weg durch das Land und sogar die großen Wanderwege ihrer Vorfahren finden.[4] In solchen Karten ist die Erinnerung an die ergiebigen Jagdstrecken und bestimmte Wildwechsel erhalten. Darüber hinaus preisen sie die Natur und zeigen das Land im Wechsel der Jahreszeiten. Sie erzählen von der Geschichte des Stammes und markieren die heiligen Orte. Die Karte symbolisiert auch den Gesang des Windes in den Bäumen und die Stimme der Felsen, die vernehmbar wird, wenn das Kind am Feuer sitzt und den Geschichten und Liedern der Erwachsenen lauscht. Sie gewinnt ihren gestalterischen Reichtum aus der Darstellung von Festen und Reisen, und sie drückt das Gefühl der Einheit mit Pflanzen und Tieren aus. Sie zeigt den Weg, den der Stamm genommen hat, und die Lebensreise seiner Mitglieder. In einigen Fällen, so in der Ojibway Midewiwin (Medizin) Society, müssen die Probanden im Verlaufe des Initiationsprozesses die Bedeutung dieser Karten lernen.

Indianische Karten geben eine Einheit von Raum und Zeit wieder oder von sakralen und alltäglichen Ereignissen: Wenn das Fleisch des Büffels oder Karibus eine gute Medizin ist, dann wird für den, der es ißt, eine direkte Verbindung zum schöpferischen Mittelpunkt der Erde hergestellt. Alle Symbole auf der Karte sind von zugleich sakraler und praktischer Bedeutung. Wer eine bestimmte Landschaft passiert, tritt gleichzeitig in eine bestimmte Geschichte ein, zu der wiederum ein bestimmtes Lied gehört. Innerhalb einer solchen Karte kann es keine Isolation, keine Entfremdung, keine Objektivierung der Außenwelt geben. Wie unterschiedlich die Anhänger eines naturwissenschaftlichen Weltbildes und Indianer etwa Landschaftsmerkmale wiedergeben, läßt sich an einem Vorfall demonstrieren, den Hugh Brody in seinem Buch *Maps of Dreams* beschreibt.[5] Anläßlich eines geplanten Pipeline-Baus im Norden British-Kolumbiens wurden eine Reihe staatlicher Hearings veranstaltet. Eines Tages besuchte die Kommission auch einen Indianerstamm, um die Karten zu präsentieren, die die Ingenieure des Unternehmens entworfen hatten. Sie hatten sogar topographische Karten mitgebracht, auf denen die Jagdreviere der Indianer verzeichnet waren. Bis dahin orientierte sich die Anhörung also am naturwissenschaftlichen Begriff von Landschaft und Landschaftswiedergabe. Doch kurz vor Ende der Sitzung erschienen einige Indianer mit einem heiligen Bündel, aus dem sie behutsam eine Traumkarte hervorholten. Diese Traumkarte offenbarte, wie anders und wieviel tiefer das Verständnis der Indianer von Landschaft, natürlicher Umwelt und eigener Geschichte ist. Die Karte diente auch dazu, den Toten den Weg in die andere Welt zu weisen. Als echte Synchronizität vereinigte die Karte Himmel und Erde, Vergangenheit und Gegenwart, Mensch und Natur, die Welt der Träume und die Welt der physikalischen Ereignisse.

Wie Hugh Brody berichtet, stießen die Indianer mit ihrer eindrucksvollen Demonstration von ganzheitlicher Weltsicht bei den Teilnehmern des Hearings auf absolutes Unverständnis. Zwar bewunderten die höflich die Bilder und Symbole, doch dann packten sie ihre Aktenkoffer und wollten aufbrechen. Die Indianer protestierten und erklärten, nun müsse eine längere Phase des Trommelns und Singens folgen. Immer noch höflich lauschten die Hearingteilnehmer für einige Minuten dem Ritual der Indianer, dann fuhren sie in ihren klimatisierten Bussen davon. Offenbar läßt sich kein größerer Gegensatz vorstellen als der zwischen dem naturwissenschaftlichen Bild von dem, was Landschaft bedeutet, und dem der Indianer.

Ich werde also im weiteren die unterschiedlichen Vorstellungen von einer die Welt abbildenden Karte sowohl als Metapher als auch als konkretes Hilfsmittel benutzen, um die unterschiedlichen Bilder deutlich zu machen, die das naturwissenschaftliche und das nicht naturwissenschaftliche Verständnis prägen. Wie die Karten der Eingeborenen auf Sand, Stein, Rinde und Häute gezeichnet sind, so sind auch wissenschaftliche Karten mit Symbolen versehen, in diesem Fall allerdings mit Zahlen und abstrakten mathematischen Zeichen. Und genauso wie die Karten der Indianer eine bestimmte Vorstellung vom Kosmos verkörpern, geben auch die wissenschaftlichen Karten Vorstellungen wieder, die sich der Zivilisationsmensch von der Natur und dem Leben macht. In diesem Vergleich schneiden die Wissenschaftskarten schlecht ab. Sie fügen sich nicht mehr zu einem Ganzen, sondern zerstückeln unsere Erfahrung und reduzieren die Landschaft auf ein Objekt. Sie geben ein isoliertes Bild wieder. Wir müssen versuchen, dieses Bild zu ergänzen.

Neue Karten ersetzen die alten

Mit Hilfe von Karten, Symbolen, Mandalas, Felszeichnungen usw. haben Menschen in allen Regionen dieser Erde auszudrücken versucht, wie sie den Zusammenhang zwischen Innen- und Außenwelt, zwischen dem Ich und der Welt, dem einzelnen und der Gesellschaft sehen. Wie wir gezeigt haben, stellen sie Synchronizitäten, Sinnmuster und Verbindungen zwischen der geistigen, der spirituellen und der materiellen Welt dar. Doch im Verlaufe unserer Zivilisation hat sich das naturwissenschaftliche Weltbild und damit die naturwissenschaftliche Karte durchgesetzt. Alle anderen Bilder, die der

Mensch sich von der Welt gemacht hat, wurden in den Hintergrund gedrängt. Sie verkörpern nur noch Legenden und gelten als »primitive« Darstellungen. Die wissenschaftlichen Karten haben ein hohes Maß an Abstraktion und Genauigkeit erreicht, die tiefere Bedeutung der Welt und unserer Verbindung zu ihr ist dabei verlorengegangen.

Wenn wir eine neue physikalische Betrachtungsweise, eine neue Ethik und eine neue Sichtweise des Universums entwikkeln wollen, müssen wir zunächst die wissenschaftlichen Karten überprüfen und feststellen, wo sie mißverständlich sind und wo sie ergänzt werden müssen. In diesem Kapitel werden wir uns mit dem leistungsfähigen Instrument der kartesischen Koordinaten beschäftigen und mit ihrer Hilfe eine spezielle Karte konstruieren, die des *Zustandraums.*

Bevor die Karte des Zustandraums vollständig ist, müssen wir eine Reihe von Zwischenstationen passieren und dabei frühere Karten mit einbeziehen, um dem Weg von ihrer welterklärenden und mythischen Bedeutung zur abstrakten geologischen nachvollziehen zu können.

Karten und Perspektiven

Das Leben im Mittelalter war mühselig und von finsterer Religiosität geprägt. Dennoch nannte Meister Eckehart es das »gute Leben«, ein Dasein, dessen Qualität aus dem inneren Frieden erwuchs und nicht aus dem Streben nach Besitz, Geld und Erfolg. Damals gab es keine Trennung zwischen dem Säkularen und dem Sakralen, und Kunst und Handwerk bildeten noch eine Einheit: Beeindruckende Werke von der Kleinplastik aus Elfenbein bis zu zeitgenössischen Gemälden und Kathedralen zeugen noch heute davon. Ein Gemälde, welches das Leben eines Heiligen darstellt, erzählt einerseits eine Geschichte, andererseits vermittelt es eine religiöse Botschaft. In einem solchen Bild sind Zeit und Raum vereinigt, denn der Heilige kann zu unterschiedlichen Zeitpunkten seines Lebens und an unterschiedlichen Orten dargestellt sein. Die verschiedenen

Elemente der Zeit und des Raumes werden zu einem einzigen Muster verwoben.

Die Verwendung von Farbe dient nicht nur der realistischen Abbildung, sondern hat auch symbolische Bedeutung, ebenso wie die unterschiedlichen Gegenstände auf dem Bild. Die Malerei ist reich an Formen und Symbolen, und wer sie zu deuten versteht, kann in ihr lesen wie in einem Buch. Die Malerei integriert den sakralen und den säkularen Aspekt. In der einen Ecke spielt ein kleiner Hund, und ein Bauer schläft seinen Rausch aus, einen leeren Weinbeutel zu seinen Füßen, während ganz in der Nähe gerade ein Wunder geschieht oder Gott vom Himmel herabsieht. Auf dem Bild ruht jede Form in sich selbst und existiert in ihrem eigenen Raum. Jeder Gegenstand wird mit der gleichen Hingabe gemalt wie Christus am Kreuz. Jedes Objekt, jedes Element besitzt seine eigene Wirklichkeit, und das Ganze wird auf wunderbare Weise zusammengefaßt.

Angesichts eines solchen Bildes spürt man, wie unmittelbar und allgegenwärtig das Sakrale war. Das zeigt auch die Art und Weise, wie der Künstler den Baum aufteilte, wenn er beispielsweise die Kreuzigung zeigen wollte. Das Geschehen wird gleichzeitig aus unterschiedlichen Blickwinkeln dargestellt. Der Betrachter blickt in das stumme Antlitz Christi, drängt sich gleichzeitig mit der Menge zu seinen Füßen, nimmt mit mikroskopischer Genauigkeit ein Grasbüschel wahr, blickt auf das weite Panorama hinab, sieht zur Madonna empor und schwebt mit Gott und seinen Engeln hoch über der Erde. Die Gesamtwirkung ist fast kinematographischer Natur, denn sie erweckt den Eindruck, daß hier viele verschiedene Kameraeinstellungen zusammengeschnitten worden sind – Nahaufnahme, Totale, Halbtotale.

Ähnlich komplett ist das Geschehen auf persischen Miniaturen dargestellt, wo jeder Gegenstand einen eigenen magischen Raum um sich entfaltet und seine besondere Form besitzt. Wenn diese Bilder viele unterschiedliche Raumordnungen erschaffen und in sich die Herrlichkeit des Himmels und die konkrete Unmittelbarkeit eines Grashalms vereinigen, so werden sie zum äußeren Ausdruck des ganzheitlichen inneren Lebens der Gesellschaft.

Doch mit Beginn der Renaissance ging diese Vorstellung von einer einheitlichen Gesellschaft, in der jeder Mensch seinen besonderen Platz einnimmt, unter. Statt dessen wurde das Individuum zum Mittelpunkt der Welt. In der mittelalterlichen Philosophie hieß es nach der Bibel: »wie im Himmel also auch auf Erden«, und der Mensch verkörperte das harmonische Abbild des Kosmos, die beginnende Neuzeit jedoch etablierte wieder die Vorstellung aus der griechischen Antike, wonach der »Mensch das Maß aller Dinge« ist.

Der einzelne Mensch war nun die Krönung der Schöpfung und seine Vernunft die höchste Instanz. Das Sakrale wurde vom Säkularen, die Kunst vom Handwerk geschieden. Entsprechend mußten auch die Karten geändert werden, die die neue Weltordnung zum Ausdruck bringen sollten. In der Renaissance war das Kunstwerk kein geschlossenes Ganzes mehr, in dem sich viele verschiedene Räume entfalteten, sondern es brachte die eine, gänzlich individuelle Sichtweise des Künstlers zum Ausdruck. In dieser Epoche können wir den Wandel von der alten zur neuen Welt verfolgen. In dem Maße wie sich die neuen Bilder oder die neuen Karten von der Welt entwickelten, entfernte sich das Bild, das der Mensch sich von sich machte, von seiner Eingebundenheit in die Natur.

Voraussetzung für diese Veränderung war der Beginn perspektivischer Maltechnik durch den Architekten und Bildhauer Filippo Brunelleschi (1377–1446). Mit der perspektivischen Malerei gaben die Künstler die Sichtweise des menschlichen Auges wieder, bildeten ihr Motiv also in gewisser Hinsicht realistischer ab. Doch nahmen sie dafür zwei Einschränkungen in Kauf: sie machten den Raum zum vorherrschenden Thema der Malerei, und sie verzerrten die Formen und Strukturen der Dinge, um die Darstellung auf eindimensionaler Leinwand der mehrdimensionalen Sichtweise des Auges anzupassen. Vielleicht ist es gar nicht so weit hergeholt, wenn man in dieser Vorherrschaft der Perspektive einen Vorboten der Vorherrschaft der Wissenschaft über die Natur sieht (Tafel 1,2).

Wenn man ein Geschehen – beispielsweise eine Kreuzigung – unter einem einzigen Blickwinkel darstellt, muß man diesem alles dienstbar machen. Da sich eine einzige, einseitige Sichtweise des Raumes durchgesetzt hat, kann es keinen sakralen, keinen speziell bestimmten Dingen eigentümlichen Raum mehr geben. Es gibt nur noch ein mathematisches Schema, dem die Darstellung aller Gegenstände untergeordnet wird – den Gesetzen der projektiven Geometrie, wenn man es wissenschaftlich ausdrücken will. Eine Vase, eine Landschaft, ein menschliches Gesicht, sie alle müssen gestreckt und verzerrt werden, verzerrt, um den Ansprüchen der Perspektive zu genügen.

Der Künstler hat die abstrakten räumlichen Beziehungen zur alles bestimmenden Eigenschaft der Natur gemacht und damit die Dinge eines Teils ihrer Qualitäten beraubt. Seither werden auch unsere Karten nach Kriterien angefertigt, die man messen und quantifizieren kann. Was sich erfahren läßt und einen nicht dinglichen inneren Wert besitzt, hat seine Bedeutung verloren.

Die Entwicklung der Perspektive brachte die Maler dazu, ihre Bilder nicht mehr mit Hilfe ihrer symbolischen Elemente, der speziellen Verwendung von Form und Farbe zu vereinigen, sondern durch den Raum selbst, durch die Darstellung der Vorlage unter einem einzigen Blickwinkel. Dazu aber mußten sie die natürlichen Formen und Strukturen verzerren. Die Vielfältigkeit der Natur, ihr komplexer Charakter dienten der bloßen »naturalistischen« Darstellung. Man konzentrierte sich auf räumliche Beziehungen und Maße und zwängte die Natur in einen abstrakten Rahmen.

Gitter und Folterbänke

Der Gedanke, die natürlichen Formen mit Hilfe eines Gitters unter den einen Blickwinkel der Perspektive zu zwingen, bringt sehr schön zum Ausdruck, wie man perspektivische Zeichnungen einst anfertigte.

Viele Stiche Albrecht Dürers (1471–1528) etwa sind nach einem Perspektivengitter angefertigt, mit dessen Hilfe ein Maler eine äußerst komplexe Vorlage in die Gesetze der perspektivischen Geometrie fügen konnte. Die Perspektive ergab sich aus der Beschäftigung mit der Optik und den Gesetzen, nach denen Lichtstrahlen auf ihrem Weg ins Auge des Malers von einem Modell oder einem Motiv reflektiert werden. Wenn ein Maler sich an diese Gesetze hält und ein Quadratraster aus Schnüren verwendet, kann er die Vorlage gemäß den Gesetzen der Perspektive auf ein Blatt Papier projizieren.[6]

Interessanterweise hat der elisabethanische Philosoph und Staatsmann Francis Bacon (1561–1626) verlangt, man müsse – genauso wie man die Formen der Natur auf das Perspektivengitter zwang – die natürliche Welt auf das Gitter der Wissenschaft binden. Bacon hat in seinem Buch *Novum Organum* als erster versucht, eine ideale wissenschaftliche Methode zu entwickeln. Er wollte die Natur »in den Dienst des Menschen« stellen, auf die Folterbank spannen und »peinlich befragen«, bis sie die richtigen Antworten auf unsere Fragen offenbarte. (Dabei verwendete er die weibliche Form *she* für die Natur, was sicher kein Zufall war.)[7]

Das Bild des Gitters ist ein weiterer Schritt auf unserem Weg von den ganzheitlichen und auf unmittelbarer Naturerfahrung beruhenden Karten zu den zunehmend abstrakten und quantitativ vermessenen Karten der Wissenschaft. Schon ist zu erkennen, daß Dürers Perspektivengitter eine einseitige Sichtweise repräsentiert. Es ist eine passive und objektive Sichtweise. Das Auge tastet die Vorlage nicht ab, der Kopf bewegt sich nicht, der Körper des Künstlers geht nicht in der Vorlage umher, und die Hand berührt und erkundet sie nicht.

Diese Weltsicht zeigt sich deutlich in der Abbildung eines Buches, das zu den Klassikern des 19. Jahrhunderts gehört: Ernst Machs *Die Analyse der Empfindungen und das Verhältnis des Physischen zum Psychischen.*[8] Mach (1838–1916) war Physiker, Philosoph und Psychologe und hat mit seinen Schriften den jungen Albert Einstein stark beeinflußt. Darüber hinaus ist er einer der Väter jener philosophischen Richtung, die man als

Positivismus bezeichnet. Nach Meinung des Psychiaters Thomas Szasz hat Mach auch die Lehre Sigmund Freuds beeinflußt. An der Universität von Prag arbeitete Mach an experimentalpsychologischen Studien und gelangte zu der Auffassung, wissenschaftliche Forschung beginne bereits mit physiologischen »Empfindungen«. Diese Sinneswahrnehmungen seien, so Mach, das Rohmaterial, aus dem Wissenschaftler ihre Naturkarten konstruieren. Die besten wissenschaftlichen Theorien sind nach seiner Meinung die Entwürfe, die auf dem kürzesten logischen Weg von den unmittelbaren Empfindungen zu den theoretischen Schlußfolgerungen gefunden werden. Eine Zeitlang waren Machs Vorstellungen prägend für die wissenschaftliche Theorie. Einstein, der sich wie gesagt intensiv mit Machs Konzepten auseinandergesetzt hatte, konnte schließlich zeigen, daß eine gute Theorie nicht am Ende einer kurzen logischen Kette stehen sollte, an deren Anfang die Sinneswahrnehmung steht, sondern vielmehr die entscheidenden beobachtbaren Phänomene in der Welt bestimmen und beschreiben muß.

Zu seiner Zeit fanden Machs wissenschaftstheoretische Überlegungen großen Anklang bei Wissenschaftlern mit philosophischer Neigung. Doch ist diese Sichtweise stark passiv. Der Wissenschaftler sitzt im Sessel und beobachtet die Welt. Besser: Er deutet die Sinneswahrnehmungen, die das Weltgeschehen in ihm auslöst. Er verläßt sich allein auf sein Auge, nur mit seiner Hilfe nimmt er das Universum noch wahr. Der Wissenschaftler Mach verläßt sich allein auf eines seiner Sinnesorgane, um die Vielfalt der Natur zu betrachten. So kann er nicht länger an ihr teilhaben.

Kartesische Koordinaten

Das Bestreben, die Welt mittels der Perspektive zu objektivieren und zu quantifizieren, führte zu einer der folgenreichsten und produktivsten Erfindungen, die jemals in der Wissenschaft gemacht wurden – dem Koordinatensystem. Der Philo-

Abbildung 1. Der Physiker und Philosoph Ernst Mach liegt auf seinem Sofa, schließt das rechte Auge und betrachtet die Welt – das Sinnbild wissenschaftlicher Objektivität. Aus: *Die Analyse der Empfindungen und das Verhältnis vom Physischen zum Psychischen* (Jena, Gustav Fischer 1886).

soph und Mathematiker René Descartes ist wohl in erster Linie aufgrund seiner Maxime *cogito ergo sum* (»Ich denke, also bin ich«) bekannt. Mit seiner These begannen die Trennung von Geist und Körper in der Philosophie und das Newton-kartesische Wissenschaftssystem.

Eine seiner bemerkenswertesten Leistungen ist die Entwicklung eines mathematischen Koordinatensystems, in dem sich jeder Punkt im Raum wiedergeben und jedes materielle Objekt mit einer Reihe von Zahlen versehen läßt, die seine Dynamik bestimmen. Die kartesischen Koordinaten sind die Voraussetzung für eine Vielzahl von wissenschaftlichen Errungenschaften: für die Quanten-Superstrings und die Relativitätstheorie ebenso wie für Kartenverweise und Berechnungen von Satellitenbahnen. Die kartesischen Koordinaten waren eine der ersten Erfindungen der neuzeitlichen Wissenschaft und spielen heute noch eine entscheidende Rolle, weil sie alle wissenschaftlichen Revolutionen erfolgreich überlebt haben.

Ein kartesisches Koordinatengitter hat große Ähnlichkeit mit dem Perspektivengitter auf Dürers Stich. In beiden Fällen wird der Ort eines Gegenstandes im Raum durch eine Anordnung von parallelen Linien und Schnittpunkten bestimmt. Descartes' Gitter war jedoch abstrakt, also mathematisch. Stellen Sie sich vor, ein solches Gitter würde auf Ihrem Küchenfußboden ausgelegt (Abbildung 2).

Es sähe aus wie eine Fläche von Fliesen, und der Standort beispielsweise eines Eimers ließe sich dadurch bestimmen, daß man angibt, auf welcher Fliese der Eimer steht: von einer Ecke aus gerechnet vier Fliesen seitlich und zwei Fliesen nach oben. Wenn man die Fliesen wie ein Koordinatengitter benutzt und sie entlang zweier Wände (Koordinaten) zählt, kann man den Standort des Eimers anhand zweier Zahlen beschreiben, die man als x- und y-Koordinate bezeichnet (Abbildung 3).

Entsprechend läßt sich das Koordinatensystem auf drei Dimensionen erweitern, so daß jeder Punkt irgendwo im Universum mit einem Zahlentrio verknüpft ist, seiner x-, y- und z-Koordinate (Abbildung 4).

Dieses kartesische Gitter und sein Koordinatensystem dienten einer neuen Methode, den Raum auf objektive und wissenschaftliche Weise darzustellen. Descartes hatte nämlich die

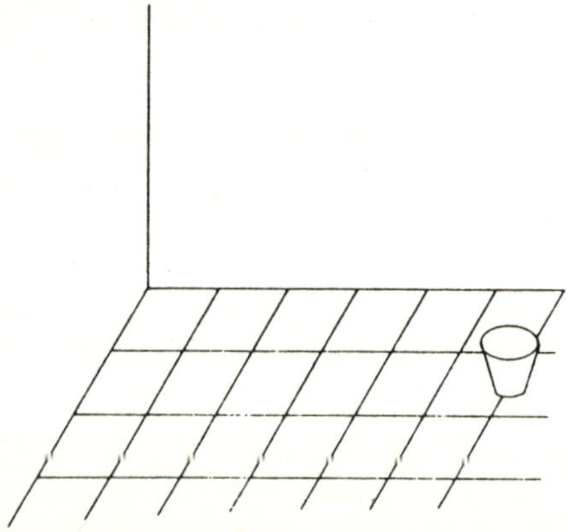

Abbildung 2. Der Standort eines Eimers auf einem gefliesten Fußboden läßt sich bestimmen, indem man die Zahl der Fliesen von zwei Wänden aus ermittelt.

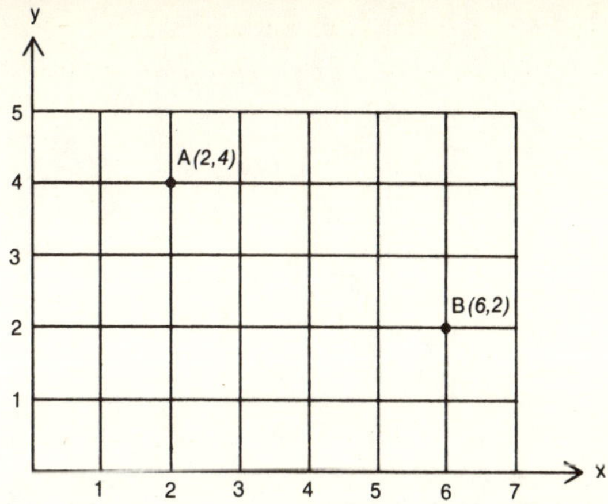

Abbildung 3. Ein kartesisches Gitter. Entfernungen werden entlang der x- und der y-Achse gemessen. Der Punkt A auf dem Gitter hat die Koordinaten (2,4), B die Koordinaten (6,2).

Absicht, das Universum vollständig zu quantifizieren, und sein erster Schritt in Richtung dieses Ziels bestand folgerichtig in der Quantifizierung des Raums. Descartes' Koordinatengitter hat sich inzwischen als eines der leistungsfähigsten Instrumente in der gesamten Wissenschaft erwiesen: Mit seiner Hilfe können Dinge zueinander in Beziehung gesetzt werden, zwischen denen zuvor eine Verbindung nicht zu erkennen war.

Da jeder Punkt im Raum bestimmt ist, wenn seine drei Koordinaten gegeben sind, konnte Descartes nachweisen, daß es eine vollkommene Entsprechung zwischen realen Objekten im Raum und mathematischen Punkten auf einem abstrakten Koordinatengitter gibt. Von diesem Augenblick an ließ sich das Universum quantifizieren und objektivieren. Doch während die Karten eines Naturvolkes angereichert sind mit allen möglichen räumlichen, zeitlichen und spirituellen Eigenheiten, ist die wissenschaftliche Karte abstrakt und auf Berechenbares reduziert. Von nun an ist die Wissenschaft gefangen und isoliert wie Dürer hinter seinem Perspektivengitter oder wie Machs passives, allsehendes Auge.

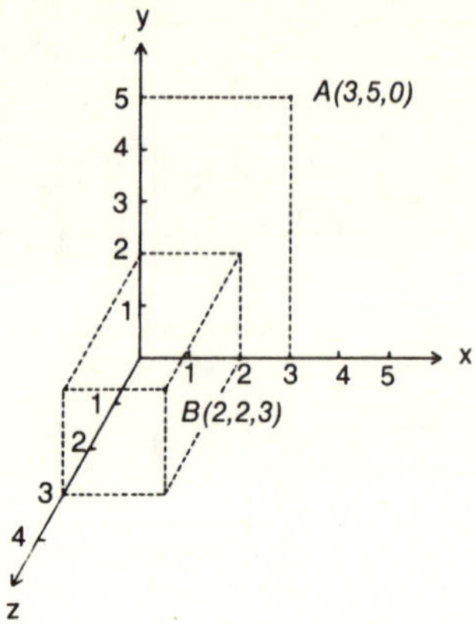

Abbildung 4. Kartesische Koordinaten lassen sich auch für drei Dimensionen angeben. Der Punkt A hat die Koordinaten (3,5,0). Die Koordinaten von B sind (2,2,3).

Der geniale Physiker und Mathematiker Sir Isaac Newton verwandelte Descartes' Koordinatensystem in eine der vielseitigsten Karten der Wissenschaft überhaupt: den Zustandsraum. Dank der Fähigkeit, alle Veränderungen auf mathematische Operationen mit Koordinaten im Zustandsraum zurückzuführen, gelangten die Wissenschaftler der Neuzeit zu der Überzeugung, alles, was existiert, sei auch berechen- und damit kontrollierbar. Doch je leistungsfähiger die wissenschaftliche Karte wurde, desto mehr gerieten die Synchronizitäten und unmittelbaren Entsprechungen der älteren Karten in Vergessenheit.

Zustandsraum

Das kartesische Gitter gibt dem Wissenschaftler die Möglichkeit, den Ort eines Körpers an jedem beliebigen Punkt im Raum zu beschreiben. Doch da die meisten Objekte nicht stationär sind, braucht man auch eine Methode, um ihre aufeinanderfolgenden Positionen zu verschiedenen Zeiten abzubilden.

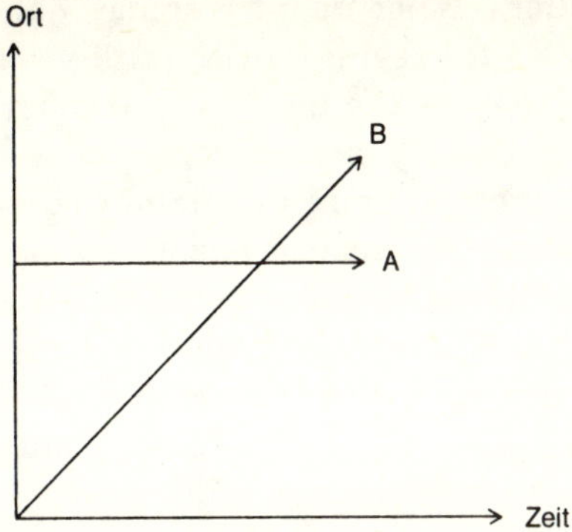

Abbildung 5. Durch Koordinaten lassen sich auch Entfernung und Zeit ausdrücken. Hier bleibt der Körper A, der sich im Ruhezustand befindet, am gleichen Ort, während die Zeit verstreicht. Der Körper B bewegt sich mit konstanter Geschwindigkeit.

Will man also die Leistungsfähigkeit dieser wissenschaftlichen Karte oder Darstellungsweise erweitern, so ist es notwendig, die Zeit einzubeziehen. Dies ist ein recht verblüffender Vorgang, denn wir erleben die Zeit ganz anders als den Raum. Den Raum können wir durchmessen, und wir können seine Dimensionen zeichnen. Jeden Abend kehren wir an denselben Ort im Raum zurück – unser Bett. Ganz anders verhält es sich mit der Zeit: Wir bewegen uns alle in derselben Richtung durch die Zeit, von der Vergangenheit in die Zukunft, und zwar immer mit gleichbleibender Geschwindigkeit. Die Zeit, so hat es den Anschein, folgt anderen Gesetzen: Wir können die Vergangenheit nicht noch einmal aufsuchen, und Objekte vermögen sich nicht mit unterschiedlicher Geschwindigkeit durch die Zeit zu bewegen. Dennoch mißt die Wissenschaft die Zeit auf ähnliche Weise wie den Raum und verzeichnet sie auf ihrer Karte einfach als eine weitere kartesische Koordinate. Die Abbildung 5 zeigt, wie ein Objekt im Zuge seiner Bewegung zu aufeinanderfolgenden Zeiten verschiedene Punkte im Raum besetzt.

Mit Hilfe der kartesischen Koordinaten können Wissenschaftler abbilden, wie Objekte sich im Raum bewegen und in der Zeit verändern. Aber damit war das Rätsel noch nicht gelöst, denn die Karte hat eine rein deskriptive Funktion. Newton stellte nun die entscheidende Frage, nämlich *wie* diese Linien zu ziehen seien. Es ist natürlich einfach, eine Linie oder eine Kurve in einem Raumzeitdiagramm zu zeichnen, doch was unterscheidet eine reale physikalische Bahn von einem künstlerischen Phantasieprodukt? Welches Naturgesetz bestimmt, wie diese Bahnen auszusehen haben? Was determiniert den Weg, den ein Körper bei seinem Fall durch die Luft, seiner Bewegung durch den leeren Raum, seinen Flug von der Mündung einer Kanone aus nimmt?

Newtons bahnbrechende Idee bestand darin, die Karte des René Descartes zu ergänzen – und zwar um eine neue Koordinatenart, die Impulskoordinaten. Mit Hilfe dieser neuen Angaben, die sowohl den Ort als auch den Impuls berücksichtigen, läßt sich die Bahn, auf der sich ein Körper im Universum bewegt, zu jedem Zeitpunkt bestimmen, in frühester Vergangenheit und fernster Zukunft. Die neue Abbildungsweise, die des *Zustandsraums*, erlaubte es, das gesamte Universum und alle seine Aktivitäten zu kartieren.[9]

In den meisten Fällen läßt sich der *Impuls* errechnen, indem man die Geschwindigkeit eines Körpers mit seiner Masse multipliziert. (Geschwindigkeit setzt sich aus dem Tempo und der Bewegungsrichtung eines Körpers zusammen. Wenn also ein Auto mit fünfzig Stundenkilometern nordwärts fährt, hat es genau den entgegengesetzten Impuls wie ein Auto, das mit demselben Tempo südwärts fährt.) Wie Descartes drei Koordinaten brauchte, um den Ort eines Körpers zu bestimmen, so brauchte Newton drei Impulskoordinaten, um die Bewegung eines Körpers festzulegen. Mit diesen insgesamt sechs Koordinaten – drei des Ortes und drei des Impulses – ließen sich der Ort, an dem sich ein Körper gerade befand, und seine Bewegung vollständig bestimmen.

Die neuen Koordinaten Isaac Newtons erforderten auch eine neue Kartenart. Mit zwei Koordinaten, die in die x- und y-Richtung verlaufen, läßt sich eine Bahnkurve auf ein zweidimensionales Stück Papier zeichnen. Drei Koordinaten verlangen die vollständige Nutzung des dreidimensionalen Raums. Doch bei sechs Koordinaten – drei des Raumes und drei des Impulses – muß man in einem sechsdimensionalen Raum zeichnen. Solche Räume existieren natürlich nicht in der Wirklichkeit des Universums. Doch dienen die Karten ja auch lediglich einer abstrakten Definition. Auch Formation und Farbgebung einer durchschnittlichen Landkarte geben die Wirklichkeit der Landschaft ja nur indirekt wieder. Entsprechend handelt es sich bei diesem sechsdimensionalen Raum – dem Zustandsraum – um eine mathematische Abstraktion, mit deren Hilfe Physiker die Dynamik der uns umgebenden Welt abbilden.

Dank der Orts- und Impulskoordinaten war Newton in der Lage, neue wissenschaftliche Karten des Zustandsraums zu entwickeln und neue Abbildungen zu zeichnen, auf denen der Ort, das Tempo und die Bewegungsrichtung eines Körpers zu jedem Zeitpunkt verzeichnet waren. Nun konnte er fragen, welchen Gesetzen solche Abbildungen unterworfen sind, welche fundamentalen Gesetze der Natur die Bewegungen von Körpern bestimmen. Das primäre Gesetz der natürlichen Bewegung beruht, wie Newton entdeckte, auf dem Prinzip der Gewohnheit. Genauer, das erste Newtonsche Gesetz besagt, daß der Impuls eines Körpers unverändert ist, solange nicht eine äußere Kraft auf ihn einwirkt.

Ein konstanter Impuls bedeutet, daß sich zwar der Ort eines Körpers verändern kann, seine Geschwindigkeit und Richtung jedoch nicht. Ein Gegenstand weit draußen im Weltraum und fernab jeglichen Einflusses verharrt entweder im Ruhezustand oder bewegt sich mit gleichbleibender Geschwindigkeit fort – und das in alle Ewigkeit. Mit anderen Worten, sein Impuls wird sich nie verändern. Dieser Satz von der Erhaltung des Impulses lieferte Newton seine erste Regel, nach der er Bewegungsbahnen im Raum zeichnete.

In Abbildung 6 hat Körper A einen Impuls von Null und befindet sich an einem bestimmten Ort im Raum. Da sein Impuls sich nicht verändern kann, wird er auf immer genau dort bleiben, wo er ist. Er wird durch einen festliegenden Punkt

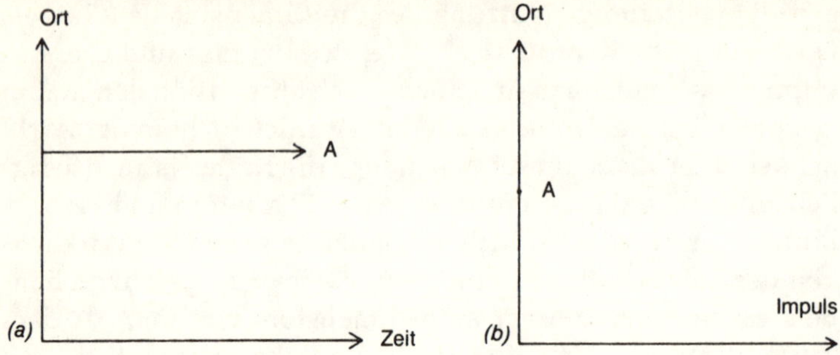

Abbildung 6. (a) Der Körper A befindet sich im Ruhezustand. Er bleibt am selben Ort, während die Zeit verstreicht. (b) Der Impuls von A ist null.

A im Zustandsraum wiedergegeben. Abbildung 7 zeigt einen Körper B, der sich weit draußen im Weltraum bewegt und seinen Ort von Augenblick zu Augenblick verändert. Doch sein Impuls, das heißt seine Geschwindigkeit, ist konstant, so daß seine Bewegung durch die gerade Linie B wiedergegeben werden muß. Sein Ort verändert sich ständig in regelmäßiger Weise, doch sein Impuls bleibt stets derselbe. Wissenschaftlich ausgedrückt: Seine Bahn muß parallel zur Positionsachse verlaufen.

Dennoch blieb Newton selbstverständlich nicht verborgen, daß die Bewegungsgesetze auf der Erde offenbar noch anderen Einflüssen unterliegen. Einst sei, so berichtet die Legende, dem Wissenschaftler ein Apfel auf den Kopf gefallen. Nach dem ersten Newtonschen Gesetz hätte der Apfel im Ruhezustand verharren müssen. Doch dieser Apfel fiel und veränderte seinen Impuls: Vom Ruhezustand (Impuls null) zu einer immer rascheren Bewegung auf Newtons Kopf (anwachsender Impuls). Unter welchen Umständen wird das erste Gesetz aufgehoben, so daß sich der Impuls verändert und neue Bahnkurven im Zustandsraum erzeugt werden?

Newton wußte, daß ein Stein, den man über die Eisfläche eines Teiches schleudert, irgendwann zur Ruhe kommt. Ihm war auch klar, daß diese Verlangsamung oder Impulsverände-

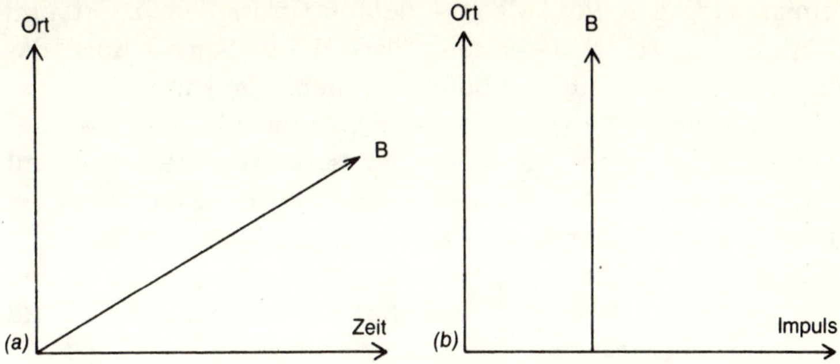

Abbildung 7. (a) Körper B bewegt sich mit gleichbleibender Geschwindigkeit. (b) Während sich sein Ort gleichförmig verändert, bleibt sein Impuls konstant.

rung auf äußere Bedingungen zurückgeht: auf Reibung und Luftwiderstand. Die Bewegung im luftleeren Raum beruht auf einem unveränderten Impuls. Doch wenn die Bewegung anderen Einflüssen unterworfen ist, etwa der Schwerkraft, der Reibung oder dem Luftwiderstand, scheint sich der Impuls zu verändern. Es wurde also ein zweites Gesetz erforderlich, eines, das diese wichtigen Ausnahmen vom ersten Gesetz erklärte.

Das zweite Newtonsche Gesetz besagt, daß sich der Impuls verändert, wenn irgendwo eine Kraft einwirkt. Es zeigt darüber hinaus, daß die Impulsveränderung gleich dieser Kraft ist. Bei einer konstanten Kraft verändert sich der Impuls also gleichförmig (vergleiche Abbildung 8 und 9). In Abbildung 9 wirkt auf den Körper C eine gleichbleibende Kraft ein, die seinen Impuls (Geschwindigkeit) jede Sekunde um genau den gleichen Betrag verändert. Mit anderen Worten, der Körper erfährt eine konstante Beschleunigung, die durch die schräge Gerade C wiedergegeben ist.

Angesichts der potentiellen Komplexität des Universums ist es wahrhaft bemerkenswert, daß sich die Bewegung eines Körpers auf so einfache Weise durch Bahnen im Zustandsraum abbilden läßt. Newtons Gesetze zeigen uns genau, wie diese Bahnen zu zeichnen sind. Verblüffend daran ist, daß man von einem einzigen Punkt aus – dem ursprünglichen Ort und Impuls eines Körpers – seinen vollständigen Weg zeichnen, das heißt seine Zukunft erschöpfend vorhersagen kann.

So konnte ein Physiker, der den Ort und die Geschwindigkeit des Halleyschen Kometen im 18. Jahrhundert maß, mit Hilfe der Newtonschen Gesetze genau bestimmen, wann der Komet in den kommenden Jahrhunderten wieder auftauchen würde. Wenn man die Koordinaten der Sonne, der Erde und des Mondes im Zustandsraum kennt, kann man die Mond- und Sonnenfinsternisse auf Jahrhunderte hinaus vorhersagen. Es ist also nicht verwunderlich, daß die Abbildung im Zustandsraum zum Sinnbild für das Leistungsvermögen der Naturwissenschaft wurde.

Doch die Folge der neuen Newtonschen Karte und ihrer faszinierenden Vorhersagekraft war auch, daß andere ältere Karten und deren Aussagen in Vergessenheit gerieten. Bis der Mensch ein abstraktes Wissenschaftsgebäude errichtete, war die natürliche Welt ein Medium, in das wir vollständig einge-

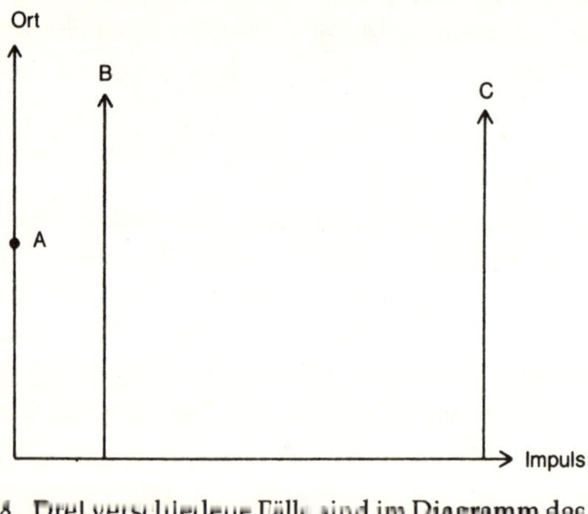

Abbildung 8. Drei verschiedene Fälle sind im Diagramm des Zustandsraums abgebildet. Bei A befindet sich der Körper im Ruhezustand, nimmt einen festliegenden Ort ein und hat einen Impuls von Null. Bei B bewegt er sich langsam, mit unveränderter Geschwindigkeit. Bei C bewegt er sich rascher, mit einer konstanten Geschwindigkeit und gleichbleibendem Impuls (Position – Ort; Momentum – Impuls).

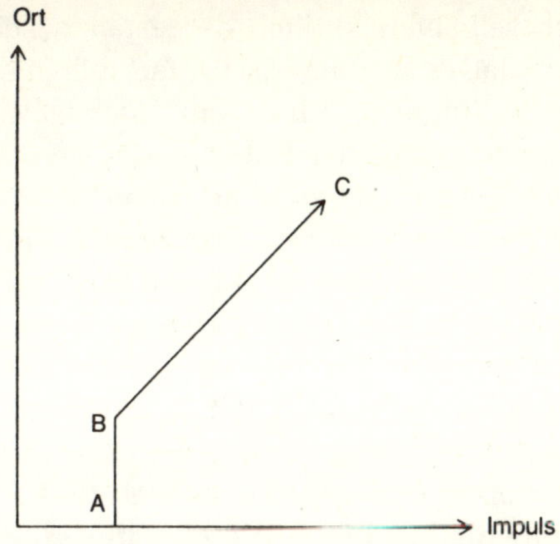

Abbildung 9. In diesem Zustandsraum bewegt sich ein Körper zwischen A und B mit gleichbleibender Geschwindigkeit und mit unverändertem Impuls. In B wird er gleichförmig beschleunigt, so daß sein Impuls anwächst.

taucht waren. Körper und Geist erlebten die Welt unmittelbar, jede Sekunde des Tages. Sie war Freude, Schmerz und Empfindung. Man konnte sie sehen, berühren, schmecken, riechen und hören, und diese intensiven Sinneserfahrungen drückten sich in den Karten und Symbolen aus. Doch nun hatte man eine neue Karte entwickelt, die eine bislang sinnlich und geistig erfaßbare Welt abstrakt und »objektiv« darstellte. Wo war die sinnliche oder gar metaphysische Qualität geblieben?

Betrachten wir beispielsweise, wie sich Physiker mit einem der wichtigsten Symbole in allen Kulturen der Welt auseinandersetzen: dem Mond. Astrologen vertreten die Auffassung, der Mond beeinflusse die Persönlichkeit des Menschen. Dichter haben sein veränderliches Antlitz besungen und Liebende auf ihn geschworen. In der Tat läßt sich der Mond auf vielerlei Weise charakterisieren, nach seiner Form und den Einzelheiten seiner Geographie, nach seiner Farbe, seinen Phasen, seiner Rotationsgeschwindigkeit, seinem Radius, seiner Dichte, seiner Entfernung von der Erde, der Zusammensetzung seines Gesteins, der Temperatur seiner Oberfläche. Jedes dieser Merkmale läßt sich selbstverständlich dergestalt beschreiben und quantifizieren, daß es als numerische Variable in eine physikalische Gleichung Eingang finden kann. Doch welches Merkmal aus der Fülle der möglichen Daten liefert den Schlüssel zur Bewegung des Mondes? Ist es seine Dichte, sein Radius, sein optisches Erscheinungsbild, sein Magnetfeld, die Zusammensetzung seines Gesteins, oder ist es seine Masse, die ihn veranlaßt, sich in einer bestimmten Weise zu bewegen? Welche Fakten, die wir über den Mond wissen, sind zu berücksichtigen und welche zu vernachlässigen? Mit diesen Fragen hatte Newton sich auseinanderzusetzen, der neben seiner exakten Wissenschaft ganz ernsthaft Alchimie betrieb und an das innere Leben der Elemente glaubte.[10] Bald erkannte er, daß alle diese weiteren Eigenschaften – so wichtig sie in anderen Zusammenhängen auch waren – für die Darstellung der Bewegung vernachlässigt werden konnten. Denn dabei brauchte Newton sich nur an den Zustandsraum zu halten, der aller nicht-nützlichen Aspekte entkleidet ist und in dem sich alle Erscheinungen auf Ort, Impuls und die äußere Kraftanwendung reduzieren.

In Newtons Physik schrumpfte der Mond zu einem Punkt im Zustandsraum: Er verkörperte nur eine Masse, einen Ort, eine Geschwindigkeit und eine Bewegungsrichtung. Ist das noch der »heil'ge Mond«, bei dem Romeo seine Liebe zu Julia beschwören wollte? Im Newtonschen Ansatz bleiben vom Universum der Bewegung nur noch die Knochen übrig; die Natur wird geröntgt und auf ihr inneres dynamisches Wesen reduziert. Newton ließ alle nicht-quantifizierbaren Merkmale beiseite, um zu einer reinen Wiedergabe der mechanischen Bewegung zu gelangen – einer der größten Triumphe der Wissenschaft.

Allerdings ging mit der Beschränkung auf dieses numerische Wesen und die Vernachlässigung aller anderen Aspekte ein großer Verlust einher: Nach der Authentizität der Dinge wurde nicht mehr gefragt. Auf der neuen Karte gibt es keinen Zusammenhang mehr zwischen innerer Erfahrung und äußerer Objektivität. Die Synchronizität ist aus der Wissenschaft verbannt. Darin liegt eine besondere Ironie, weil Isaac Newton selbst durchaus Sinn für das innere Leben der Natur hatte und sich in seinem Leben weit mehr mit ihren Geheimnissen beschäftigt hat als mit den numerischen Fakten der Physik. Bei seinem intensiven und aufrichtigen Interesse an der praktischen Alchimie und ihrem Symbolismus muß er gewußt haben, daß die wissenschaftliche Karte nur eine Teilansicht liefert und daß man sie nicht mit der ganzen Wirklichkeit verwechseln darf. Doch aufgrund ihrer außerordentlichen Vorhersagefähigkeit hat die Newton-kartesische Karte schließlich alle anderen verdrängt. Seither verwechseln viele Menschen die Mathematisierung der Natur mit deren Wirklichkeit.

Vorhersagefähigkeit

Auf Descartes geht die grundlegende Einsicht zurück, mit deren Hilfe sich die neuen Koordinatenkarten entwickeln ließen und der erste Schritt zur Quantifizierung des Raums, der Zeit und der Bewegung tun ließ. Newton entdeckte die Gesetze, die dazu führten, daß man den gesamten zukünftigen Weg eines Teilchens von einem einzigen Punkt im Zustandsraum aus zeichnen konnte. Darüber hinaus entwickelte Newton – unabhängig von ihm übrigens auch Gottfried Leibniz – ein sehr leistungsfähiges mathematisches Werkzeug, die Infinitesimalrechnung, mit der sich auch extrem komplexe Bahnkurven im Zustandsraum leicht berechnen lassen. Die Infinitesimalrechnung hat alle Bereiche der Naturwissenschaft erobert; ihr natürliches Alphabet ist das Koordinatensystem des René Descartes.

Kurz skizziert, waren dies die Zwischenstationen, die zu dem umfassenden wissenschaftlichen Weltbild geführt haben, das heute unser Denken und unsere Vorstellung prägt. Auf dem Erfolg dieses Paradigmas faßt der felsenfeste Glaube der westlichen Gesellschaften an die Macht des Verstandes und ihre Überzeugung, alle Probleme mit Hilfe von Analyse, Logik, Theorie, Vorhersage und technischer Kontrolle lösen zu können. Dieses Weltbild hat Pierre-Simon Laplace, den berühmten französischen Mathematiker des 18. Jahrhunderts, zu der

Bemerkung veranlaßt, wenn er im Augenblick der Schöpfung neben Gott gestanden hätte, dann hätte er die gesamte Zukunft des Universums vorhersagen können. Denn wenn er den genauen Ort und Impuls jedes Gegenstandes im Universum im Augenblick der Schöpfung gekannt hätte, dann hätte er im Prinzip berechnen können, wie sich jeder Planet und jeder Stein – ja sogar jedes Molekül – eine Milliarde Jahre später verhalten. Nach Laplace ist das Universum vollständig determiniert, so daß sich mit einem Computer entsprechender Größe alles berechnen ließe.

Es ist klar, worauf Laplace hinaus will, denn wenn wir einen einzigen Punkt im Zustandsraum kennen, können wir die künftige Bewegung eines Körpers voraussagen und ebenfalls, wie dieser Körper mit anderen Körpern wechselwirken wird. Sofern wir die Anfangsinformationen über jedes Mitglied aus einer Gruppe von Körpern besitzen, können wir bestimmen, wie sie sich bewegen und wie sie miteinander kollidieren werden.

Eine lokale Intervention an einem Punkt im Zustandsraum, beispielsweise ein leichter Stoß, der die Geschwindigkeit eines Teilchens verändert, wird eine vorhersagbare Modifikation der Bahn bewirken – mit anderen Worten, dem Teilchen eine andere Zukunft bescheren. Wenn man also eine Kraft mit genau dem richtigen Impuls und an genau dem richtigen Ort einwirken läßt, so kann man die Zukunft kontrollieren. Die Zukunft ist vorherbestimmt und vorhersagbar. Mehr noch, wir können sie in unserem Sinne manipulieren. (Natürlich hat das Ganze einen paradoxen Haken: Wenn die Bewegung jedes Teilchens im Universum determiniert ist, so gilt dies auch für die Prozesse in unserem Gehirn, und dann wäre die Entscheidung, die Zukunft zu verändern, ebenfalls vorherbestimmt.)

Wir haben die Natur objektiviert. Die Wissenschaft hat uns gelehrt, von den unwesentlichen Eigenschaften der Natur abzusehen, um zum Wesen aller Bewegung und Veränderung vorzudringen. Sie hat ein Denksystem hervorgebracht, das unseren Wunsch nach Vorhersage und Kontrolle rechtfertigt.

Von daher ist es kein Wunder, daß sich physikalische Metaphern in allen Wissensgebieten ausgebreitet haben, sogar in Disziplinen wie Wirtschaft, Soziologie und Psychologie. Rationale Analyse und mathematische Modellierung werden nicht nur dazu benutzt, die Welt zu verstehen, sondern auch, sie zu kontrollieren. Die Karte des Zustandsraums, die wir in diesem Kapitel kennengelernt haben, zeigt angeblich den Königsweg zu immerwährendem Fortschritt und zur Lösung aller menschlichen Schwierigkeiten und Probleme.

Konsequenzen

Als die Natur für die Menschen noch lebendig und beseelt war, hatten sie ihren Platz inmitten der anderen Geschöpfe der Welt. Heute denken wir anders darüber, zumindest in den hochentwickelten Industriegesellschaften. Wir haben das ursprüngliche, das komplexe Weltbild verloren und uns damit zunehmend der lebendigen Welt entfremdet, den eigenen Körper eingeschlossen, von dem wir auch ein mechanistisches Verständnis haben. Wo bleibt im Gehege dieser mathematischen Gesetze noch Raum für Synchronizitäten, Visionen und Epiphanien? Wenn die Natur auf Zahlen reduziert ist, warum soll man dann nicht auch die Gesellschaft und das menschliche Verhalten quantifizieren? Alles läßt sich quantifizieren und berechnen; alles läßt sich durch Bewegung, Hebelkraft, Gleichgewicht, den Fluß von neurobiologischer Energie oder Geld erklären. Alles läßt sich unter dem Gesichtspunkt des Fortschritts messen.

Ziel der Wirtschaftswissenschaft ist es, die Variablen zu entdecken und zu quantifizieren, die den Fluß von Geld und Gütern regieren, und die mathematischen Regeln ihrer Veränderung zu bestimmen. Es gibt also einen Zustandsraum für Angebot und Nachfrage, und die Kontrolle wird durch Konjunkturmaßnahmen und Bilanzen ausgeübt. Sigmund Freud hat sogar den Versuch unternommen, das Konzept des physikalischen Gleichgewichts und des Ausgleichs von Energieflüssen auf die menschliche Psyche anzuwenden. Der Anwendung des wissenschaftlichen Weltbilds sind offenbar keine Grenzen gesetzt.

Diese Situation stößt viele Menschen in Konflikte: Einerseits wagen sie keine Zweifel an der Kraft des Verstandes und dem wissenschaftlichen Weltbild, andererseits gibt ihnen ihre innere Erfahrung ein anderes, ein runderes Bild von dieser Weltanschauung. Es hat fast den Anschein, als versuche die Natur spielerisch, uns anhand ihrer Synchronizitäten gleichzeitig die Hybris und die Schöpferkraft unseres Bewußtseins vorzuführen.

Wir haben gesehen, wie diese ersten Karten, diese synchronistischen Darstellungen der natürlichen Welt, durch ein extrem erfolgreiches System mathematischer Koordinaten und den abstrakten Zustandsraum ersetzt wurden. Im nächsten Kapitel wollen wir uns mit dem absoluten Geltungsanspruch wissenschaftlicher Gesetze beschäftigen und uns fragen, ob es nicht auch andere Wege geben könnte, das Universum zu verstehen.

Zweites Kapitel

Die Gesetzespyramide

Im vorigen Kapitel wurde erläutert, wie universell anwendbar die kartesischen Koordinaten und der Zustandsraum sind. Mit Hilfe der Koordinaten können Wissenschaftler jedes Stück Materie in streng objektiver, quantitativer Weise erfassen und alle seine Bewegungen und Veränderungen für jeden beliebigen Zeitpunkt in der Zukunft berechnen. Die Wissenschaft schien in der Lage zu sein, eine vollständige Beschreibung aller Veränderungen zu liefern, doch selbst damit waren ihre Adepten noch nicht zufrieden, denn sie wollten wissen, woher diese Zustandskarte kommt. Welchen Ursprung hat sie? Woher rühren die Gesetze, die die Veränderung bestimmen?

Die Wissenschaft ist seit jeher bestrebt, ein erschöpfendes Bild vom Kosmos zu liefern. Doch in gewisser Hinsicht weist der Beweggrund, der für dieses Streben verantwortlich ist, eine bemerkenswerte Ähnlichkeit mit den Karten auf, die sich unsere Urahnen oder heute noch manche Naturvölker vom Universum anfertigen. Vor langer Zeit versuchten die Menschen, sich das Wesen der Welt mit ihren Pflanzen, Tieren und Steinen zu erklären, indem sie von dieser Welt magische Karten anfertigten, sie in rituellen Feierlichkeiten beschworen und Geschichten erzählten über die Erschaffung der Dinge und die Kraft der Geister, die für die Entstehung und die Benennung der Welt verantwortlich waren.

Auch die Wissenschaft suchte nach einer allumfassenden Erklärung der Welt, einer endgültigen Kosmologie, die den Ursprung alles Seins erklärte. Das Ziel der Wissenschaft war nichts Geringeres als die erste allumfassende Karte der Welt, ein objektives Weltbild, das über alle Grenzen der Kultur und Geschichte hinauswies. Aus einer solchen Karte mußte der Sinn des Universums und seine Einbettung in eine grundlegende Wertordnung zu ersehen sein. Das wissenschaftliche Weltbild bedeutet also nicht nur kühle Abstraktion, denn seine Wertvorstellungen und Wahrnehmungen nehmen unmittelbar Einfluß auf uns alle.

Leidenschaft und Verstehen

Wissenschaft ist bestrebt, die Welt, in der wir leben, zu erklären. Dazu kann sie sich unterschiedlichster Möglichkeiten bedienen. Nehmen wir an, Sie möchten verstehen, wie Menschen aus einem anderen Kulturkreis denken und handeln. Das Nächstliegende wäre wohl, diesen Kulturkreis aufzusuchen, die Menschen kennenzulernen, ja für eine Weile ihr Leben und ihre Arbeit mit ihnen zu teilen. Man würde versuchen, sie in einer Vielzahl unterschiedlichster Situationen zu erleben. Dabei hätte man nicht nur Gelegenheit, die anderen und ihre Kultur kennenzulernen, sondern auch, mehr über sich selbst, seine eigenen Vorurteile und Überzeugungen zu erfahren.

Doch leidenschaftslose Beobachtung allein genügt nicht, um einen anderen Menschen zu verstehen; dazu sind auch Intuition und gemeinsame Erlebnisse erforderlich. Gegenseitige Achtung, Freundschaft, Liebe, Sympathie, Humor, aber auch der Austausch negativer, also aggressiver oder melancholischer Stimmungen gehört dazu. Am Ende hätten wahrscheinlich all diese Aspekte menschlicher Beziehungen die Bilanz der reinen Beobachtung ersetzt.

Der Prozeß, innerhalb dessen zwei Menschen eine harmonische Beziehung knüpfen, kann als Metapher für einen hohen wissenschaftlichen Anspruch verstanden werden: die Versöhnung des naturwissenschaftlichen Weltbildes mit den komplexeren Formen des Paradigmenspektrums.

In einer solchen Wissenschaft kann es nicht um letzte Ergebnisse und Endgültigkeit gehen, denn in der erstrebten Gemeinschaft mit der natürlichen Welt lernen wir auch uns selbst besser kennen und gewinnen damit ein anderes Bild von unserer bloßen Existenz.

Selbstverständlich soll damit der mechanistischere Weg zum Verständnis nicht aus unserem Denken verbannt werden. Wenn Sie jemandem zeigen wollen, wie ein Auto funktioniert, gibt es keine bessere Methode, als es auseinanderzunehmen, in seine Einzelteile zu zerlegen und zu erklären, wie die Bestandteile funktionieren und sich ineinanderfügen. Maschinen und mechanische Anlagen sind aus kleineren Bestandteilen zusammengesetzt, die alle eine spezifische Aufgabe haben und alle in einer besonderen Beziehung zu den anderen Teilen stehen. In diesem Bereich läßt sich mit der Zerlegung des Ganzen in seine Teile ein hohes Maß an Erkenntnis gewinnen.

Die beiden Ansätze – beobachtende Analyse und emotionales Miteinander – lassen sich als die beiden Extreme eines Spektrums betrachten. Schließlich hat jeder erfahrene Mechaniker ein »intuitives Gefühl« für eine komplizierte Maschine, während auch ein einfühlsamer Anthropologe nicht umhin kann, die strukturellen Beziehungen innerhalb einer Kultur einer sachlichen Analyse zu unterziehen. Im Idealfall bewegen wir uns zwischen den beiden Extremen je nach der Natur der Frage, die wir zu beantworten trachten. Wenn wir etwa einem anderen Menschen begegnen, so ist unsere erste Reaktion sicherlich nicht, seine komplexen Gesellschaftsbeziehungen zum Gegenstand einer strukturellen Analyse zu machen. Doch wenn unser Rasenmäher streikt, ist es nun einmal die beste Idee, ihn auseinanderzunehmen.

Die Zerlegung in Einzelteile zum besseren Verständnis des Ganzen ist also bei einigen Objekten durchaus angebracht. Sie ist aber nur von begrenztem Wert, wenn es gilt, die Fülle der Erscheinungen in der natürlichen Welt zu verstehen. Nun war aber die Physik, vor allem in den letzten Jahrzehnten, immer stärker bemüht, die Dinge zu zerlegen, um auf eine hypothetische fundamentale Ebene der Materie vorzudringen und die endgültige und letzte Gleichung zu formulieren, die angeblich das Verhalten der Welt bestimmt.

Im vorliegenden Kapitel möchte ich mich mit diesem Anspruch der Physik auseinandersetzen und einen ganz anderen Ansatz zur Betrachtung des Universums zur Diskussion stellen. Anschließend lege ich eine alternative Erklärung für die physikalischen Gesetze vor. Die Erkenntnisse dieses Kapitels sollen uns dann dabei helfen, nach einer neuen und sinnerfüllteren Beziehung zur natürlichen Welt zu suchen.

Letzte Erklärungen

Zwar haben alle großen Wissenschaftler versucht, zunehmend fundamentale Theorien von Gesetzen und Funktionen des kosmischen Geschehens zu entwickeln. Doch erst in letzter Zeit, speziell im letzten Jahrzehnt, sind die Physiker zu der Überzeugung gelangt, sie könnten die endgültige Theorie der Realität entdecken. Der theoretische Physiker Stephen Hawking hat in einem Vortrag die Auffassung vertreten, die Physik könne bis zum Ende unseres Jahrhunderts diese letzte Gleichung gefunden haben. Mit ihrer Hilfe, so behauptet er, könne alles – vom Elementarteilchen bis zur Struktur des gesamten Universums mit seiner unvorstellbaren Menge von Sternen und Galaxien – abgeleitet werden.

Der Gedanke, daß eine letzte Gleichung existieren könnte, hat fast magische Qualität und wäre, wie der Stein der Weisen früherer Zeiten, das letzte Ziel aller wissenschaftlichen Forschung – die endgültige Antwort. Aber ist eine solche Suche realistisch? Was würde es bedeuten, diese letzte Gleichung zu entdecken? Hätte die Physik damit ihr endgültiges Ziel erreicht und sich damit gewissermaßen selbst abgeschafft? Das sind verwirrende Fragen, weil sie den Eindruck vermitteln, wir versuchten nicht unsere Beziehung zur Natur in ihrer unendlichen Vielfalt zu vertiefen, sondern die kleinsten Zahnräder irgendeiner Riesenmaschinerie zu entdecken und die Natur dergestalt auf ein Gitter zu fesseln. Um zu verstehen, wie Physiker die Natur heute sehen, müssen wir bis zur Jahrhundertwende zurückgehen.

Vom Atom zum Superstring

Die Überzeugung, innerhalb der Vielfalt der Natur sei eine grundlegende Ordnung und Einheit vorhanden, reicht bis ins antike Griechenland und noch weiter zurück. Da sich die Erscheinung der Dinge stets und überall verändert, hielten die antiken Philosophen nach einem unwandelbaren, im Weltgeschehen verborgenen Gesetz Ausschau. Die Vorsokratiker äußerten die Vermutung, es seien in allen Dingen winzige, unteilbare Atome vorhanden. Man hielt sie für die Voraussetzung allen Seins und ihre verschiedenen Bewegungen und Beziehungen für die Ursache der Stoff- und Formenvielfalt in der Welt.

Auf diese Atomtheorie kam der Mensch im Verlaufe der nächsten zweitausend Jahre immer wieder zurück. Um die Jahrhundertwende vertrat beispielsweise der englische Chemiker John Dalton die Auffassung, chemische Verbindungen und Reaktionen ließen sich durch die Art und Weise erklären, wie sich Atome zusammenschließen. Andere Wissenschaftler meinten, die Eigenschaften von Gasen, einschließlich ihrer Volumenveränderung unter verschiedenen Druck- und Temperaturverhältnissen, ließen sich mit der Annahme erklären, daß sie aus winzigen, in rascher Bewegung befindlichen Atomen zusammengesetzt seien.

Doch damals waren Physiker mit anderen Fragen beschäftigt und gaben sich nicht mit metaphysischen Spekulationen wie etwa abenteuerlichen Theorien über unsichtbare Atome ab. Physiker mit philosophischen Ambitionen wie Ernst Mach waren sogar davon überzeugt, die Existenz der Atome sei nichts weiter als ein Hirngespinst, das in der Wissenschaft nichts zu suchen hätte. Die allgemeine Ablehnung der Atomhypothese hatte sogar einen tragischen Tod zur Folge. Im Jahre 1906 beging der Physiker Ludwig Boltzmann Selbstmord – wohl in einem depressiven Schub, in den ihn die allgemeine Mißachtung seines Lebenswerks gestürzt hatte, dessen Grundlage die Atomtheorie war.

Heute nun konzentriert sich die Physik auf ebendiese Atome

und ihre inneren Strukturen. Gegenwärtig beherrscht die Suche nach einer endgültigen Atomtheorie die gesamte moderne Physik und repräsentiert den absoluten Wahrheitsanspruch, an dem sich alle anderen wissenschaftlichen Bemühungen messen lassen müssen. Dieser Auffassungswandel begann Ende der neunziger Jahre des vorigen Jahrhunderts, als der englische Physiker Joseph John Thomson (1856–1940) untersuchte, wie Elektrizität in Gasen geleitet wird. William Crookes hatte bereits entdeckt, daß in Gasen eine merkwürdige Strahlungsform existiert, die sogenannten Kathodenstrahlen. Thomson glaubte, diese Strahlen durch die Annahme winziger, elektrisch geladener Teilchen, die er Elektronen nannte, erklären zu können. Der Wissenschaftler wiederholte seine Experimente mit verschiedenen Gasen und entdeckte immer wieder Anhaltspunkte für diese submikroskopischen Teilchen. Er gelangte zu dem Schluß, Elektronen seien universelle Elemente in den Atomen aller Materieformen. Heute wissen wir, daß diese winzigen Elektronen die äußere Hülle aller Atome bilden. Damit hatte Thomson etwas, was für Mach noch ein Hirngespinst war, plötzlich in etwas verwandelt, das einer physikalischen Analyse zugänglich war. Von nun an war es das erklärte Ziel der Physik, bis zur fundamentalsten Ebene der Materie vorzudringen.

In den ersten Jahren unseres Jahrhunderts beschäftigte sich Ernest Rutherford mit der inneren Region des Atoms und entdeckte, daß sie einen winzigen Kern enthält. Bald schon konnte man diesen Kern in noch kleinere Teile gliedern, die Rutherford und Sir James Chadwick Protonen beziehungsweise Neutronen nannten. In den ersten Jahrzehnten des 20. Jahrhunderts hatte es den Anschein, als ginge der Traum der Vorsokratiker in Erfüllung, denn das ganze Universum schien aus Elektronen, Protonen und Neutronen zusammengesetzt zu sein.

Doch als die Physiker sich eingehender mit diesen subatomaren Strukturen beschäftigten, entdeckten sie, daß auch diese Teilchen noch über innere Strukturen verfügten und sich in wieder andere Teilchen verwandeln ließen. Von Jahrzehnt zu Jahrzehnt wurden immer neue Teilchen entdeckt und dem existierenden Bestand hinzugefügt, bis die Liste mehr als hundert aufwies. Heute gibt es mehr Teilchen als chemische Elemente, deren Zahl lediglich 107 umfaßt.

Das war eine beunruhigende Entdeckung, hatte man doch bislang angenommen, die grundlegende Struktur der Atome müsse von denkbar einfachster Form sein. Schließlich bestand die theoretische Existenzberechtigung der Atome darin, für die Einheit innerhalb der Vielfalt zu sorgen. Die Physiker glaubten, je genauer sie sich mit dem Atom beschäftigten, desto näher würden sie der einfachsten, fundamentalsten Ebene der Materie kommen.

Weil die Elementarteilchen sich als so kompliziert erwiesen, fragte man sich, ob sie vielleicht selbst aus noch grundlegenderen Einheiten, den Quarks, beständen. Zunächst sprach vieles für diese Idee, doch je genauer man diese Theorie überprüfte, als desto komplizierter stellte sie sich heraus. Bisher konnte noch niemand ein Quark experimentell nachweisen. Und selbst die Theorie schließt aus, daß es isolierte Quarks geben könne. Man geht nämlich davon aus, daß Quarks nicht getrennt werden und daß sie nur in Kombinationen die beobachtbaren Elementarteilchen zusammensetzen. Ein jüngerer Versuch, die letzte und fundamentalste Ebene zu entdecken, ist die Theorie von den Superstrings, die von Michael B. Green, John H. Schwarz, Edward Witten und einer Reihe anderer Physiker vorgeschlagen wurde.[1] Nach dieser Theorie sind die Elementarteilchen in Wahrheit nicht aus noch kleineren Teilchen zusammengesetzt, vielmehr ergeben sich die Strukturen des Universums, so die Theorie, aus den Schwingungen und Wechselwirkungen unglaublich kleiner, ausgedehnter Quanteneinheiten, eben den Superstrings. Ende der achtziger Jahre pries man die Superstrings als die »Theorie, die alles erklärt«, weil sie nicht nur die Elementarteilchen selbst zu erklären schien, sondern auch die zwischen ihnen wirkenden Kräfte und sogar die Struktur der Raumzeit.

Gegenwärtig ist die Superstring-Theorie zwar noch nicht überholt. Aber es hat sich als äußerst problematisch erwiesen, die Folgerungen, die sich daraus ergeben, mit der nötigen

Strenge zu formulieren. Manchmal erscheint diese Suche nach der letzten Struktur der Materie wie das Bemühen, den Horizont zu erreichen: er weicht immer gerade so weit zurück, wie man glaubt, sich ihm genähert zu haben.

Zunächst haben die Atome eine phantasievolle wissenschaftliche Theorie gestützt, die nach einer vereinheitlichenden Erklärung in der Vielfalt der natürlichen Strukturen und Erscheinungen suchte. Die Arbeiten von Thomson und Rutherford verliehen den Atomen Realität; zwar konnte man sie nicht unmittelbar sehen, doch es war möglich, Experimente durchzuführen, die die inneren Strukturen der Atome offenbarten. Allerdings ist der experimentelle Nachweis von Superstrings zum gegenwärtigen Zeitpunkt ausgeschlossen, so daß sie als letzte Bausteine der Materie wieder den Status der Machschen »Phantasiegebilde« anzunehmen scheinen oder, genauer, den einer Reihe von Variablen in bestimmten fundamentalen Gleichungen der Physik.

Das Problem bei der Suche nach dem Wesen der Materie liegt in der Unzugänglichkeit dieser winzigen subatomaren Raumregion. Als Ernest Rutherford entdeckte, daß jedes Atom in seinem Mittelpunkt einen dichten Kern besitzt, beschoß er das Atom mit Teilchen und maß ihre Ablenkung. Während die Mehrheit der Teilchen das Atom ohne Ablenkung durchquerte, trafen einige wenige auf den Kern und prallten zurück. Auf diese Weise konnte Rutherford die Größe des Kerns berechnen. Das Gerät, das er dazu benötigte, fand bequem auf seinem Arbeitstisch Platz.

Die Teilchen prallten zurück, weil der Kern von einer abstoßenden Kraft umgeben ist. Um in den Kern selbst hineinzusehen, brauchten die Experimentatoren noch schnellere Teilchen – und dazu waren größere Teilchenbeschleuniger mit erheblich mehr Energie erforderlich. Solch ein Beschleuniger der ersten Generation fand noch in einem großen Labor Platz, doch schon die Exemplare der nächsten Generation überschritten die Ausmaße eines Einfamilienhauses. Je tiefer die Wissenschaftler in das Innere des Kerns und die Struktur der Elementarteilchen vordrangen, desto mehr Energie benötigten sie. Inzwischen waren die Beschleuniger so groß, daß man zu ihrem Betrieb die elektrische Energie für eine Kleinstadt brauchte und einen Platz mit einem Durchmesser von mehreren Kilometern. Doch selbst riesige Teilchenbeschleuniger können uns nicht den Zugang zur Welt der Superstrings öffnen, weil der Größenunterschied zwischen einem Atomkern und einem Superstring genauso groß ist wie der zwischen einem Menschen und einem Atomkern. Die Physik mag weit gekommen sein bei ihrem Versuch, die Struktur des Atomkerns zu entschlüsseln, doch in bezug auf die Superstrings ist kaum der erste Schritt getan.

Die modernen Theorien lassen darauf schließen, daß die wirklich fundamentalen Prozesse des Universums in unglaublich winzigen Raumregionen stattfinden und daß zum Eindringen in diese Regionen Energien erforderlich sind, die denen des Urknalls bei der Entstehung des Universums vergleichbar sind. Um zu den letzten Ebenen der Materie vorzudringen, scheint die Physik jene Bedingungen erzeugen zu müssen, die zur Entstehung des Kosmos geführt haben.

Nach dem geltenden wissenschaftlichen Paradigma läßt sich jede Wirklichkeitsebene auf eine tieferliegende zurückführen. Und wie andere Naturwissenschaftler von einer Materieebene zur anderen springen – vom Organismus zur Zelle, vom Molekül zum Atom, vom Atomkern zum Elementarteilchen –, so glaubt der Physiker, daß sich die Gesetze auf einer gegebenen Komplexitätsebene durch fundamentalere Gesetze erklären lassen, die auf der Ebene darunter gelten. Um die Struktur eines Moleküls zu verstehen, muß man die Gesetze kennen, nach denen sich Elektronen unter dem Einfluß eines Atomkerns bewegen. Und um die Theorie von den Kernstrukturen auf einer wirklich fundamentalen Ebene zu verstehen, muß man wissen, warum Elementarteilchen in bestimmter Weise wechselwirken und warum sie ihre besonderen Massen und Ladungen haben.

Der logische Aufbau der Wissenschaft gleicht einer auf dem Kopf stehenden Pyramide, bei der sich eine jede Theorie auf eine andere gründet. Angeblich befindet sich am Fuße dieses

Theorienstapels, an der Spitze der umgekehrten Pyramide, das letzte und endgültige Gesetz, auf dem alle anderen fußen. In der Physik glaubt man, ein solch fundamentales Gesetz müsse in gewisser Weise logisch einfacher, beispielsweise in einer allgemeineren und eleganteren mathematischen Sprache, formuliert sein. Die Mathematik der grundlegendsten physikalischen Gesetze wäre demnach fundamentaler als die Mathematik, die man für weniger grundlegende Gesetze verwendet.

Man nimmt an, die Gesetze der Physik würden sich logisch aus immer fundamentaleren Gesetzen herleiten, die letztlich den Ursprung des Universums selbst erklären. Manch ein Physiker träumt sogar davon, hinter den Schöpfungsaugenblick zurückgehen und den Ursprung dieses Ursprungs erklären zu können! Im allerersten Augenblick der Schöpfung war das Universum nach Meinung der Physiker von vollkommener Einfachheit und durch ein Gesetz von äußerster Ästhetik und Allgemeingültigkeit zu beschreiben. Alles, was sich seit jenem ersten Augenblick ereignet hat, von der Entstehung der Atome bis zur Evolution des Lebens, bedeutet also nur eine winzige Einzelheit, eine kleine Delle auf dem Urgrund dieser Energie. Fast hat es den Anschein, als wäre das gesamte Universum nur eine nebensächliche Ergänzung jenes letzten Gesetzes.

Und das ist nun wirklich paradox, denn das Universum ist in allen seinen Formen, Strukturen und Prozessen unglaublich vielschichtig und vielfältig. Es ist, wie im ersten Kapitel dargelegt, von schier unglaublicher Komplexität, deren Myriaden Einzelheiten durchaus sinnvoll ineinandergreifen. Wie soll sich also eine solche Vielfalt aus der einfachsten aller Theorien entwickelt haben?

Symmetriebruch

Man hat in der Physik versucht, dieses Paradoxon durch den sogenannten Symmetriebruch zu lösen.[2] Das letzte Naturgesetz, so sagt man uns, jenes, das sowohl die Schöpfung des Kosmos als auch die kleinsten Intervalle der Raumzeit erklärt, ist mathematisch von höchster Eleganz, was unter anderem bedeutet, daß es vollkommen symmetrisch ist.

Wir kennen alle die Symmetrie einer Rose, eines Gänseblümchens oder einer Schneeflocke. Doch Physiker verliehen dem Symmetriebegriff eine viel umfassendere Bedeutung, so daß er auch die Symmetrie der mathematischen Gleichungen einschließt, mit denen sich das Universum beschreiben läßt. Die räumliche Symmetrie ist also nur ein Aspekt dieser generellen Symmetrie, denn es kann auch eine Symmetrie zwischen den positiven und negativen Ladungen der verschiedenen Elementarteilchen und zwischen anderen Eigenschaften der Teilchen geben. So existieren beispielsweise neben den negativ geladenen Elektronen auch positiv geladene Elektronen, die Positronen. Die Ladungssymmetrie verlangt, daß sie abgesehen von ihren gegensätzlichen Ladungen in jeder anderen Hinsicht identisch sind. Elektron und Positron sind also genaue Abbilder voneinander, die sich im Spiegel ihrer Ladungen reflektieren.

Die Physik schlägt noch eine andere Art von Ladung vor, die sogenannte Isoladung, die nicht elektrischer Natur ist. Sie macht Proton und Neutron zu gegenseitigen Spiegelbildern. Tatsächlich aber sind die Massen der beiden Teilchen nicht genau gleich und ihre Rückstreuung nicht identisch. Nach Auffassung der Physiker bedeutet dies, daß Protonen und Neutronen auf einer tieferen Ebene tatsächlich identische Spiegelbilder sind, daß aber zusätzliche, weniger fundamentale Effekte in irgendeiner Weise diese tiefere Symmetrie zerstört haben. Mit anderen Worten, die Symmetrie auf einer tieferen Ebene (unter kleinräumigeren und energiereicheren Verhältnissen) kann auf einer höheren Ebene brechen (unter energieärmeren und großräumigeren Verhältnissen).

Je tiefer die Ebene der Materie, so die moderne Physik, desto symmetrischer und schlüssiger die Theorie. Beispielsweise seien die verschiedenen Kräfte der Natur vereinigt und identisch, wenn die Ebene nur tief genug sei. (Zu diesen vier Kräften gehören die vertrauten Phänomene der Gravitation und des Elektromagnetismus sowie die beiden Kräfte, die bei sehr kleinen Abständen zwischen Elementarteilchen wirksam werden, die starke und die schwache Wechselwirkung.) Auf dieser Ebene sind nach dieser Theorie auch die Massen der Elementarteilchen gleich – tatsächlich müßten sie Null betragen.

Bei kleinsten Abständen und höchsten Energiezuständen wäre das Universum also vollkommen symmetrisch und eigenschaftslos – ohne Unterschied zwischen einem Teil des Raumes und einem anderen oder zwischen den verschiedenen Elementarteilchen und Kräften. Der letzte Ursprung ist ohne Form und Struktur. Dennoch entwickelten sich daraus Planeten und Sterne, Tiere und Pflanzen, Musik und Malerei: Wie soll das möglich sein?

Die meisten Physiker sind davon überzeugt, das Universum sei in einem Zustand höchster Symmetrie entstanden, in dem sich alle Möglichkeiten entsprechen und in dem kein Prozeß, keine Entwicklung oder Richtung gegenüber einer anderen bevorzugt war. Doch als sich das Universum in der Zeit entfaltete, mußte es sich in eine bestimmte Richtung bewegen und entschied sich willkürlich für eine der vielen Möglichkeiten; damit brach es die Symmetrie.

Stellen Sie sich folgendes Beispiel vor: Sie stehen in einer Wüste von unendlicher Ausdehnung unter einem wolkenverhangenen Himmel. Es gibt keine besonderen Merkmale, die Sonne ist nicht zu sehen. Folglich haben Sie keine Möglichkeit, eine Richtung von anderen Richtungen zu unterscheiden. Wenn die Wüste um Sie her vollkommen symmetrisch ist, dann ist zu Beginn Ihrer Wanderung jeder Schritt in irgendeine Richtung so gut wie jeder andere. Doch sobald Sie diesen ersten Schritt getan haben, verlassen Sie Ihren bisherigen Standort im Sand, und das bedeutet, daß Sie eine Richtung unter allen möglichen ausgewählt haben. Von nun an ist die ursprüngliche Symmetrie der Wüste gebrochen, denn unter allen möglichen Punkten auf dem Kompaß gibt es einen, der die Richtung Ihrer Wanderung anzeigt. Sie mögen Ihren ersten Schritt dem Zufall überlassen haben, doch von jetzt an folgt ein Schritt dem anderen in gerader Linie. Und jede Richtung in der Wüste kann in Hinblick auf diese Linie von Fußabdrücken im Sand angegeben werden.

Aus der Möglichkeit ist Wirklichkeit geworden. Und aus diesem Grund verfügt der Ergebniszustand über eine weit geringere Symmetrie als sein eigenschaftsloser ursprünglicher Zustand. Mit dem Bruch der ursprünglichen Symmetrie hat die Wüste eine Struktur erhalten, da durch die Spur der Fußabdrücke im Sand eine bestimmte Richtung gegenüber allen anderen hervorgehoben worden ist.

Entsprechend glaubt man in der Physik, daß das Universum in den ersten Augenblicken nach dem Schöpfungsmoment eine Reihe von Schritten getan hat, die die Bedingungen seines ursprünglichen extrem symmetrischen Zustandes aufhoben. Im ersten Augenblick hatten alle Elementarteilchen dieselbe Masse null, und alle Kräfte hatten die gleiche Stärke. Doch in einem Zeitintervall, das weit kürzer als ein Lidschlag war, sorgte die Bewegung des Universums dafür, daß sich die Schwerkraft von den anderen Kräften trennte. Als nächstes sonderte sich die starke Wechselwirkung ab. Zu diesem Zeitpunkt hatten die Elementarteilchen einen Großteil ihrer Masse angenommen, so daß die Elektronen viel leichter waren als die Protonen und Neutronen. Als sich die schwache Wechselwirkung von der elektromagnetischen Kraft zu scheiden begann, wurden auch die Protonen und Neutronen zu unterschiedlichen Teilchen. In jeder Phase wurde eine Symmetrie gebrochen und dem Universum ein höheres Maß an Struktur verliehen.

Dies ist der große Entwurf der modernen Physik, die wissenschaftliche Karte. Diese wissenschaftliche Karte möchte ich in Frage stellen. Sie setzt voraus, daß alle materiellen Strukturen im Universum in immer kleinere und einfachere Elemente zerlegt werden können und daß man auf irgendeiner Ebene an das Ende dieser Analyse gelangt. Dem liegt die Voraussetzung zugrunde, daß man die Natur zerlegen muß, um sie zu verstehen, und daß man Klarheit über sie gewinnen kann, indem man entdeckt, wie ihre jeweils kleineren Bestandteile wechselwirken.

Dieses Denkmodell ist von großer abstrakter Ästhetik. Doch es liefert uns ein Bild von der Natur, das Wert und Qualität nicht berücksichtigt. Es trägt der wesentlichen oder subjektiven Seite menschlicher Erfahrung nicht Rechnung und vernachlässigt, in welcher Beziehung wir zur Welt um uns her stehen. Es liefert eine Erklärung, die von einer abstrakten, aber definierten und begrenzten Ebene zur anderen fortschreitet und dabei nach unerbittlichen Gesetzen vorgeht, die sich alle aus einem größeren Gesetz herleiten. Alles, was in diesem Universum geschieht, einschließlich seiner Entstehung, ist die Entfaltung eines einziges Gesetzes. Das fundamentale Gesetz ist, so hat es den Anschein, allgegenwärtig, denn es hat bereits existiert, bevor das Universum begann. Dennoch ist es nicht in der Lage, das Bewußtsein oder die schöpferischen Kräfte des Menschen zu erklären.

Der modernen Wissenschaft ist es gelungen, eine detaillierte Karte vom Kosmos zu entwickeln, die von ungewöhnlicher abstrakter Eleganz ist. Dennoch hat diese Karte keinerlei Beziehung zum inneren Wesen der Dinge. Andererseits verfügen wir gegenwärtig über keine andere Orientierungshilfe, um die Umwelt zu verstehen oder um für unser körperliches Wohlbefinden zu sorgen. Kein Wunder, daß wir uns manchmal fremd vorkommen in einem leeren Universum, denn wenn wir nach der Wahrheit suchen, so erklärt man uns, sie lasse sich nur dadurch finden, daß wir die Welt in ihre konstituierenden Atome und Elementarteilchen zerlegen. Wenn wir uns nach einer ganzheitlichen umfassenden Vorstellung von der Welt sehnen, dann müssen wir einen Weg finden, die objektiven Aussagen der Wissenschaft mit unserer persönlichen Weltsicht, unseren Erfahrungen und unserer Phantasie zu vereinigen, ohne dabei die Authentizität beider Ansätze zu verwässern.

Wenn wir akzeptieren, daß die Natur unendlich reich, vielfältig und irreduzibel ist, entfernen wir uns bereits von jener mechanistischen Geisteshaltung, die die Wissenschaft seit zwei Jahrhunderten beherrscht. Dann könnte das ursprüngliche Geheimnis der Welt wieder im Mittelpunkt unserer nie nachlassenden Neugierde über die Zusammenhänge und den Sinn universalen Geschehens stehen.

Innenwelt und Außenwelt

Es gibt unzählige Möglichkeiten, die Welt, die Natur oder die Realität – man mag sie nennen, wie man will – zu erfahren und zu beschreiben. Die Physik stellt nur eine von vielen Annäherungen an die Wirklichkeit dar, und keine ist umfassender oder richtiger als eine andere. In der Natur finden wir einen unerschöpflichen Reichtum an Formenvielfalt. Sie hat keinen letzten Fluchtpunkt, kein endgültiges Gesetz, keine fundamentale Analyseebene. Jeder Baum, jede Pflanze, jedes Tier und jeder Mensch verkörpert einen Teil dieses Reichtums. Um den Sinn und die Wirklichkeit der Schöpfung zu ergründen, müssen wir uns ihr auf vielfältige Weise nähern, nicht eine abstrakte Methodik wird uns die Wirklichkeit offenbaren, sondern nur die Anerkenntnis, daß natürliches Geschehen in ein unendlich kompliziertes Beziehungsgeflecht verwoben ist.

Für den Wissenschaftler repräsentiert die Natur in der Regel eine *Außenwelt* – etwas, das außerhalb seiner selbst existiert, was er betrachtet, was aus Ober- und Seitenflächen, Formen, Konfigurationen und Bewegungen besteht, die es zu untersuchen gilt. Doch wer die Natur in dieser Weise betrachtet, bleibt mit seiner objektiven Beobachtung außen vor. Selbstverständlich ist das moderne Paradigma der Physik, nach dem sich Materie in immer kleinere Bestandteile zerlegen läßt und sich die physikalischen Gesetze hierarchisch aus einem fundamentalen Gesetz herleiten, ein Ausdruck der Neigung, die Welt als Außenwelt wahrzunehmen.

Man kann sie aber auch als *Innenwelt* sehen, wenn man versucht, nicht den Kern des Atoms, sondern das Wesen der Dinge zu begreifen. Voraussetzung dafür ist das Gefühl, daß sich die Grenzen auflösen und daß der Horizont des Subjekts mit dem des Objekts verschmilzt. Wer die Welt als Innenwelt wahrnimmt, glaubt, daß jedes Ding – Baum und Stein, Stern und Atom – seine eigene Art der Existenz und seine eigene Authentizität besitzt. Zum Erlebnis der Innenwelt gehört, sich auf das Wesen der Dinge einlassen zu können, anstatt ihnen von außen eine Struktur zuzuordnen.

Als junger Mann bemerkte der Mystiker Jakob Böhme zufällig den Widerschein des Sonnenlichts auf einer dunklen Zinnschüssel. Er starrte in das Licht, verfiel in einen Zustand innerer Ekstase und hatte das Gefühl, ins Herz der Natur gezogen zu werden. Als Böhme das Haus verließ, meinte er, das innere Wesen des Pflanzenlebens um sich her wahrnehmen zu können. Es war, als würde das Gras, auf dem er ging, von einem inneren Licht erleuchtet, als habe er teil am Sinn der Natur, so daß alles zu einem Akt der Bejahung wurde.

Auch Werner Heisenberg hatte, als er sich mit seiner Quantentheorie beschäftigte, eine Art Vision, wenn auch gänzlich anderer Art. Während eines Urlaubs auf Helgoland dachte der Physiker über einige Unstimmigkeiten nach, die ihn schon seit geraumer Zeit an einer früheren Atomtheorie gestört hatten. In großer Erregung begann er, seine plötzliche Eingebung auszuarbeiten, und gelangte um drei Uhr morgens endlich zum gewünschten Ergebnis. »Im ersten Augenblick war ich zutiefst erschrocken«, berichtet er:

> »Ich hatte das Gefühl, durch die Oberfläche der Erscheinungen hindurch auf einen tief darunter liegenden Grund von merkwürdiger Schönheit zu schauen, und es wurde mir fast schwindelig bei dem Gedanken, daß ich nun dieser Fülle von mathematischen Strukturen nachgehen sollte, die die Natur dort unten vor mir ausgebreitet hatte. Ich war so erregt, daß ich an Schlaf nicht denken konnte. So verließ ich in der schon beginnenden Morgendämmerung das Haus und ging an die Südspitze des Oberlandes, wo ein alleinstehender, ins Meer vorspringender Felsturm in mir immer schon die Lust zu Kletterversuchen geweckt hatte. Es gelang mir ohne größere Schwierigkeit, den Turm zu besteigen, und ich erwartete auf seiner Spitze den Sonnenaufgang.«[3]

Der englische Dichter und Maler William Blake schrieb: »Jeder Raum, kleiner als ein Tropfen menschlichen Blutes, öffnet sich in die Ewigkeit, von der die Mühsal unseres Erdendaseins nur ein Schatten ist.« Der Dichter und Jesuitenpater Gerard Manley Hopkins sprach von *instress.* (*Inkraft* oder *innere Kraft*), die der Innenwelt der Dinge entströmt.

Geladen ist die Welt mit Gottes Herrlichkeit.
Ausflammen wird sie, wie Glast von gerütteltem Flitter;
Sie sammelt sich zu einer Größe, gleich dem Seim gepreßten Öls.

Und noch einmal Hopkins:

Trotz alledem, Natur bleibt unerschöpft;
Köstlichste Frische lebt tiefinnerst allen Dingen;

»Gottes Herrlichkeit«[4]

Die Natur, so Hopkins, erschöpft sich nicht in ihrer äußeren Erscheinung, ihrer Außenwelt, weil immer das Geheimnis ihrer Innenwelt, ihrer »köstlichsten Frische«, bleibt.

Die Innen- und die Außenwelt vermitteln uns Erfahrungen auf gänzlich unterschiedliche Art, und beide Welten helfen uns dabei, dem Geheimnis des Daseins auf die Spur zu kommen. Das eine Extrem verkörpert der rationale, objektive Wissenschaftler, das andere der mystische Dichter. Doch eine (erstrebenswerte) und ganzheitliche Betrachtung läßt eine solche Unterteilung nicht zu, sondern sucht nach der Einheit von Objektivität und Subjektivität, von Innenwelt und Außenwelt. In dieser vereinheitlichenden Wahrnehmung liegt das Wesen der Synchronizität.

Nehmen wir ein konkretes Beispiel: Maler, Bildhauer und Musiker müssen über sehr intensive Erfahrungen mit der Innenwelt verfügen, sie müssen sich aber auch mit ganz konkret handwerklichen Gesichtspunkten oder mit der mathematisch exakten Harmonielehre auseinandersetzen, um Formen umsetzen zu können. Der Bildhauer Henry Moore erklärte, er habe einem Steinblock niemals seine physische Energie und persönliche Vorstellung aufgezwungen, sondern immer versucht, die authentische Form, die im Stein gefangen sei, freizusetzen. Er äußert sich damit ganz ähnlich wie sein großer Vorgänger Michelangelo, der oft bis zum Sonnenaufgang vor einem Marmorblock saß, um zu sehen, wenn die ersten Sonnenstrahlen dem Block eine neue Gestalt gaben und sein wahres Wesen enthüllten.

Die Arbeit dieser beiden Bildhauer, der Ursprung ihrer schöpferischen Kraft beruhen auf der Vereinigung von Innenwelt und Außenwelt. Mit dem Licht der aufgehenden Sonne vermochte Michelangelo die nur scheinbar tote Außenfläche des Steins zu durchdringen und in ganz konkretem Sinne die innere Außenwelt der Maserungen, Spannungen, Tönungen und Verwerfungen zu erkennen. Doch darin eingebettet war auch die »Innenwelt« des Steins, seine Authentizität, seine absolute Individualität. Denn kein Ding auf der Erde ist dem anderen absolut gleich. Das galt zumindest bis zur Ära der Biotechnologie. Michelangelo war außerdem offen für seine eigenen inneren Stimmen, die eigene Innenwelt, und für die Außenwelt seiner technischen Fertigkeiten, Talente und Wahrnehmungen. Deshalb fand bei der ersten Berührung des Meißels auf der Oberfläche des Steins eine Synchronizität zwischen Bildhauer und Stein, zwischen Subjektivität und Objektivität, zwischen Innenwelt und Außenwelt statt. Das Ergebnis ist für jedermann zugänglich und erfahrbar: Es ist eine neue großartige Harmonie entstanden zwischen der authentischen Gestalt des Steins und der Version des Bildhauers.

Auch wenn ich gesagt habe, daß Wissenschaftler und Techniker sich stärker für die Außenwelt der Dinge interessieren, glaube ich doch, daß jeder wirklich große Wissenschaftler auch empfänglich für seine eigene Innenwelt sein muß. Zu exakter Forschung nämlich gehört ein hohes Maß an Intuition. Alle bedeutenden Wissenschaftler haben ihre Anstöße vom inneren Wesen der Dinge erhalten. In den Mythen vieler Naturvölker ist diese Einheit immer selbstverständlich gewesen. Der Haida-Indianer Woody Morrison etwa hat mir dieses Phänomen anhand des traditionellen Kanubaus erklärt. Entwurf und Bau eines solchen Bootes verlangen ein ungeahntes Maß an technischem Raffinement, das sich bis zu einem gewissen Grade auch in die uns vertraute Sprache der Technik übersetzen läßt. Darüber hinaus aber ist die Innenwelt des Bootsbauers gefordert: Die Haida erhielten die Anleitung zum Bau des ersten Kanus von Raven, doch der enthielt ihnen die Kenntnis der endgültigen perfekten Form vor, die sich erst im Lauf von Jahrhunderten, im Zusammenleben des Haida-Volkes mit den Bäumen des Waldes und den Bewegungen des Meeres herausbildete. Meer, Wind und Bäume sind lebendig, und ihr Gesang ist zu hören im vollendeten Kanu, in den technischen Fertigkeiten der Haida und in ihrem inneren, weil über Generationen tradierten, in Mythen gebetteten Wissen. Auch dies ist ein Beispiel für Synchronizität.

Wirklichkeit als Fluß

Angesichts der Doppelperspektive von Innenwelt und Außenwelt wird jetzt deutlich, daß sich das Wesen der Realität – und sogar das der Materie selbst – niemals erschöpfend mittels irgendeines Forschungssystems erkunden und durch den Verstand nicht vollständig beschreiben läßt. Das hat eine wichtige Konsequenz für die gesamte Bedeutung der physikalischen Gesetze, denn daraus folgt, daß es kein letztes und fundamentales Gesetz geben, noch daß irgendein Gesetz alles erklären kann. Physikalische Gesetze hängen von ihrem Kontext ab und können keine universelle Gültigkeit besitzen, die jeglichem Kontext enthoben ist.

Nach meiner Auffassung sind diese Gesetze keine absoluten Feststellungen über das Sein im Kosmos, sondern lediglich ein Ausdruck für die unterschiedlichen Muster, die sich auf unterschiedlichsten Ebenen des Universums finden lassen. Statt das Verhalten der Materie zu bestimmen, versuchen physikalische Gesetze, eine Vielfalt anscheinend unterschiedlicher Ereignisse einheitlich zu beschreiben. Und dies ist nur möglich, wenn man sie in das Formelwerk mathematischer Abstraktion zwingt.

Versteht man die physikalischen Gesetze auf diese Weise, so ergibt sich, daß das eigentliche Wesen der Dinge in ihrer natürlichen Authentizität liegt und nicht in einem ihnen übergestülpten formalen Erklärungsversuch. Es bedeutet, daß jede Ebene in sich abgeschlossen ist und daß jeder einzelne und jedes Ding über eine individuelle Beschaffenheit verfügt. Zwar können Wissenschaft, Medizin und Psychologie ihre Erklärungen anbieten, und diese können ungeheuren praktischen Wert besitzen, doch letztlich ist jeder selbst die höchste Instanz, wenn es gilt, über den Sinn des eigenen Lebens und die Bedeutung dessen zu befinden, was der eigene Körper ihm mitteilt.

Fluß und Symmetrie

Diese neuen Ideen zur Bedeutung der physikalischen Gesetze werde ich im sechsten Kapitel näher erläutern. Hier sei nur soviel gesagt, daß die Gesetze selbst Muster sind, die im Fluß des Universums entstehen. Sogar das Wort *Fluß* ist nicht unproblematisch, weil es eine Kategorie des Seins assoziiert, die sich analysieren und beschreiben läßt. Vielleicht wäre es besser zu sagen, die Natur erwachse aus etwas, das sich jedem Versuch, es zu definieren, entzieht, das sich durch keine formale Ordnung, Form, Sprache und kein abstraktes Gesetz ausdrücken läßt, dem also im Sinne der Wissenschaftspyramide eine fundamentale Ebene fehlt. Die Naturgesetze sind im wesentlichen Ausdruck von vereinheitlichenden Strukturen innerhalb einer ständig wechselnden Außenwelt und ihrer Natur nach niemals absolut. Möglicherweise ist die Forderung danach, endgültige Gesetze für das natürliche Geschehen zu formulieren, genauso töricht wie die nach der endgültigen Auslegung irgendeines Kunstwerkes. Wie sich die Bedeutungen und Interpretationen eines Gedichtes oder eines Gemäldes niemals erschöpfend aufzählen lassen, so kann es auch keine endgültige Aussage über das Wesen der Materie und folgerichtig keine abschließende wissenschaftliche Theorie geben.

Die Natur ist keine mechanisch funktionierende Riesenmaschinerie, die sich aus bestimmten Einzelteilen zusammensetzt. Wenn wir einen kleinen Teil des Ozeans über eine begrenzte Zeit beobachten, erkennen wir vielleicht eine gewisse Regelmäßigkeit und Struktur. Doch in anderen Bereichen und zu anderen Zeiten zeigen sich möglicherweise ganz andere Muster. Regelmäßigkeiten und Gesetze werden deshalb nur in einem bestimmten, begrenzten Kontext erkennbar. In einem größeren Zusammenhang würde man bemerken, daß sie

Teil einer größeren Bewegung sind. So gesehen, haben physikalische Gesetze nicht mehr fundamentalen Charakter, sondern sind einfach Beschreibungen beharrlicher Muster und Strukturen, die sich innerhalb bestimmter Größenverhältnisse und eines begrenzten Kontextes zeigen. Gesetze wären danach nicht mehr absolut, sondern abhängig von dem Zusammenhang, in dem die Natur betrachtet wird.

Die Komplexität des Universums ginge also nicht aus einer fundamentalen, extrem einfachen und formlosen Ebene hervor, wie es in der Theorie von den Symmetriebrüchen behauptet wird, sondern hätte ihrerseits einen komplexen Ursprung. Was wir als einfache Muster oder Ordnungen erkennen, ist möglicherweise nur eine Art Mittelwert, eine Ausgleichstendenz innerhalb eines bestimmten begrenzten Zusammenhangs, der allseits von Komplexität und fließender Bewegung umgeben ist. Wenn wir die Natur innerhalb der Grenzen erforschen, die uns gegenwärtig von der Physik gezogen werden, werden wir in der Tat nur beständige Muster erkennen, die ehernen Gesetzen gehorchen. Doch wenn wir die Grenzen dieses Kontextes überschreiten können, werden wir sehen, daß die Gesetze selbst nur von vorläufiger Art sind.

Penrose und die Schwerkraft

In seinen Forschungsarbeiten zur fundamentalen Natur von Schwerkraft und Raumzeit hat der Mathematiker und Physiker Roger Penrose eine Entdeckung gemacht, die in gewisser Weise die hier zur Diskussion gestellten Überlegungen unterstreicht, weil sie nämlich der vorherrschenden Auffassung widerspricht, daß Gesetze um so symmetrischer sein müssen, je fundamentaler sie sind.

Zur Beschreibung der Schwerkraft auf der Quantenebene verwendet Penrose geometrische Gebilde, die er *Twistoren* nennt.[4] Seit Einsteins bahnbrechenden Arbeiten ist man in der Physik davon überzeugt, daß sich die Schwerkraft letztlich aus der Geometrie der Raumzeit herleitet. Der Mond umkreist die

Erde, und der Apfel fällt, weil, so erklärt Einstein, die Raumzeit, in der sie sich bewegen, gekrümmt ist. Einsteins Theorie liefert eine vollkommene Erklärung für die großräumige Welt, in der Äpfel sowohl vom Baum fallen als auch Monde sich bewegen. Doch was ist, wenn wir uns der subatomaren Ebene zuwenden? Die Gravitation ist eine Kraft, und die Quantentheorie besagt, alle Kräfte hätten einen Quantenursprung. Wie sieht also die Quantenkrümmung der Raumzeit aus? Diese Frage hat sich als eine der schwierigsten erwiesen, mit denen sich die Physik in den letzten fünfzig Jahren auseinanderzusetzen hatte.

Penrose hat eine neue Lösung für dieses Problem vorgeschlagen: die Twistor-Geometrie. Er zeigt, wie die Raumzeitkrümmung, das heißt die Schwerkraft selbst, aus zwei Grundformen der Twistor-Geometrie hervorgeht – den links- und rechtshändigen Krümmungen. Nun muß jede Theorie, die sich mit der Quantennatur der Raumzeit beschäftigt – davon geht man in der Physik einhellig aus –, jener fundamentalsten Theorie des Universums sehr nahekommen. Deshalb müßte sie auf die einfachste und symmetrischste Weise formuliert sein, die denkbar ist. Mit anderen Worten, die rechtshändigen und linkshändigen Krümmungen der Raumzeit müßten im wesentlichen äquivalent und alle nachfolgenden Unterschiede zwischen ihnen das Ergebnis von Symmetriebrüchen sein. Die Geometrie der Raumzeit müßte aus einem Gesetz und einer fundamentalen Gleichung erwachsen.

Penrose hat jedoch nachgewiesen, daß die links- und rechtshändigen Krümmungen unterschiedlichen Ursprungs sind. Sogar die mathematischen Formeln, die zu ihrer Darstellung verwendet werden, sind unterschiedlich. Mithin ergibt sich die allgemeine Krümmung der Raumzeit aus zwei ganz unterschiedlichen mathematischen Systemen. Die Abweichung zwischen einer rechts- und einer linkshändigen Krümmung erwächst also nicht aus Symmetriebrüchen oder irgendeiner ersten beidhändigen Krümmung, sondern genau umgekehrt: Wo die Raumzeit eine symmetrische Krümmung aufweist, muß diese aus der Summe nicht-symmetrischer Prozesse auf einer grundlegenderen Ebene entstanden sein. Mit anderen Worten, die zugrunde liegende Theorie weist ein geringeres und kein höheres Maß an Symmetrie auf!

Penroses Schlußfolgerung ist bemerkenswert, weil sie zeigt, daß sich eine fundamentalere Beschreibung der physikalischen Welt nicht unbedingt auf ein extrem symmetrisches Gesetz gründen muß. Sie läßt die Möglichkeit erkennen, daß auch andere Gesetze der Physik eine ähnlich asymmetrische Formation haben könnten. Gibt man die Forderung nach der Einfachheit der fundamentalsten Gesetze erst einmal auf, muß man völlig neue Eventualitäten einräumen. Sobald wir die Grenzen des absoluten physikalischen Gesetzes überschreiten, werden wir besser in der Lage sein, die Karten unserer Welt zu verändern. Doch damit wollen wir dieses Thema – die ganzheitliche Natur der physikalischen Gesetze – erst einmal auf sich beruhen lassen, um erst im sechsten Kapitel wieder darauf zurückzukommen.

Drittes Kapitel

QUANTENTHEORIE – VOM DETERMINISMUS ZUR MEHRDEUTIGKEIT

Die Vorstellung, die Materie sei auf allen Ebenen vollständig und in sich abgeschlossen, verlangt, wie gezeigt, eine ganz andere Einstellung zu den physikalischen Gesetzen. Um das neue Weltbild richtig zu verstehen, müssen wir unsere Reise durch die physikalischen Karten fortsetzen. Im vorliegenden Kapitel werden wir uns mit der Quantentheorie beschäftigen und feststellen, daß die Quantenkonzepte zwar wichtige Erkenntnisse liefern, daß sie aber noch keine vollständige Theorie zum Verständnis der subatomaren Materie darstellen. Wir haben gesehen, wie Newtons Karte des Zustandsraums aufgrund ihrer enormen Fähigkeit, die Bewegung der Materie vorherzusagen, ihres absoluten Determinismus und ihrer lükkenlosen Beschreibung die Synchronizität aus der Diskussion über das Universum vertrieben hat. Auf den ersten Blick scheint die Quantentheorie, die die Methode des Zustandsraums ersetzt, die Hoffnung auf ein einheitlicheres Weltbild zu erfüllen, doch leider ist sie durchsetzt mit Paradoxa, derentwegen ihre Erklärungen unvollständig bleiben. Auf der Suche nach einer neuen Quantentheorie müssen wir die Bedeutung der physikalischen Gesetze radikal überdenken.

Dennoch hat die Quantentheorie das Bild, das sich Wissenschaftler vom Universum machen, auf eine geradezu revolutionäre Weise umgestaltet. Sie hat beispielsweise unsere Gewohnheit, uns selbst von der Natur zu distanzieren, und den unbedingten Gültigkeitsanspruch des Zustandsraum in Frage gestellt. Wie das geschieht, zeigt das folgende einfache, aber verblüffende Beispiel – das Doppelspalt-Experiment.

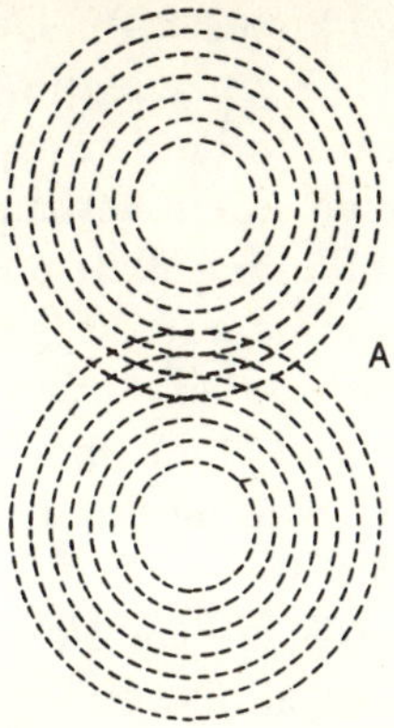

Abbildung 10. Zwei Wellenkreise auf einem ansonsten ruhigen Teich dehnen sich aus, bis sich ihre äußeren Ränder treffen. In diesem Bereich (A) kommt es zu einer Interferenz, die große Unruhe im Wasser hervorruft.

Das Doppelspalt-Experiment

Ein Stein, der auf eine ruhige Wasseroberfläche geworfen wird, bewirkt, daß sich Wellen nach allen Seiten hin ausbreiten. Wenn ein solcher Wellenkreis mit einem anderen kollidiert, werden sie sich stören und miteinander wechselwirken. Das Ergebnis ist ein kompliziertes Wellenmuster. Dort, wo der Kamm einer Welle dem Kamm einer anderen begegnet, bildet sich eine höhere Welle. Entsprechend führt das Aufeinandertreffen zweier Wellentäler zu einer tieferen Senkung. Wenn aber ein Kamm und ein Wellental aufeinandertreffen, gleichen sich beide Formationen aus und hinterlassen eine winzige Region ruhigen Wassers. In dem Bereich des Teiches, in dem zwei Wellenkreise aufeinandertreffen, bildet sich also ein kompliziertes und charakteristisches Störungsmuster unruhigen Wassers heraus.

Das gleiche Interferenzmuster kann man an gewöhnlichem Licht beobachten. Ein schmaler Lichtstrahl fällt auf einen Trennschirm, der zwei enge Spalte aufweist. Hinter diesen befindet sich ein weißer Sichtschirm. Das Licht, das durch die Spalte gelangt, breitet sich aus wie die Wellen auf dem Teich. In dem Bereich, in dem die beiden expandierenden Wellensysteme zusammentreffen, kommt es zur Interferenz der Lichtwellen. Wo Kämme auf Kämme stoßen, wird das Licht intensiver, doch wo Wellenkämme auf Wellentäler treffen, gleichen die Effekte sich aus. Wenn man dafür sorgt, daß dieses komplexe Muster aus Licht und Dunkelheit auf einen Sichtschirm fällt, so tritt ein charakteristisches Interferenzmuster aus hellen und dunklen Streifen auf.

Durch Abdecken eines Spalts läßt sich leicht nachweisen, daß diese Erscheinung das Ergebnis von Interferenz sein muß. Die Lichtwellen können sich jetzt nur noch durch einen Spalt ausbreiten, und statt des vorherigen Musters von hellen und dunklen Streifen gibt es lediglich einen einzigen Lichtstreifen direkt hinter dem offenen Spalt. Sobald der zweite Spalt wieder geöffnet wird, zeigt sich das ursprüngliche Interferenzmuster erneut.

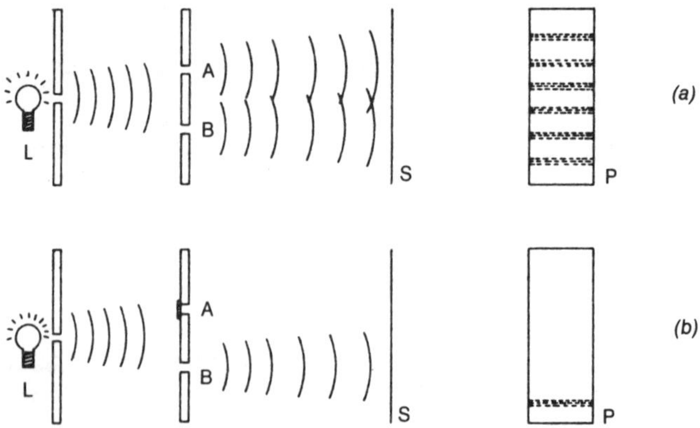

Abbildung 11. In dem Doppelspalt-Experiment fällt Licht aus Lampe L auf zwei Spalte, A und B. Die daraus resultierenden Lichtwellen breiten sich von den engen Spalten aus und interferieren auf dem Weg zum Sichtschirm S miteinander, wodurch dort ein charakteristisches Muster von hellen und dunklen Streifen erscheint. Bei Abdeckung von Spalt A verschwindet das Interferenzmuster, und es zeigt sich nur noch ein einziger Lichtstreifen auf dem Schirm.

Dieses Interferenzmuster wurde von dem Physiker Thomas Young (1773–1829) als Beweis dafür gewertet, daß sich das Licht tatsächlich in Wellenform ausbreitet. Die Besonderheit dieses Experiments liegt nun darin, daß man es heute auf der Quantenebene in einer Form wiederholen kann, die die Gültigkeit des Zustandsraums für die Quantenwelt eindeutig widerlegt.

Das Licht besitzt, wie Max Planck und Albert Einstein zu Anfang unseres Jahrhunderts entdeckt haben, einen grundlegenden Quanten-Charakter. Wie alle Energieformen besteht es aus winzigen Energieeinheiten, eben den Quanten, die sich nicht mehr in kleinere Elemente zerlegen lassen. Wenn man die Feinstruktur des Lichtes untersucht, so stößt man auf seine Quanten (auch Photonen genannt). Doch diese sind merkwürdige Gebilde, weil sie von dualer Beschaffenheit sind, das heißt, weil sie sich manchmal wie Wellen und manchmal wie Teilchen verhalten. Welchen Aspekt ihres Doppelwesens sie jeweils zeigen, hängt von der Art der Experimentalbeobachtung ab. Manche Experimente lassen sich nur durch Wellenbewegung erklären, andere nur durch lokalisierte Teilchen. Beim Doppelspalt-Experiment sind die Ergebnisse jedoch verwirrend und paradox.

Nehmen wir an, die Intensität des Lichtes, das auf die Spalte fällt, wird verringert, so daß es immer schwächer wird. Das Muster auf dem Schirm verblaßt und wird unsichtbar für das menschliche Auge. Doch wenn man einen Film auf dem Sichtschirm befestigt und dort viele Stunden beläßt, kann man auch dieses sehr schwache Licht nachweisen. Ein einzelnes Photon, das auf ein Silberatom in der Emulsion trifft, ruft eine Veranderung hervor, die bei der Entwicklung als winziger Fleck zu erkennen ist. Wenn man den Film diesem extrem schwachen Licht lange genug aussetzt, so zeigt die Akkumulation einer sehr großen Zahl von Flecken genau das gleiche Interferenzmuster, das wir bei sehr viel hellerem Licht mit dem bloßen Auge erkannt haben.

Und was geschieht, wenn man das Licht dergestalt verringert, daß zu einem gegebenen Zeitpunkt nur noch ein einziges Photon auf den Sichtschirm trifft? Nach der Darstellungsweise des Zustandsraums muß dieses Photon einem festgelegten Weg bis zum Schirm folgen, wobei die Einzelheiten durch den ursprünglichen Ort und Impuls des Photons bestimmt werden. Ein einzelnes Photon verläßt seine Quelle, nimmt eine bestimmte Bahn, dringt durch einen der beiden Spalte, trifft auf den Sichtschirm und wird auf dem Film registriert. (Selbstverständlich werden die meisten Photonen beide Spalte verfehlen und auf die Trennwand treffen, wo sie absorbiert werden. Doch darum wollen wir uns nicht kümmern – nur um die Photonen, die durch Spalt A oder B dringen und auf dem Film registriert werden.)

Nun schlagen nicht alle Photonen, die die Lichtquelle verlassen, absolut identische Richtungen ein. Eines folgt möglicherweise einer leicht abweichenden Bahn, was bewirkt, daß es sich durch den anderen Spalt bewegt. Immer wieder schießen einzelne Photonen auf den Trennschirm zu und passieren entweder den einen oder den anderen Spalt. Nach den Gesetzen des Zustandsraumes müßten demzufolge zwei unabhängige Bilder auf dem fotografischen Schirm entstehen. Eines dieser Bilder würde hervorgerufen, wenn eine Anzahl von Photonen den Schirm direkt hinter Spalt A erreicht, und ein ähnliches Bild müßte sich hinter Spalt B zeigen.
Doch das Quantengeschehen steckt voller Überraschungen: Wenn man den Film entwickelt, so zeigt sich ein unerwartetes Ergebnis – das vertraute Interferenzmuster ist immer noch vorhanden! Statt zweier unabhängiger Streifen, einem hinter jedem Spalt, tritt das bekannte alternierende Muster aus hellen und dunklen Streifen auf. Dies bedeutet, daß einige Photonen den Film genau in der Mitte zwischen den beiden Spalten getroffen haben müssen. Wie ist das möglich? Wie kann ein einzelnes Photon in der Region genau zwischen den beiden Spalten erscheinen?

Überprüft man das Ergebnis, indem man die Experimente bei abgedecktem Spalt B wiederholt, verschwindet das Interferenzmuster. Es zeigt sich ein einziger Lichtstreifen hinter dem offenen Spalt A. Das wirft ein verwirrendes Problem auf: Denn woher soll ein einzelnes Photon, das sich durch Spalt A bewegt,

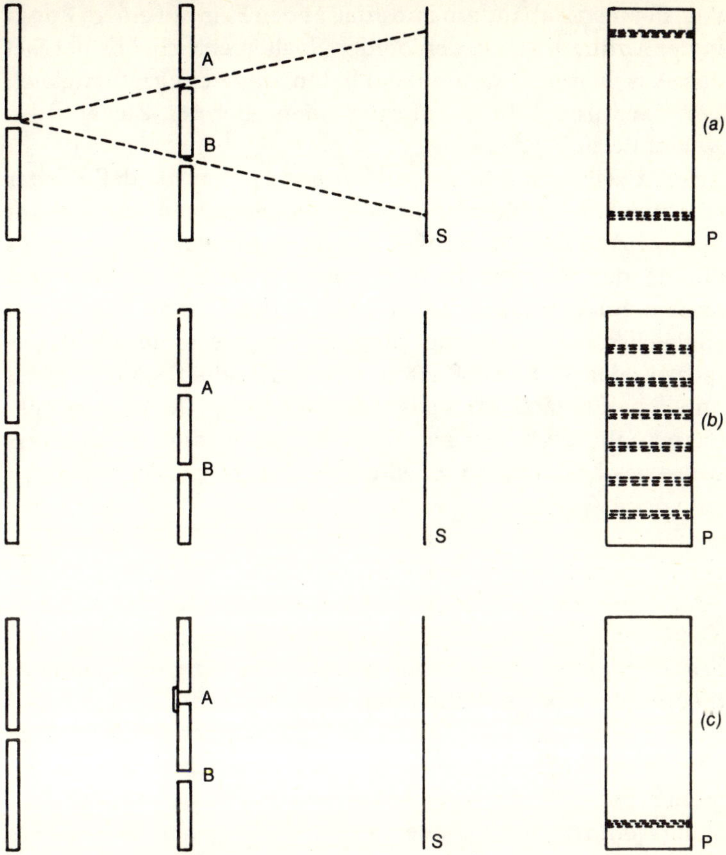

Abbildung 12. (a) Wenn Photonen wirklich winzige Korpuskeln sind, dann dürfte es keine Interferenz geben. Auf dem Schirm wären lediglich zwei Streifen zu erkennen, einer hinter jedem Spalt. (b) Selbst wenn nur ein Photon zur Zeit emittiert wird, erscheint das vertraute Interferenzmuster. (c) Deckt man Spalt A ab, verschwindet das Quanten-Interferenzmuster.

»wissen«, ob Spalt B offen oder geschlossen ist? Wenn B offen ist, erscheint ein ganz anderes Muster auf dem Schirm, als wenn B geschlossen ist. Wie kann aber ein Photon, nachdem es Spalt A durchquert hat, wissen, daß es, wenn B offen ist, seinen

Weg dergestalt abändern muß, daß es den Film auf einem Punkt in der Mitte zwischen den beiden Spalten erreicht? Es hat fast den Anschein, als könne das Photon an zwei Orten zugleich sein oder als erhalte es Informationen über den Zustand des weit entfernten Spaltes.

Seit zweihundert Jahren erklärt uns die Physik, daß Körper bei ihren Bewegungen bestimmten Bahnen folgen. Jetzt scheint das Konzept seine Gültigkeit zu verlieren, weil ein einzelnes Photon den Zustand beider Spalte zu kennen scheint. Das Photon müßte mit sich selbst interferieren oder an zwei Orten zugleich sein. Nun besagt aber ein Grundsatz der Quantentheorie, daß sich ein Photon nicht aufspalten kann – es ist unteilbar. Offenbar muß das gesamte Konzept der Bewegungsbahnen überdacht werden. Dasselbe gilt für die Darstellungsweise des Zustandsraums. Mit anderen Worten: Wir brauchen eine neue Kartenart.

Heisenbergs Unschärferelation

Etwa zehn Jahre bevor Werner Karl Heisenberg die Quantentheorie entwickelte, hatte Niels Bohr versucht, an dem alten Konzept des Zustandsraums festzuhalten, indem er die Theorie von den Bewegungsbahnen der Quantenteilchen hier und da modifizierte. Heisenberg verdächtigte den Kollegen, lediglich alten Wein in neue Flaschen zu füllen. Er erkannte, daß eine kompromißlose Revolution erforderlich war, nicht nur eine Abänderung des Zustandsraums.

Im Zustandsraum läßt sich die zukünftige Bewegung eines jeden Gegenstandes vollständig bestimmen, wenn wir zu einem bestimmten Zeitpunkt in der Lage sind, seinen Ort anzugeben. Kennen wir die genauen Werte seines Ortes und Impulses (ein Punkt im Zustandsraum), so können wir seine genaue Bahn für alle Zeitpunkte in der Zukunft exakt vorhersagen.

Doch als Heisenberg die neue Quantentheorie formulierte, wurde ihm klar, daß der Genauigkeit, mit der sich diese beiden

Koordinaten – Ort und Impuls – angeben lassen, eine absolute Grenze gezogen ist. Heisenbergs Unschärferelation zeigt, daß der Impuls eines Körpers unbestimmt wird, wenn wir seinen Ort sehr genau messen. Umgekehrt wird sein Ort unbestimmt, wenn wir uns auf seinen Impuls konzentrieren. Es ist also nicht mehr möglich, ein Quantenteilchen auf einen bestimmten Punkt im Zustandsraum festzulegen. Doch ohne einen solchen Ausgangspunkt sind wir nicht in der Lage, die Bahn des Quantenteilchens zu berechnen oder seine Zukunft genau vorherzusagen. Mit einem Schlage war der Verwendung des Zustandsraums auf der atomaren Ebene jegliche Berechtigung entzogen.

Quantenmessungen und Objektivität

Heisenbergs Unschärferelation und die Unzulänglichkeit des Zustandsraums erwachsen aus der Ganzheitlichkeit aller Quantenerscheinungen und den Beziehungen, die den Beobachter mit seinem Beobachtungsgegenstand verbinden. Wann immer ein Wissenschaftler versucht, Beobachtungen in der Quantenwelt vorzunehmen, müssen seine Untersuchungsgeräte in irgendeiner Weise mit dem Quantensystem wechselwirken. An dieser Wechselwirkung ist immer mindestens ein Energiequantum beteiligt. Da aber das Quantum unteilbar ist, läßt sich die Wechselwirkung selbst, das eigentliche Ziel der Beobachtung also, auf keine Weise analysieren oder teilen.

Wenn Sie in die innerste Region eines Atoms blicken könnten, gingen Sie eine irreduzible Verbindung mit ihm ein, weil Sie und das Atom ein einziges, unteilbares Ganzes bilden. Es ist also nicht möglich, die Wirkung des Beobachtungsaktes auszuhebeln oder auszugleichen. Jeder Beobachtungsakt muß zwangsläufig ein gewisses Maß an Störung nach sich ziehen, und da das Quantum unteilbar ist und sich in keiner Weise zerlegen läßt, folgt daraus, daß sich nicht entscheiden läßt, ob die Störung allein durch den Beobachter oder teilweise auch durch das Atom verursacht wird.

Diese Ganzheitlichkeit der Quantennatur schränkt die

Objektivität von Quantenmessungen ein. Sie läßt darauf schließen, daß eine Messung (sagen wir, des Ortes) eine zweite Messung (des Impulses) beeinflußt. Das Ergebnis einer kombinierten Messung von Ort und Impuls – oder irgendeines anderen Paares von Quantenvariablen – wird also immer eine gewisse Mehrdeutigkeit aufweisen.

Doch wenn die Verbindung zwischen Beobachter und Beobachtungsgegenstand nicht zu analysieren ist, wo ist dann eigentlich die »Quantenrealität« zu suchen? Liegt sie im Beobachtungsgegenstand oder im Beobachter? Oder liegt sie im Beobachtungsakt selbst? Als man noch die Realität objektivierte und die Welt hinter das Spiegelglas des Zustandsraums verlegte, konnte man leicht davon reden, daß man die Dinge an sich wahrnahm, und sich in dem Glauben wiegen, man könne die intrinsischen Eigenschaften der Objekte wahrnehmen.

Die Abbildung der Welt im Zustandsraum, die das wissenschaftliche Denken mehr als zwei Jahrhunderte beherrschte, behandelt die Welt, als sei sie aus unabhängigen Objekten zusammengesetzt, und geht davon aus, daß wir uns von der Natur lösen und zu den objektiven Beobachtern der Welt um uns her werden können. Die Quantentheorie dagegen lehnt diese Vorstellung grundsätzlich ab. Die Welt ist ein Ganzes, so lehrt uns die Theorie, und der Beobachter ist untrennbar mit dem verbunden, was er beobachtet. So findet der Beobachter wieder Eingang in die wissenschaftliche Karte, und die Vereinzelung wird durch Ganzheitlichkeit ersetzt. Dennoch bleibt die Frage, ob die Quantentheorie weit genug geht. Kann sie die frühere Karte des Zustandsraums, deren Unzulänglichkeiten sie ablehnt, durch ein schlüssiges Bild ersetzen?

Der Hilbert-Raum

Um die Bewegung eines Objekts im Zustandsraum zu beschreiben, braucht man nur seine Orts- und Impulskoordinaten zu kennen. Man kann dieses Verfahren sogar auf eine ganze Gruppe von Teilchen ausdehnen. Wenn man den

Zustandsraum dergestalt erweitert, daß für jedes Teilchen drei Dimensionen des Raumes und drei des Impulses zur Verfügung stehen, läßt sich der Zustand eines Mehrteilchensystems unmittelbar als ein einziger Punkt im Raum abbilden. Sogar das gesamte Universum läßt sich auf einen solchen Punkt reduzieren! Für den Physiker *ist* dieser Punkt der Zustand des Systems, so daß die Beziehung zwischen Karte und Wirklichkeit direkt und eindeutig ist.

Doch was in der Quantenwelt entspricht dieser Punktabbildung im Zustandsraum? Wenn der Zustand des Mondes ein Punkt im Zustandsraum ist, wie hat man sich dann den Zustand eines Elektrons vorzustellen? Schließlich hatte Heisenberg die Vorstellung widerlegt, ein Quantenteilchen habe eine Bahn im Raum.

Der Physiker Erwin Schrödinger stellte Quantenzustände durch eine Wellenfunktion dar. Diese Funktionen gelten in der Physik als die vollständigsten Beschreibungen von Elektronen, Atomen oder Molekülen. Behalten wir dabei immer im Gedächtnis, daß es in diesem Bereich, im Gegensatz zu dem der makroskopischen Gegenstände, stets eine gewisse Mehrdeutigkeit der Beschreibungen gibt.

Wie die Koordinaten in der Newtonschen Physik ein Medium brauchen, um ausgedrückt zu werden – den Zustandsraum –, so ist auch eine neue Kartenart für die Wellenfunktion erforderlich. Die Physiker nennen diese neue Abbildungsweise den Hilbert-Raum.

Nun hat das Wort *Raum* in dem Ausdruck *Hilbert-Raum* nichts mit unserer herkömmlichen Vorstellung vom Raum zu tun. Er entsteht auch nicht durch die Ergänzung des alltäglichen Raumes mit zusätzlichen Dimensionen. Der Hilbert-Raum ist völlig abstrakt. Die Mathematiker haben einige formale Aspekte des gewöhnlichen Raums zu einem absolut abstrakten Gebilde weiterentwickelt. Wie die gewöhnlichen Zahlen, mit deren Hilfe wir zählen, dergestalt verallgemeinert werden können, daß sie auch imaginäre, komplexe und transfinite Zahlen einschließen, so läßt sich das Raumkonzept zum Hilbert-Raum verallgemeinern.

Der Hilbert-Raum wurde von dem Mathematiker David Hilbert entwickelt, nicht als Werkzeug für die Quantentheorie, sondern Jahrzehnte zuvor, und zwar um bestimmte mathematische Funktionen zu untersuchen. In diesem mathematischen Raum sind die Grundelemente nicht Punkte und Koordinaten, sondern Vektoren, das heißt Linien, die in bestimmte Richtungen weisen. Nun wird aus einem Punkt im Zustandsraum nicht einfach ein Vektor im Hilbert-Raum. Vielmehr hängt die Dimensionalität des Hilbert-Raums von dem besonderen Quantensystem ab, um das es geht. Wir haben es nicht mehr mit den vertrauten drei Dimensionen unseres alltäglichen Raums zu tun, sondern mit einer Anzahl von Dimensionen, die von zwei bis unendlich reicht!

Jeder Zustand eines Quantensystems, auch seine Wellenfunktion genannt, läßt sich durch einen Vektor im Hilbert-Raum darstellen. Anders gesagt, ein Vektor im Hilbert-Raum – eine Linie, die in eine bestimmte Richtung zeigt – entspricht direkt einer Schrödingerschen Wellenfunktion. Die Länge dieser Vektoren ist dabei nicht von entscheidender Bedeutung. Man könnte sie sich auch einfach als Pfeile vorstellen – wichtig ist die Richtung, in die ein solcher Pfeil zeigt. Ein Pfeil, der in eine Richtung zeigt, entspricht einem bestimmten Zustand des Quantensystems. Ein Pfeil, der in eine andere Richtung zeigt, entspricht einem anderen Zustand.

Vektoren des Hilbert-Raums lassen sich auch mit Himmelsrichtungen vergleichen. Ein Vektor zeigt nach Norden und entspricht einem bestimmten Zustand des Quantensystems. Ein anderer zeigt nach Westen und entspricht einem anderen Zustand. Auf den ersten Blick scheint das nur eine Erweiterung der früheren Abbildungsweise zu sein, wobei ein Punkt im Zustandsraum eben durch einen Pfeil im Hilbert-Raum ersetzt worden ist. Doch bei näherem Hinsehen erweist sich, daß die beiden Beschreibungsarten grundverschieden sind, denn die Eigenschaften der Vektoren im Hilbert-Raum sind nicht mit denen der Punkte im Raum zu vergleichen. Man kann nämlich diese Himmelsrichtungen oder Vektoren addieren.

Nehmen Sie an, Sie fahren mit einem Boot zuerst genau nach

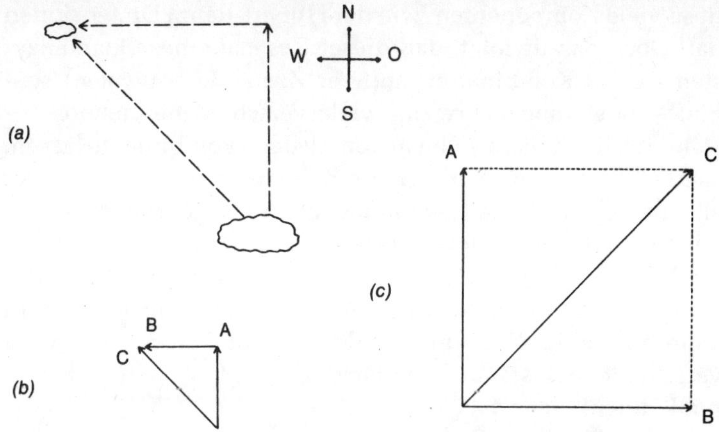

Abbildung 13. (a) Unser Reisender kann die zweite verlassene Insel entweder dadurch erreichen, daß er sich direkt nach Nordwesten wendet, oder dadurch, daß er zuerst genau nach Norden und dann genau nach Westen rudert. (b) Diese Reise läßt sich auch durch Vektoren ausdrücken. Der Vektor C läßt sich in die beiden Vektoren A und B zerlegen, die rechtwinklig zueinander verlaufen. (c) Der Vektor C läßt sich durch die beiden Vektoren A und B erzeugen, die rechtwinklig zueinander stehen. Die Kombination oder Zerlegung von Vektoren läßt sich in einer beliebigen Zahl von Dimensionen durchführen.

Norden, ändern dann Ihre Absicht und fahren nach Westen. Irgendwann werden Sie sich an genau dem Ort befinden, den Sie erreicht hätten, wenn Sie von Ihrem Ausgangspunkt nach Nordwesten gefahren wären. Wie Abbildung 13 zeigt, ergibt die Addition zweier Vektoren einen dritten, neuen Vektor. Oder umgekehrt, jeder Vektor läßt sich in zwei andere Vektoren zerlegen, die rechtwinklig zueinander verlaufen (Abbildung 14). Der Vektor, der in südöstliche Richtung verläuft, entspricht also der Kombination zweier Vektoren – einem, der nach Süden, und einem, der nach Osten zeigt.

Was für die Himmelsrichtungen im zweidimensionalen Raum gilt, trifft auch auf die Vektoren im Hilbert-Raum zu. Jeder Vektor läßt sich in eine Kombination anderer Vektoren zerlegen, die alle rechtwinklig zueinander verlaufen – und zwar in so viele Komponenten, wie der Hilbert-Raum Dimensionen hat. Doch daraus folgt, daß dieser *Zustand* eines Quantensystems einer Kombination anderer Zustände äquivalent sein muß – oder umgekehrt, daß viele verschiedene Quantenzustände sich zu einem völlig neuen Zustand kombinieren lassen.

Das Ergebnis mag bizarr erscheinen, weil wir in unserer alltäglichen Welt daran gewöhnt sind, daß Gegenstände entweder eines oder ein anderes sind – daß ein Stein ein Stein ist und ein Baum ein Baum. Doch nun betreten wir eine Welt, in der jeder Gegenstand gleichzeitig ein Stein und ein Baum sein kann oder eine Welle und ein Teilchen und in der sich viele verschiedene Zustände in einem einzigen Zustand manifestieren können!

Diese Fähigkeit, Quantenzustände zu vermischen – aber auch, einen einzigen Zustand in viele andere zu zerlegen –, ist eine direkte Konsequenz der Darstellung im Hilbert-Raum, die uns die Quantentheorie aufgezwungen hat. Die eindeutige, objektive Abbildung im Zustandsraum wird durch eine

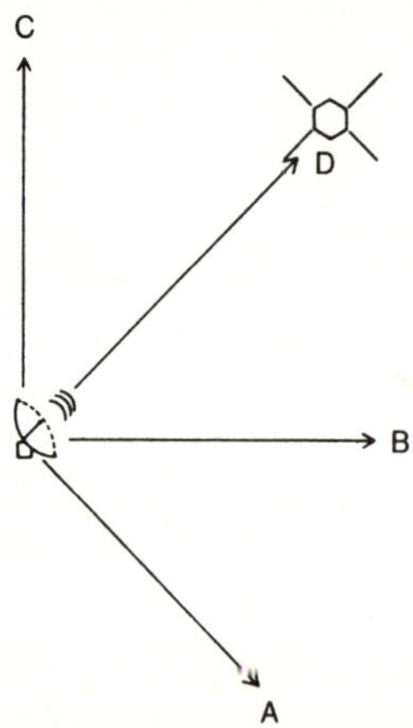

Abbildung 14. Der Ort der Rakete ist durch den Vektor D wiedergegeben. D läßt sich in drei Komponenten zerlegen, die alle rechtwinklig zueinander verlaufen: A – nach Osten zeigend, B – nach Norden zeigend, und C – direkt nach oben zeigend.

Beschreibung ersetzt, in der jeder Zustand zumindest teilweise jeder andere Zustand sein kann.

Kehren wir noch einmal zum Doppelspalt-Experiment zurück. Der normale Menschenverstand sagt uns, daß ein Photon nur an einem Ort lokalisiert sein kann oder aber an einem anderen. Wenn es Spalt A durchquert, kann es nicht gleichzeitig Spalt B passieren. Doch wir müssen uns vom gesunden Menschenverstand trennen, denn es gibt Vektoren im Hilbert-Raum, die genau dieser paradoxen Situation entsprechen. Die Vektoren sind Kombinationen aus (1) einem Vektor, der dem Photon entspricht, welches Spalt A durchquert, plus (2) einem Vektor, der einem Photon entspricht, welches Spalt B passiert.

Ein solcher Vektor scheint ein Photon zu beschreiben, das an zwei Orten zugleich ist, das aber andererseits nach den Regeln der Quantentheorie unteilbar ist! Das Photon ist unteilbar, gleichzeitig aber eine Kombination von anderen Vektoren, von Zuständen, die ein Photon darstellen, welches gleichzeitig verschiedene Spalte durchquert.

Schrödingers Katze

Die neue Quantenbeschreibung mit Hilfe von Vektoren im Hilbert-Raum ist von der früheren Darstellungsweise im Zustandsraum durch Welten getrennt. Auf der einen Seite sind die Quantenzustände von grundsätzlicher Mehrdeutigkeit, da sich Vektoren stets kombinieren lassen. Auf der anderen Seite ist die Gleichung, die festlegt, wie sich ein Vektor tatsächlich bewegt und seine Richtung im Hilbert-Raum verändert – die Schrödinger-Gleichung –, völlig deterministisch. Wie es genügt, einen einzigen Punkt im Zustandsraum zu kennen, um jeden zukünftigen Punkt zu bestimmen, den das System irgendwann besetzen wird, so läßt sich auch aus einem gegebenen Vektor in einem bestimmten Augenblick für jeden künftigen Zeitpunkt die Richtung und damit der Quantenzustand errechnen.

Daraus ergibt sich ein seltsames Paradoxon. Einerseits sind die Bewegungen der Vektoren im Hilbert-Raum völlig deterministisch, andererseits sind die Quantenprozesse, wie etwa der Zerfall eines Atoms, probabilistischer Natur. Auf der einen Seite sind Quantenzustände insofern mehrdeutig, als sie sich durch Kombinationen anderer Zustände ausdrücken lassen, auf der anderen Seite ist alles, was wir in der physikalischen Welt erfahren, unzweifelhaft und eindeutig.

Diese paradoxe Situation verdeutlichte Erwin Schrödinger durch sein berühmtes *Katzenparadoxon*. Man denke sich eine lebendige Katze, die im Labor eines Wissenschaftlers in einer Kiste eingeschlossen ist. Die Kiste enthält eine Quantenvorrichtung, die den Tod der Katze auslösen kann. Denken wir uns, daß der Zerfall eines radioaktiven Atoms von einem Geigerzähler registriert wird, der durch seine Anzeige ein mechanisches Gerät aktiviert, welches wiederum einen Hammer in Bewegung setzt, der eine Flasche mit Zyanid zertrümmert (Abbildung 15).

Für das Experiment wird ein radioaktiver Kern verwendet, der mit einer Wahrscheinlichkeit von 50 Prozent in der nächsten, sagen wir, halben Stunde zerfällt. Wenn das nun innerhalb dieses Zeitraums geschieht, wird die Katze sterben, wenn nicht, bleibt die Katze am Leben. Das tatsächliche Ergebnis ist rein zufälliger Natur. Nach Ablauf der halben Stunde wird der Kistendeckel geöffnet. Doch genau in dem Augenblick, da der Experimentator sich anschickt, den Deckel zu heben, wird er sich zwangsläufig die Frage stellen, ob die Katze nun lebendig oder tot ist.

Im Zustandsraum sind die Dinge unkompliziert. Der radioaktive Kern wird durch ein anderes probabilistisches System ersetzt, ein Roulettrad etwa, das man auf irgendeine Weise mit dem System verknüpft. Abermals ist das Ergebnis rein zufälliger Natur – eine Wahrscheinlichkeit von 50 Prozent, daß die Katze zu dem Zeitpunkt, da der Kistendeckel aufgeklappt wird, tot ist. Bis zu diesem Zeitpunkt ist das Schicksal der Katze völlig unbekannt. Doch eines *ist* gewiß: die Katze ist entweder lebendig oder tot (Abbildung 16).

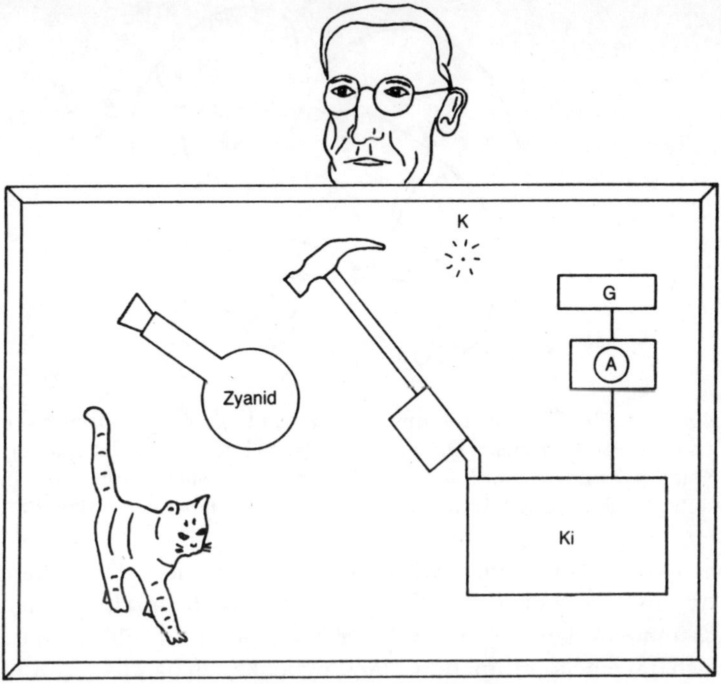

Abbildung 15. Im Schrödingerschen Katzenexperiment wird der Zerfall eines radioaktiven Kerns (K) von einem Geigerzähler (G) entdeckt. Das Ergebnis gelangt zu einem Verstärker (V) und von dort in die Kiste (Ki), die einen Hammer aktiviert, welcher seinerseits eine Flasche mit Zyanid zertrümmert (N – K; A – V; B – Ki).

Die Quantentheorie liefert jedoch eine völlig andere Antwort. Der Zustand eines jeden Systems wird durch einen Vektor im Hilbert-Raum angegeben, der, wie wir wissen, eine Kombination aus vielen anderen Vektoren sein kann. Einer dieser Vektoren könnte eine lebendige Katze und ein anderer eine tote Katze darstellen. Der Zustand des Systems könnte mithin einer Kombination dieser ganz unterschiedlichen Ergebnisse entsprechen. Vor Öffnung des Kistendeckels läßt sich also lediglich feststellen, daß der Endzustand des Systems durch alle Vektoren, alle Ergebnisse, die im Hilbert-Raum mög-

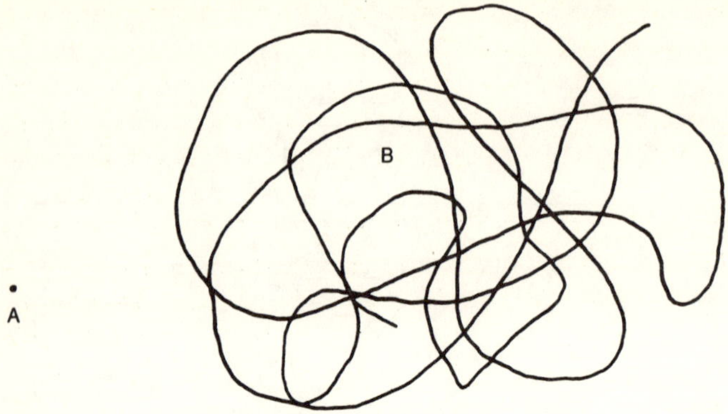

Abbildung 16. Eine Abbildung im Zustandsraum (in Wirklichkeit müßte sie in sehr vielen Dimensionen gezeichnet sein) zeigt eine tote Katze (A) und in einer anderen Region des Zustandsraums den in steter Veränderung befindlichen Zustand einer lebenden Katze (B).

lich sind, repräsentiert wird. Deshalb kann die Katze in dem Augenblick, bevor der Experimentator sich anschickt, den Kistendeckel zu heben, *weder* lebendig *noch* tot sein. Es muß sich um eine Kombination aller Möglichkeiten handeln (Abbildungen 17 und 18)!

Die Quantentheorie eröffnet den Blick auf eine merkwürdige neue Welt. Ein Photon, das einen Spalt durchquert und dabei offenbar »weiß«, was in einiger Entfernung geschieht – das klingt schon merkwürdig genug; doch eine Katze, die zugleich lebendig und tot ist, ist selbstverständlich völlig absurd. Doch all das folgt zwangsläufig aus der Möglichkeit, die Vektoren im Hilbert-Raum zu kombinieren. Vom deterministischen Zustandsraum zum Hilbert-Raum scheint die Pendelbewegung von absoluter Gewißheit zu totaler Mehrdeutigkeit zu führen. Das grundlegende Paradoxon liegt natürlich darin, daß wir in der alltäglichen Welt keine Mehrdeutigkeit beobachten können. Wenn wir schließlich den Deckel der Katzenkiste öffnen, wissen wir sehr gut, daß wir entweder eine lebendige oder eine tote Katze erblicken werden. Mit dem Öffnen der Schrödingerschen Kiste scheint eine mehrdeutige

Mischung von Möglichkeiten zu einem einzigen Ergebnis zu schrumpfen oder zu kollabieren.

Physiker bezeichnen den Akt, der im Öffnen des Kistendeckels oder in irgendeiner anderen Quantenmessung besteht, als den *Kollaps der Wellenfunktion.* Denn immer wenn eine Messung im Labor vorgenommen wird, fällt die Mehrdeutigkeit, die in der Überlagerung verschiedener Zustände oder Wellenfunktionen besteht, in einem einzigen konkreten Fall zusammen. Gegenwärtig glauben einige Physiker, die Quantentheorie sei unvollständig, weil sie nicht in der Lage sei, den Kollaps der Wellenfunktion oder die Entscheidung für einen Vektor im Hilbert-Raum zu erklären. Alle Messungen in unserer makro-

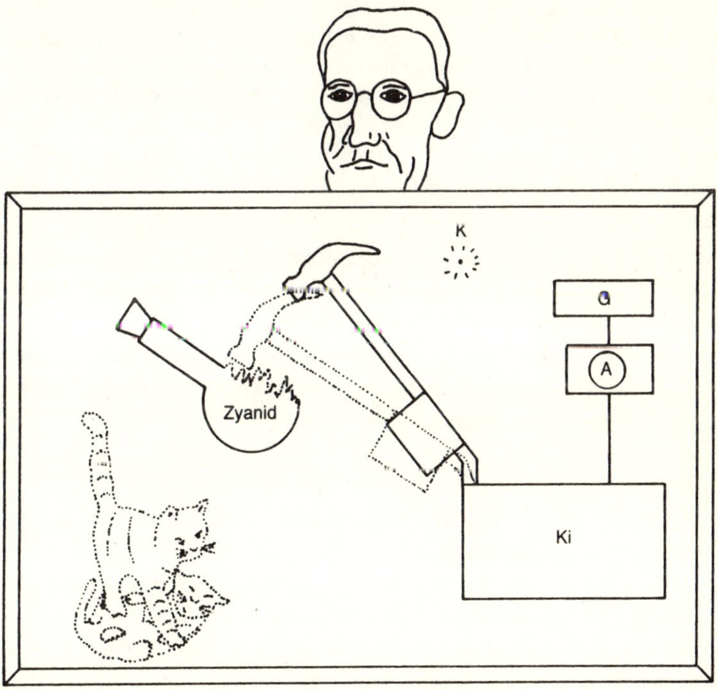

Abbildung 17. Nach der Quantentheorie bestehen die Inhalte der Kiste aus verschiedenen Kombinationen einer lebenden und einer toten Katze.

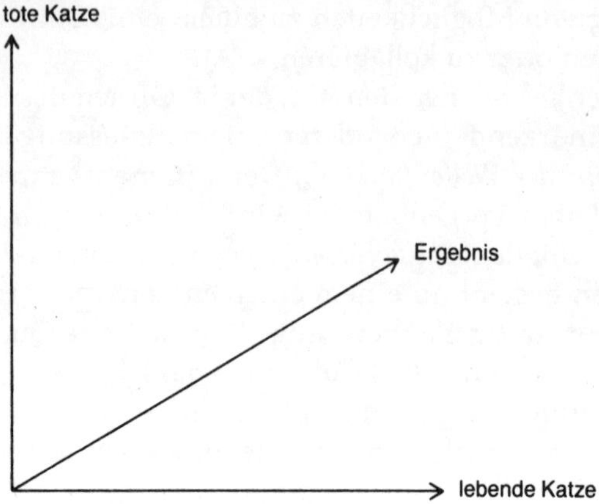

Abbildung 18. Nach der Quantentheorie muß sich der Zustand der Katze im Innern der Kiste aus einer Überlagerung verschiedener Möglichkeiten oder aus einer Kombination verschiedener Vektoren im Hilbert-Raum ergeben. Eine vereinfachte Version einer Möglichkeit ist hier abgebildet. In Wirklichkeit besitzt der Hilbert-Raum jedoch eine unendliche Zahl von Dimensionen.

skopischen Welt sind klar und eindeutig – ein Geigerzähler klickt, ein Zeiger bewegt sich, ein Meßgerät registriert etwas. Dennoch hat uns die Quantentheorie lediglich eine Überlagerung vieler verschiedener Ergebnisse zu bieten, ohne uns eine Möglichkeit zu zeigen, uns vor anderen für ein bestimmtes Resultat zu entscheiden.

Quanten-Deutungen

Zur Lösung dieses Problems haben die Physiker eine Reihe von Vorschlägen unterbreitet.[1] Doch sie alle greifen auf irgendeine Annahme, einen Mechanismus zurück, der *außerhalb* der Quantentheorie liegt, denn die Theorie an sich sagt nichts über die konkrete Wirklichkeit aus, die sich aus der Mehrdeutigkeit ergibt. Tatsächlich bewegen sich die verschiedenen Versuche, das Problem der Quantenmessung zu lösen, nicht nur außerhalb des eigentlichen Bereichs der Quantentheorie, sondern viele von ihnen klingen auch reichlich weit hergeholt.[2]

Ein Vorschlag besagt, die Quantentheorie lasse sich nicht auf der Ebene der alltäglichen Gegenstände anwenden, beziehungsweise eine neue Art von Wechselwirkungen auf der makroskopischen Ebene bewirke, daß der Hilbert-Raum zusammenbreche. Die Quantentheorie erkläre das Verhalten von Elektronen, aber nicht das von Katzen. Doch damit stehen wir vor dem Problem, zu entscheiden, wo genau die eine Theorie zusammenbricht und die andere in ihre Fußstapfen tritt. Gibt es bei einer bestimmten Größenordnung eine Grenze, oder verschmelzen diese beiden völlig verschiedenen Theorien irgendwie miteinander? Und was bestimmt die Art der Verschmelzung? Läßt sich ihre Beziehung vielleicht durch eine weitere, dritte Theorie erklären?

Ein anderer Vorschlag besagt, der menschliche Beobachter verursache den Kollaps der Wellenfunktion, weil das menschliche Bewußtsein der fehlende Faktor für die Beschreibung der Welt sei. Doch diese Erklärung führt zu weiteren Paradoxa und Problemen. Würde dies beispielsweise bedeuten, daß die Physik sich an dem Punkt der Evolution, an dem Bewußtsein zum erstenmal aufgetreten ist, irgendwie verändert hätte? War vor diesem Augenblick an alles mehrdeutig? Und hat sich danach das gesamte Universum verändert? Denn das menschliche Auge kann den Effekt von Quantenprozessen auch auf fremden Sternen in Form des von ihnen emittierten Lichtes beobachten.

Und was wäre, wenn man den Experimentator mit der Schrödingerschen Kiste in einer noch größeren Kiste verschlösse? Entspräche der erste Experimentator nun selbst zusammen mit der Katze einer Überlagerung der Zustände? Und wäre diese Mehrdeutigkeit beseitigt, wenn der zweite Experimentator den Deckel der größeren Kiste – die Labortür – öffnen würde? Und was geschähe, wenn das ganze System in einer noch größeren Kiste wäre und ein dritter Experimentator ...

Nach dem Vorschlag wieder anderer Physiker hätten alle diese verschiedenen Zustände, die je anderen Kombinationen von Vektoren im Hilbert-Raum entsprechen, alle eine reale, unabhängige Existenz. Aber jeder befände sich in seinem eigenen Universum. Es gäbe also eine unendliche Zahl von parallelen Universen, jedes völlig unabhängig von allen anderen. Darüber hinaus müßte jedesmal, wenn eine Quantenmessung vorgenommen wird, eine Vielzahl neuer Universen entstehen.

Allerdings ist keine dieser Erklärungen wirklich zufriedenstellend, und aus diesem Grund – wie auch aus vielen anderen – kann die Quantentheorie weder als befriedigend noch als vollständig gelten.

Zunächst schien die Quantentheorie neue Möglichkeiten zu eröffnen, die Ganzheitlichkeit der Natur und die irreduzible Verschränkung im Beobachtungsakt zu erklären. Doch jetzt stellen wir fest, daß die Theorie entscheidende Lücken aufweist. In ihrer gegenwärtigen Form kann sie uns die Welt nicht befriedigend erklären und bietet auch keine Möglichkeit, sie mit der anderen großen Theorie der modernen Physik – der allgemeinen Relativitätstheorie – zu verbinden. Offensichtlich brauchen wir einen neuen Ansatz, mit dessen Hilfe wir über die Grenzen des Zustandsraums hinausgelangen und gleichzeitig einige Erkenntnisse bewahren können, die wir im Hilbert-Raum gewonnen haben, ein Ansatz, der den Dingen ihre Authentizität beläßt und uns die Möglichkeit bietet, uns mit den Naturgesetzen auf ganz neue Weise auseinanderzusetzen. Im folgenden Kapitel wollen wir einen solchen Ansatz erproben, indem wir betrachten, wie natürliche Systeme spontan ihre eigenen Formen und Strukturen entwickeln und wie sich die Sprache des Hilbert-Raums modifizieren läßt, um solche Prozesse zu erklären.

Viertes Kapitel

Lebensformen

Nach der herkömmlichen Quantentheorie wird ein Atomzustand durch eine Kombination von verschiedenen Vektoren im Hilbert-Raum dargestellt. Doch in den uns vertrauten Größenordnungen kommen Physiker sehr gut zurecht, indem sie Punkte und Bahnkurven im Zustandsraum zeichnen. Wie erwachsen also die genau definierten Formen unserer alltäglichen Welt aus der Quanten-Unbestimmtheit? Diese Frage läßt sich am Beispiel eines Kristalls verdeutlichen.

Nehmen wir eine Tasse mit Salzwasser, und stellen wir sie auf ein Fensterbrett ins Sonnenlicht. Im Laufe des Tages verdunstet das Wasser in der Tasse und hinterläßt an der Innenseite winzige Salzkristalle. Nun kann man einen dieser Kristalle abnehmen und ihn in eine andere gesättigte Salzlösung geben. Wenn die Lösung abermals verdunstet, vergrößert sich der Kristall. Dieser Prozeß läßt sich beliebig wiederholen, wobei jedesmal ein größerer Kristall entsteht.

Solche Kristalle haben stets eine genau festgelegte Form. Der Kristall ist nicht mehrdeutig, weil seine Eigenschaften nicht von den Experimentalbeobachtungen eines außenstehenden Betrachters abhängen. Wir erwarten beispielsweise nicht, daß sich die Form eines Kristalls verändert, wenn er sich in einem anderen Experimentalkontext befindet. Ein Salzkristall ist ein objektives Faktum der Welt.

Doch denken wir an den Ursprung des Kristalls. Er begann mit einer zufälligen Begegnung von Natrium- und Chloratomen (Ionen, um genau zu sein) in der Lösung. Diese Atome stoßen ständig aufeinander und prallen wieder voneinander ab. Doch je mehr Wasser verdunstet und je stärker die Konzentration des Salzes in der Lösung wird, desto stärker prägt sich die Neigung dieser Atome aus, aneinander zu haften.

Es gibt für diese ersten wenigen Atome viele Möglichkeiten, sich anzuordnen, wobei jede durch einen Vektor im Hilbert-Raum dargestellt werden kann. Der Quantenzustand des Urkristalls muß also durch eine Kombination vieler solcher Vektoren abgebildet werden können – was einer Überlagerung einer großen Vielzahl verschiedener Orientierungen der wenigen aufeinandertreffenden Atome gleichkommt.

Lebensformen und lebende Systeme

Die Schlüsselfrage lautet jetzt: Wie kann sich aus dieser ursprünglichen Mehrdeutigkeit, dieser Überlagerung potentieller Kristalle eine eindeutige, festgelegte Struktur entwickeln? Es ist durchaus denkbar, eine Quanten-Unbestimmtheit zu akzeptieren, wenn es um nur zwei oder drei Atome geht. Doch wie verhält es sich mit zehn Atomen, hundert, einigen Millionen? Wo endet die Quanten-Unbestimmtheit, und wo beginnen die eindeutig festgelegten Eigenschaften eines realen Salzkristalls?

Eine Schlüsselthese dieses Buches lautet, daß Form und Struktur spontan entstehen, weil jedes System und jede Ebene der Natur ein eigenes authentisches Leben besitzen. Daraus folgt unmittelbar, daß zuvor mehrdeutige, fließende Formen sich zu einer endgültigen, eindeutigen Gestalt kristallisieren können, die die Grundlage für das weitere Wachstum bildet. In späteren Kapiteln dieses Buches wird der Begriff der Kristallisation ganz allgemein als Metapher für die Entstehung und Manifestation von Formen im Universum dienen. Wir werden sehen, daß alle Systeme – von den Atomen bis zu den Galaxien, von den Kristallen bis zu den Körpern, von den Bäumen bis zu den menschlichen Ideen – Manifestationen von spontanen Entstehungs- und Formfindungsprozessen sind.

Betrachten wir als weiteres Beispiel einen Schleimpilz. Er ist ein amöbenähnliches Lebewesen, das in verwesender Vegetation auf Waldböden vorkommt und sich durch bloße Teilung fortpflanzt, so daß sich die Nachkommenschaft einer einzigen Zelle im Laufe der Zeit über ein größeres Gebiet ausbreitet. Doch eine derartige Fortpflanzung kann nicht unbegrenzt sein. Irgendwann ist die Nahrung in der unmittelbaren Umgebung erschöpft, so daß die Kolonie dieser Individuen abzusterben droht. An diesem Punkt der Entwicklung kommt es zu einem bemerkenswerten Vorgang: Die einzelnen Zellen beginnen, sich »nach innen« zu bewegen. Zuerst rücken sie nahe zusammen. Dann verklumpen sie zu einem einzigen komplexen Organismus.

Wenn sich die Lebensumstände ändern, schließt sich also eine große Zahl von einzelnen, zuvor nicht miteinander verbundenen Zellen zusammen und gibt ihre Individualität auf, um einen einzigen Organismus zu bilden, in dem jede Zelle jetzt eine spezielle Funktion im Dienste des Ganzen übernimmt. Diese kollektive »Schnecke« beginnt nun, über den Waldboden zu kriechen und sich ein neues Nahrungsgebiet zu suchen.

Schließlich hält sie inne und unterzieht sich einem erneuten Verwandlungsprozeß. Diesmal errichtet sie einen dünnen, aufrechten Stiel, an dessen Spitze sich ein Fruchtkörper mit Sporen bildet. Von diesem Fruchtkörper lösen sich eine große Zahl von Schleimpilz-Sporen, die über den Waldboden treiben und sich auf frischer Vegetation festsetzen. Aus jeder Spore entwickelt sich eine neue Amöbe und durch Teilung eine neue Kolonie von Schleimpilzen. Der Organismus ist also je nach Kontext in der Lage, als Individuum oder als Zelle in einem Organismus zu leben. Die Zellen können als nichtkoordinierte Menge von Individuen existieren oder zu einer kooperativen Form »kristallisieren«. Offenbar trägt jedes Individuum die Möglichkeit zu kollektiver Existenzform in sich, und umgekehrt ist die Existenz des Kollektivs auf das Individuum angewiesen.

Dies ist nur ein Beispiel dafür, wie Strukturen sich aus dem scheinbar zufälligen Verhalten einer Ansammlung von Individuen entwickeln. In der menschlichen Gesellschaft kann sich eine Anzahl Menschen spontan zu einer Gruppe mit einem bestimmten Ziel zusammenschließen. Jeder Mensch ist gleichzeitig freies Individuum und Mitglied einer Familie, Gruppe oder politischen Partei. Gruppen können sich ihrerseits zu Nationen verbinden. Die Ideale, Ziele und Merkmale einer Nation sind im Leben der Individuen enthalten, und umgekehrt erwächst die Nation aus den Überzeugungen, Verhaltensweisen und Handlungen des einzelnen.

Eine Gruppe von Ureinwohnern eines bestimmten Landes ist beispielsweise weit mehr als nur eine Ansammlung separat lebender Individuen, denn sie besitzt eine eigene Identität, die sich aus ihrem Selbstverständnis, ihren Ritualen und ihren Traditionen ergibt. Insofern ist die Gruppe in sich geschlossen. Wie alles in der Natur ist die Komplexität dieser Gruppe unerschöpflich. Es mag möglich sein, ihre Herrschaftsform, ihre Struktur, ihre Verhaltensweisen und ähnliche Aspekte anhand einer soziologischen Theorie zu untersuchen und daraus sogar ein gewisses Maß an Einsicht zu gewinnen. Doch wird eine solche Analyse den Sinn und die Ganzheitlichkeit einer solchen Gruppe niemals vollständig erfassen.

In einer derartigen kohäsiven Gruppe bewahrt jedes Individuum seine Besonderheit und Souveränität. Es hat sein eigenes Leben, seine Beziehungen, Erinnerungen, Hoffnungen und Wünsche. Jedes Mitglied hat seine besonderen Fähigkeiten und spielt eine besondere, nur ihm zugedachte Rolle. Wie die Gemeinschaft ihre ganz eigene Identität besitzt, so auch jedes Individuum innerhalb dieser Gemeinschaft. Beide sind sie unerschöpflich in sich selbst, und weder Gruppe noch Individuum lassen sich aufeinander zurückführen. Dennoch ist in gewissem Sinne jedes im anderen enthalten.

Daß eine Gruppe aus Individuen besteht, liegt auf der Hand, doch daraus folgt nicht, daß sich die Gruppe aus Individuen zusammensetzt wie ein Auto aus seinen Teilen. Denn in gewisser Weise ist jedes Individuum auch das Produkt der Gruppe, weil es seine Werte und Einstellungen weitgehend von der Gruppe bezieht. Beispielsweise ist die Art, wie ein Mensch die Welt wahrnimmt und mit ihr interagiert, bis zu einem gewissem Maße durch die Sprache vorgegeben, die er spricht. Nun ist aber die Sprache ohne Zweifel ein gesellschaftliches Phänomen. Wie ein Quantensystem als unteilbares Ganzes behandelt werden muß, so läßt sich auch die Bedeutung dessen, was ein Individuum zu einem bestimmten Zeitpunkt sagt, nicht auf dieses Individuum und seine Zuhörer beschränken, es wirkt darüber hinaus nicht lokal gebunden in dieser Gesellschaft, und es ist so gut wie immer auch von dieser Gesellschaft mitbestimmt. Wie sich also innerhalb der Gruppe das Individuum erkennen läßt, so läßt sich auch im Individuum die Gruppe entdecken.

Nehmen wir nun an, die Strukturen der natürlichen Welt wären ähnlich beschaffen, also nicht einfach nur Ansammlungen von kleineren Bestandteilen – wie Molekülen, Atomen und Elementarteilchen. In diesem Falle könnte man durchaus davon sprechen, daß die gesamte Welt in einem über die Zugeständnisse der Physik hinausgehenden Sinn lebendig ist. Das Wachstum einer Stadt, eines Kristalls oder eines menschlichen Embryos, das Fließen eines Bachs und der Straßenverkehr zur Hauptgeschäftszeit hätten alle etwas gemein. Systeme entfalten sich in der Welt mit eigenen kohäsiven Strukturen, Formen und Gesetzen.

Kerzen, Kristalle und Supraleiter

Dem vorherrschenden physikalischen Weltbild verdanken wir die Vorstellung, großräumige Strukturen seien aus kleineren und deshalb einfacheren Elementen aufgebaut. Dieser Ansatz, zu dem auch die Suche nach einem letzten und fundamentalen Elementarteilchen gehört, wurde im vorigen Kapitel in Frage gestellt. Hier sollen einige Beispiele folgen, in denen mikroskopisch kleinere und »elementarere« Ebenen nicht unbedingt einfacher und fundamentaler sind. Die Motivationen und Überzeugungen der Individuen in einer Menge können beispielsweise erheblich komplizierter sein als die der Menge selbst. Wenn man etwa in dem Bemühen, irgendeine Art von Gruppenverhalten zu erklären, die Individuen beobachtet und befragt, so gelangt man nicht auf eine einfachere Ebene, sondern sieht sich einer großen Vielfalt gegensätzlicher Meinungen und Verhaltensmaßstäbe gegenüber.

Im Zustandsraum könnte eine astronomische Zahl von Dimensionen erforderlich sein, um die physikalische Grundlage zu beschreiben, aus der sich eine natürliche Struktur entwickelt. Erinnern wir uns, daß für jedes Teilchen in einem Mehrteilchensystem sechs Dimensionen erforderlich sind. Doch wenn eine große Zahl von materiellen Elementen oder menschlichen Individuen zusammenkommt, so bilden sie unter Umständen eine Gruppe mit einem Muster, das man als kollektives Verhalten bezeichnen könnte und das sich mit einer geringeren Zahl von Variablen beschreiben ließe.

Anhand so gegensätzlicher Beispiele wie dem der Schleimpilze und dem der menschlichen Gesellschaften haben wir vorgeführt, wie kollektive Ordnungen in lebenden Systemen funktionieren. In einigen Fällen ist die größere Form komplexer, als die einfacheren Elemente es sind, in anderen Fällen verhält es sich umgekehrt. Doch hier schafft die kollektive Form ihre eigene Beschreibungs- und Verhaltensebene, die sich nicht restlos auf irgendeine tiefer gelegene Ebene zurückführen läßt.

Das gleiche Phänomen zeigt sich in der unbelebten Welt der Plasmen, Supraleiter und Supraflüssigkeiten. Beispielsweise ist der Strudel in einem Fluß eine beständige Form, die aufgrund der Aktivität des fließenden Wassers fortlebt. Ihre Stabilität verdankt sie der ständigen Bewegung des Flusses. Würde man diese Fließbewegung reduzieren, käme der Strudel zum Erliegen. Auch ein Brunnen auf dem Platz einer Renaissancestadt liefert ein solches dynamisches Muster, das durch den ständigen Kreislauf des Wassers erhalten bleibt.

Sogar eine Kerzenflamme beweist Stabilität inmitten des Flusses. Weil sie brennt, folgt sie einem lebendigen, dynamischen Prozeß. Sie lebt fortwährend am Rande des Erlöschens. Die Flamme überdauert jedoch, weil der Sauerstoff aus der Luft sie ständig erreicht, sich über ihre Grenze verteilt und dergestalt die chemischen Reaktionen des Verbrennungsprozesses in ihrem Innern speist. Ferner bringt die Wärme der Flamme das Wachs zum Schmelzen, das geschmolzene Wachs steigt im Docht empor, verdunstet und wird der Flamme als Brennstoff zugeführt. Jeder einzelne Faktor, der die Flamme am Leben hält, ist flüchtiger Art, doch gemeinsam erzeugen die einzelnen Faktoren eine Flamme, die die ganze Nacht hindurch brennen kann. Die Flamme entsteht also aus fortwährendem Fluß und ist damit in gewissem Sinne lebendig.

Die Physik lehrt uns, daß ein Stein aus einer unnennbar großen Zahl von Atomen zusammengesetzt ist. Diese Atome, deren Beschreibung auf der Quantenebene voller Mehrdeutigkeit steckt, schließen sich zu einem großen Tanz zusammen, dessen kollektive Manifestation der Stein ist. So gesehen verkörpert der Stein reinen Tanz. Das Typische seiner Existenz, das Steinerne und die Bewegungsträgheit, sind in Wirklichkeit Ergebnis ständiger Bewegung.

Nehmen wir ein anderes Beispiel: Einige Elektronen eines Metalls bewegen sich frei in dem stabilen Atomgitter. Tatsächlich handelt es sich um eine riesige Zahl – etwa eine Quadrillion (eine Eins gefolgt von 24 Nullen) – von Elektronen, die sich so frei umherbewegen, daß sie sich wie ein Gas verhalten. Nach physikalischer Auffassung ist der elektrische Strom tatsächlich ein Elektronengas, das sich durch einen Metalldraht hindurchbewegt. Da jedes Elektron negativ geladen ist, bewirkt das Gas aufgrund seiner Bewegung, daß innerhalb des Drahtes eine elektrische Ladung fließt, mit anderen Worten, daß ein elektrischer Strom entsteht. Das Ganze hat Ähnlichkeit mit dem Verkehrsfluß auf einer Autobahn.

Doch im Gegensatz zu Autos stoßen Elektronen auf ihrem Weg ständig zusammen oder prallen von Hindernissen ab. Durch diese Kollisionen verlangsamt sich die Bewegung der elektrischen Ladungen, was sich als elektrischer Widerstand niederschlägt. Da die Elektronen fortwährend gegen die Atome im Gitter prallen, erhalten diese eine Reihe winziger Stöße, die ihre Schwingung erhöhen. Je rascher die Atome schwingen, desto mehr Energie wird im Gitter gespeichert und desto wärmer fühlt sich das Metall an. Mit anderen Worten, wenn wir einen elektrischen Strom durch Metall leiten, erwärmen wir es.

Eine elektrische Glühlampe erstrahlt in Weißglut, weil eine große Zahl von Elektronen mit Hindernissen zusammenstoßen und den Draht dadurch erwärmen, bis er glüht.

Die strömenden Elektronen in einem Metall sind wie eine Menge aufgeregter Fans, die sich nach einem Fußballspiel auf dem Weg zum Ausgang drängeln und stoßen. Doch nehmen wir an, wir führen eine neue Wechselwirkung mit besonderen Eigenschaften in das System ein, die eine Anziehung von Elektronenpaaren bewirkt. Obwohl individuell betrachtet die Energie, die an den einzelnen Stößen beteiligt ist, den unmittelbaren Einfluß dieser neuen Wechselwirkung bei weitem übertrifft, zeigt sich ein verblüffendes Phänomen, wenn man die Temperatur des Metalls unter einen bestimmten Schwellenwert sinken läßt. Mit der Temperatur nimmt auch die durchschnittliche Geschwindigkeit und Energie der Elektronen ab, bis sich das Elektronengas bei einem kritischen Wert nicht mehr wie eine drängelnde und stoßende Menge verhält, sondern wie eine einzige kollektive Einheit. Das Gas in seiner Gesamtheit beginnt eine Art Tanz, in dem jedes Elektron seinen Part übernimmt. Das Ergebnis bezeichnet man als *supraleitenden Zustand,* in dem sich das gesamte Elektronengas ohne Streuung und elektrischen Widerstand durch das Metallgitter bewegt.

Der Zustand jedes Quantensystems läßt sich durch eine Wellenfunktion beschreiben. Im Falle des Supraleiters stellt sich heraus, daß die übergeordnete *Form* dieser Wellenfunktion von entscheidender Bedeutung ist. Denn die Form gibt die Choreographie für den Tanz einer astronomischen Zahl von Elektronen über einen großen Abstand vor. Doch die Form selbst entsteht nicht unter dem Einfluß irgendeines einzelnen Elektrons; sie ist auch nicht die Summe individueller Beiträge, sondern eine direkte Manifestation des Systems als Ganzem.

Jede Ebene der Natur besitzt ihre Authentizität und ihr Eigenleben. In diesem Falle liegen sie im kollektiven Verhalten des gesamten Elektronengases – einem koordinierten Tanz von einer Quadrillion Elektronen. Während dieser kollektive Tanz durch das Metall stattfindet, verschwindet dessen Widerstand, und es wird zu einem Supraleiter. Nehmen wir an, ein einzelnes Elektron innerhalb dieses Flusses nähert sich einem Hindernis. Als einzelnes Teilchen, das mit anderen in Wechselwirkung steht, riefe es normalerweise eine Streuung hervor, das heißt, es stieße mit dem Hindernis zusammen, prallte ab, kollidierte mit anderen Elektronen und riefe dergestalt eine winzige lokale Turbulenz im allgemeinen Fluß hervor. Summierte man alle diese Turbulenzen, so würde sich ein sehr viel größerer Widerstand bilden, der den Fluß behinderte. Doch in einem Supraleiter ist jedes Elektron zum besonderen Ausdruck eines großen Tanzes geworden und fügt sich in die aktive Form des Ganzen. Wenn die Anziehungskraft zwischen zwei Elektronen (solche Wechselwirkungen werden in supraleitfähigen Keramiken bei einigen hundert Grad unter Zimmertemperatur oder in manchen Metallen bei weit niedrigeren Temperaturen hervorgerufen) unglaublich klein ist, so bewirkt doch der Elektronentanz, global betrachtet, daß jedes einzelne Elektron die Hindernisse ohne Streuung passiert. Die Individuen haben ihre Freiheit aufgegeben, um sich einer größeren Bewegung anzuschließen. Eine neue, stabile und dynamische Ordnung hat sich aus dem allgemeinen Fluß entwickelt. Deshalb läßt sich jetzt das gesamte Gas durch einige wenige Variablen beschreiben, die seinen allgemeinen Fluß charakterisieren, ohne daß sie die individuellen Bewegungen einer astronomischen Zahl von Elektronen berücksichtigen müssen.

Etwas Ähnliches geschieht in flüssigem Helium, wenn man es fast bis auf den absoluten Nullpunkt abkühlt. Es wird dann zu einer Supraflüssigkeit, einer Flüssigkeit, die ohne Widerstand oder Viskosität fließt. Wieder bestimmt die Form des Ganzen, der Wellenfunktion, die Bewegung jedes einzelnen Atoms innerhalb der Flüssigkeit und führt sie ohne Kollision an allen Hindernissen vorbei. In beiden Fällen ist es die globale Form der Wellenfunktion, die das individuelle Verhalten steuert. Diese Form ist dafür verantwortlich, daß winzige Fluktuationen und Zufallsstöße vermieden werden.

Supraleitfähigkeit ist ein Quanteneffekt, doch die räumliche Ausdehnung der Wellenfunktion, die das fließende Elektronengas in einem Supraleiter beschreibt, verläuft entlang des Drahtes und kann eine Ausdehnung von einigen Zentimetern erreichen. Das ist einigermaßen überraschend, weil wir daran gewöhnt sind, daß die Quantentheorie nur für unvorstellbar kleine Abstände gültig ist – Moleküle, Atome, Elementarteilchen und andere Gebilde, die dem Zugriff unserer Wahrnehmung weit entzogen sind. Doch einen supraleitenden Draht kann man in die Hand nehmen – oder zumindest könnte man das, würde man nicht die extrem niedrigen Temperaturen scheuen. Dennoch stellt dieser Supraleiter eine einzige Quanteneinheit dar, die sich durch eine einzige quantenmechanische Wellenfunktion beschreiben läßt.

Supraleitfähigkeit und Suprafluidität sind im übrigen nicht die einzigen Quantensysteme, die sich in menschlicher Größenordnung manifestieren. Das Nervensystem des Menschen verhält sich in vielerlei Hinsicht wie ein Quantensystem, weil es in der Lage ist, auf einige wenige Moleküle einer stark riechenden Substanz oder auf ein paar Lichtphotone zu reagieren. Einige Physiker und Neurobiologen haben in der Tat die Vermutung geäußert, das menschliche Bewußtsein sei das Produkt eines holistischen Quantensystems. Das Bewußtsein verhält sich ganzheitlich. Seine Manifestationen sind global, das heißt, sie erstrecken sich über das gesamte Gehirn, und einige seiner Eigenschaften lassen auf eine Art globalen Quantenprozeß schließen.

Natürlich wäre die Behauptung, das Denken sei lediglich eine Wellenfunktion, nicht nur eine unzulässige Vereinfachung, sondern auch allzu trivial. Doch die Hypothese von der Quantennatur des Gehirns könnte einige interessante Hinweise auf seine Funktionen liefern. Denken wir beispielsweise daran, was geschieht, wenn wir in den Nachthimmel emporsehen und einen lichtschwachen Stern betrachten. Unser Gehirn registriert dann nämlich ein Geschehen auf der Quantenebene. Es ist Teil einer direkten Quanten-Verbindung zwischen unserem Nervensystem und einem Quantenereignis innerhalb eines Sterns, einem Ereignis, das vor langer Zeit weit draußen in der Milchstraße geschehen ist. Diese Quanten-Verknüpfung zwischen der Netzhaut des Auges, die eine Ausstülpung des Zwischenhirns ist, und dem Stern vollzieht sich innerhalb des Gehirns und ruft alle unsere intellektuellen und emotionalen Reaktionen in bezug auf die endlose Ausdehnung von Zeit und Raum hervor.

Plasmen und Mengen

Ein noch interessanteres Beispiel für makroskopisches Quantenverhalten liefern die sogenannten *Plasmaschwingungen* in einem Metall. Wie oben beschrieben, verhalten sich die Elektronen in einem Metall bei Zimmertemperatur normalerweise wie Individuen in einer Menge, in der sich alle möglichen zufälligen Bewegungen und Zusammenstöße ereignen. Die Form der Wellenfunktion in einem solchen Falle ist nicht einheitlich (oder kohärent, wie Physiker es nennen), und im Gegensatz zum Fall des Supraleiters bildet sie nicht einen globalen Tanz ab, der sich über das ganze Metall erstreckt. Im Normalfall haben zwei Elektronen, die an dem einen Ende des Drahtes kollidieren, wenig Gemeinsamkeiten mit der Bewegung eines Elektrons am anderen Ende. Infolgedessen sieht die übergeordnete Wellenfunktion so aus, als bestehe sie aus einer großen Zahl individueller, lokaler Beiträge, die überhaupt nicht koordiniert sind. Die Wellenfunktion zeigt weder eine globale Gesamtform, noch korreliert sie über einen längeren Zeitraum. Infolgedessen sind die Quanteneffekte bei Zimmertemperatur stets lokalisiert, und da individuelle Effekte die Tendenz haben, sich auszugleichen, läßt sich kein allgemeiner Quanteneffekt feststellen, der für makroskopische Abstände gilt.

Während sich also einige Quantensysteme wie zusammengewürfelte Mengen von Individuen verhalten, gibt es andererseits die koordinierten und disziplinierten Ballettänze der Supraleiter und Supraflüssigkeiten. Wir kennen aber auch Systeme, in denen man sowohl das kollektiv geordnete als auch das individuelle Verhalten beobachten kann. Betrachten wir beispielsweise, was geschieht, wenn man dem Gas aus freibeweglichen Elektronen in einem Metall ein wenig zusätzliche Energie zuführt. Normalerweise bewirkt ein kleiner Energiezuwachs einfach, daß sich die Elektronen entsprechend schneller bewegen und entsprechend häufiger zusammenstoßen. Infolgedessen verliert die Wellenfunktion noch weiter an Kohärenz. Doch wenn die Energie auf eine bestimmte Weise zugeführt wird, ist die Wirkung geradezu spektakulär. Es ist, als hätte man ein Musikinstrument angeschlagen oder als beginne ein Weinglas in Resonanz mit der Stimme eines Sängers zu schwingen.

In diesem Falle beginnt das Elektronengas nämlich, sich als Ganzes zu bewegen. Es schwingt wie eine riesige Sprungfeder, und wie im Falle des Supraleiters tragen alle Elektronen im Gas zu diesem neuen allgemeinen Tanz bei. Allerdings werden ihre individuellen Bewegungen nicht völlig unterdrückt, denn der Tanz ist komplexer – er ist zugleich lokal und nichtlokal, individuell und kollektiv. Eingebettet in die scheinbar zufälligen Bewegungen jedes Elektrons ist der Beitrag, den es für das kollektive Ganze leistet. Würde man nur ein paar Elektronen in irgendeiner lokalen Region des Metalls betrachten, hätte es den Anschein, als bewegten sie sich zufällig. Erst wenn man gewissermaßen zurücktritt, um das Elektronengas als Ganzes in den Blick zu bekommen, ist diese neue kollektive Plasmawelle zu erkennen. Wie im Falle der Supraleitfähigkeit und Suprafluidität erstreckt sich der Quanteneffekt der Plasmawelle über makroskopische Abstände.

Die Wellenfunktion für das Elektronengas muß nun den übergreifenden Tanz des Plasmas (die kollektive Bewegung des ganzen Gases) zum Ausdruck bringen und gleichzeitig die lokalen und individuellen Bewegungen jedes Elektrons berücksichtigen. Sie enthält oder umfaßt also einen Teil von globalem Charakter (er besteht aus einigen wenigen Variablen, die das kollektive Verhalten des Gases als Ganzes wiedergeben), und einen anderen Teil, der rein lokaler Natur ist und die lichtkoordinierte Kombination von sehr vielen kleinen, individuellen und lokalen Beiträgen behandelt.

Die Plasmaschwingung in einem Metall ist feiner verästelt

und komplizierter als der supraleitende Zustand, weil eine neue Beschreibungsebene erforderlich ist, auf der sich die Elektronen in einem Metall teilweise als Individuen verhalten, aber gleichzeitig zu einer großräumigen, kohärenten Schwingung beitragen. Die Wellenfunktion für das Plasma wurde ursprünglich von David Bohm entdeckt, der sagte, er habe im ersten Augenblick das Gefühl gehabt, das Plasma sei lebendig. Sein vielschichtiges Verhalten hat in der Tat weit mehr mit den uns bekannten Lebensformen zu tun als mit den Bewegungen einer Maschine.

Wären dies die einzigen Beispiele für die Entstehung von Ordnung, Struktur und Kohärenz in der Quantenwelt, sie ließen sich einfach als wissenschaftliche Kuriositäten abtun, aber ein solches Verhalten ist eher die Regel als die Ausnahme. Denken sie etwa an das DNA-Molekül, das in jeder Zelle Ihres Körpers vorkommt. Dieses Molekül ist in der Lage, quantenmechanisch mit anderen, viel kleineren Molekülen wechselzuwirken und auf diese Weise die Stoffwechselprozesse der Zelle zu steuern. Unter dem Einfluß anderer quantenmechanischer Vorgänge vermag die DNA sich auch zu entwinden, um sich anschließend wieder zur vertrauten Doppelhelix zusammenzudrehen. Ganz offensichtlich haben wir es mit einem Quantenobjekt zu tun.

Katzen und Farben

Dieser Vorgang des Entwindens ist einigermaßen rätselhaft, weil er einem globalen, allgemeinen Prinzip zu folgen scheint. Versuchte man, die Art, wie sich ein DNA-Strang entwindet, durch lokale Quantenereignisse und -wechselwirkungen zu erklären, würde der gesamte Prozeß viel zu lange dauern, und Leben in der uns bekannten Form wäre nicht möglich. Die DNA ist also gleichzeitig ein Quantenobjekt und die Manifestation von makroskopischen Eigenschaften. Wie gesehen, ist die Quantentheorie durch Mehrdeutigkeit charakterisiert, denn Quantenzustände werden durch die Kombination aller im Hilbert-Raum möglichen Vektoren dargestellt. Schrödingers Katze ist, so haben wir gesehen, ein Mittelding zwischen einer lebenden und einer toten Katze. Unsere Augen sind aber keine Kombination aus blauen, braunen und grünen Augen. Unser Haar ist nicht zugleich kurz und lang, schwarz und rot, lockig und glatt. Wenn ich auch nicht glaube, daß die DNA und der genetische Code die endgültige Antwort auf die Fragen von Leben und Evolution darstellen, so ist doch sicherlich richtig, daß die Gestalt unseres Körpers weitgehend im genetischen Code verschlüsselt ist, den das DNA-Molekül enthält. Und diese Struktur ist ihrerseits das Produkt von DNA-Molekülen in den Keimzellen unserer Eltern, deren Eltern und deren Eltern – und so fort, bis wir uns im Dunkel der Evolution verlieren.

Auf der einen Seite haben wir ein Quantensystem, ein DNA-Molekül, und auf der anderen Seite eine Gestalt oder Form, die Jahrzehnte hindurch – nimmt man die Entwicklungsgeschichte hinzu, sogar über zig Jahrtausende – stabil und eindeutig definiert ist. Wie kann die Quantentheorie das erklären? Wie können Stabilität und Eindeutigkeit in Unbestimmtheit und Mehrdeutigkeit enthalten sein? Offenbar muß die herkömmliche Darstellungsweise im Hilbert-Raum, die im vorigen Kapitel beschrieben wurde, grundlegend revidiert werden, damit sie die Entstehung makroskopischer und eindeutiger Formen aus Mehrdeutigkeit und Zufall erklären kann. Im folgenden Abschnitt möchte ich eine Modifikation und Erweiterung der Quantentheorie vorschlagen.

Der Hilbert-Raum in neuer Sicht

In der herkömmlichen Quantentheorie wird der Zustand eines Systems durch einen Vektor dargestellt, der in eine gegebene Richtung zeigt. Doch die Eigenschaften des Hilbert-Raumes lassen alle möglichen Vektorenkombinationen als Beschreibungen von gleicher Berechtigung gelten. In diesem Raum können sich verschiedene Vektoren überlagern, die jeweils andere Zustände des Systems repräsentieren. Im Falle von

Schrödingers Katzenparadoxon führt dies zu einem völlig absurden Schluß, weil eine Zwischenform aus einer lebenden und einer toten Katze ein legitimes Ergebnis der konventionellen Quantentheorie ist.

Einen Supraleiter hingegen kann man in die Hand nehmen. In diesem Falle muß die quantenmechanische Wellenfunktion also eindeutig definiert sein und für makroskopische Abstände gelten. Ein supraleitender Strom kann den Elektromagneten eines Kernspintomographie-Scanners in einem Krankenhaus oder die Schwebevorrichtung einer japanischen Magnetschwebebahn speisen. In bezug auf ihre Existenz kann es keinerlei Mehrdeutigkeit geben. Der supraleitende Zustand ist ein definitives Faktum in unserer großräumigen Welt und verlangt eine ebenso eindeutig definierte Quantenbeschreibung.

Zwar kann der normale Zustand von Elektronen in einem Metall durch das Produkt aus vielen verschiedenen lokalen Beiträgen wiedergegeben werden, nicht aber der Zustand eines Supraleiters. Für ihn muß es eine einzige, eindeutig definierte Wellenfunktion geben, deren Form der kohärenten Bewegung aller Elektronen in dem Gas entspricht und für eine Strecke von vielen Zentimetern gilt. Doch daraus scheint zu folgen, daß sich Vektoren im Hilbert-Raum nicht mehr auf völlig willkürliche Weise kombinieren lassen, denn dann würde das System als eine Überlagerung von verschiedenen Möglichkeiten beschrieben werden.

In ihrer herkömmlichen Formulierung sind alle möglichen Vektorenkombinationen des Hilbert-Raums legitime Beschreibungen eines Quantensystems. Daraus folgt, daß sich auch makroskopische Zustände dergestalt kombinieren lassen, daß mehrdeutige Möglichkeiten entstehen, wie beispielsweise im Falle von Schrödingers Katze. Nun ist aber die Fließbewegung eines Stroms in einem Supraleiter kein mehrdeutiges Phänomen. Wie läßt sich dann dieses scheinbare Dilemma lösen? Wie kann man von einer Beschreibung, in der alle möglichen Vektorenkombinationen zulässig sind, zu einer Darstellung gelangen, die mit Hilfe eindeutig definierter Variablen das Verhalten eines kohärenten Systems beschreibt? Es gibt nur eine mögliche Antwort: Die Aussagen über den Hilbert-Raum müssen vollständig neu überdacht und in weiten Bereichen auch geändert werden. Im vorliegenden Kapitel werde ich die Auffassung vertreten, daß natürliche Systeme offenbar spontan ihre eigenen eindeutigen Strukturen und kollektiven Ordnungen entwickeln. Solche Systeme erschaffen ihre eigenen Beschreibungskategorien und ihre eigenen inneren Karten.[1]

Wie der Schleimpilz, der Supraleiter, die Suprafüssigkeit und das Plasma ihre eigene kohärente Ordnung entwickeln, so muß auch der Hilbert-Raum eine Struktur annehmen, die die innere Struktur von kollektiven und kooperativen Systemen widerspiegelt. Um es bildlich auszudrücken: Der Hilbert-Raum entwickelt eine vielschichtige innere Struktur von Unterräumen und Unterräumen in Unterräumen. Der Hilbert-Raum wird zu einer jener Schachteln, aus denen immer neue Schachteln auftauchen; er ist sogar noch komplizierter, weil jede Schachtel eine Reihe von Unterteilungen enthält, in denen sich Schachteln mit eigenen Unterteilungen befinden, und so fort. Diese Hilbertsche Raumstruktur entspricht der neuen kooperativen Struktur des Quantensystems in seiner globalen Form.

Doch innerhalb des strukturierten Hilbert-Raums ist jeder Unterraum in sich geschlossen und kann eine Dimensionenzahl von zwei bis unendlich aufweisen. Man kann ein Quantensystem sogar vollständig anhand der Vektoren in diesem Unterraum beschreiben. In gewissem Sinne lassen sich kooperative Quantensysteme jetzt auf zwei Ebenen beschreiben. Auf der einen Ebene gibt es eine mehrdeutige Vektorenkombination innerhalb eines bestimmten Unterraums. Diese wird jedoch ergänzt durch die Information, wie dieser besondere Unterraum in die vielschichtige Struktur von Unterräumen und Unterräumen innerhalb von Unterräumen eingebettet ist. Während die erste Beschreibungsebene Quantenfluktuationen und Mehrdeutigkeiten innerhalb des Systems betrifft, berücksichtigt die zweite Ebene die übergreifende, eindeutig definierte Globalform (Abbildung 19).

Quanten-Bürokratie

Wir können uns die in diesem Kapitel vorgeschlagenen Auffassungen verdeutlichen, indem wir den herkömmlichen Hilbert-Raum mit einem riesigen Lagerhaus und den neuen, vielschichtig strukturierten Hilbert-Raum mit einem Bürogebäude vergleichen. Im Zustandsraum wird ein System definiert, indem man ihm einen bestimmten Ort innerhalb eines Lagerhauses zuweist. Nach der herkömmlichen Quantentheorie wird der Ort des Systems durch eine Kombination aller Unterbringungsmöglichkeiten bestimmt. Doch der neue strukturierte Hilbert-Raum verlangt, daß das System sich innerhalb eines bestimmten Büros befindet – beispielsweise im Ostflügel, im zehnten Stock, vom Fahrstuhl aus links der fünfte Eingang auf der rechten Seite. Die Richtungsangaben, die uns in die Lage versetzen, ein bestimmtes Büro innerhalb des Gebäudes zu finden, entsprechen den eindeutig definierten, physikalischen und dynamischen Strukturen des Quantensystems.

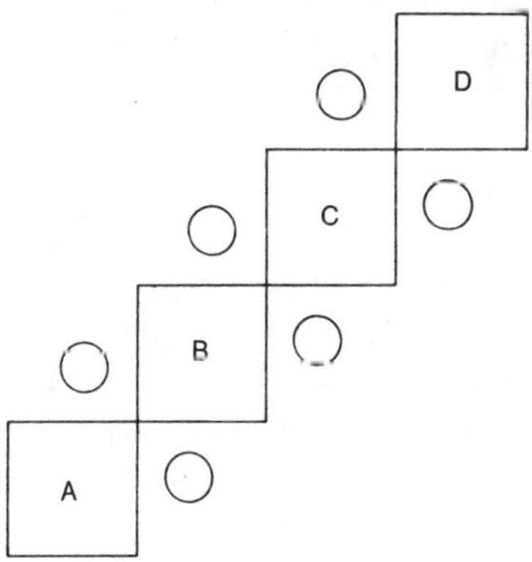

Abbildung 19. Eine bildhafte Veranschaulichung eines strukturierten Hilbert-Raums. Die Unterräume A, B, C, D enthalten Vektoren, während der Raum um sie her leer ist. Der Zustand eines Quantensystems, ein Hilbert-Raumvektor, kann nur in einem dieser Unterräume liegen und auf keinen Fall Komponenten aus irgendeiner anderen Region des Hilbert-Raums enthalten.

Doch sobald wir das betreffende Büro betreten, haben wir es wieder mit der alten Quanten-Unbestimmtheit zu tun, denn dort wird das System durch alle Vektorenkombinationen beschrieben, die in diesem bestimmten Unterraum möglich sind.

Für den Insassen eines gegebenen Unterraums gleichen die Dinge dem Bild, das die orthodoxe Interpretation liefert. Ein Quantensystem ist durch alle innerhalb des Unterraums denkbaren Vektorenkombinationen beschrieben und deshalb mehrdeutig. Andere Aspekte der Mehrdeutigkeit dagegen werden insofern aufgehoben, als wir wissen, daß diese Vektoren in einem bestimmten Unterraum liegen müssen und nicht in einem anderen. Darüber hinaus lassen sich die Vektoren eines Büroraums nicht mit denen eines anderen kombinieren.

Dadurch erhält die Beschreibung eine neue Eindeutigkeit, denn die Vektorenkombination innerhalb eines Unterraums mag zwar weiterhin beliebig sein, doch sie ist jetzt auf eine bestimmte Region im Hilbert-Raum eingegrenzt. Diese Eingrenzung, diese Konzentration auf einen konkreten Fall von vielen möglichen Fällen, ist sehr bedeutsam, weil sie eine direkte Entsprechung der Art und Weise ist, wie sich unter natürlichen Bedingungen Kohärenz in einem Quantensystem entwickelt.

Nach meiner Auffassung kann es zwar Mehrdeutigkeit *innerhalb* eines Unterraums geben, doch wir wissen zumindest, daß sich ein kohärentes Quantensystem in einem bestimmten Unterraum befindet und nicht in einem anderen. Diese partielle Aufhebung der Quanten-Mehrdeutigkeit deckt sich mit dem Umstand, daß das Quantensystem jetzt eine übergreifende Globalform hat. Sie gibt uns Aufschluß über die allgemeine Struktur oder Ordnung des Systems. Unser neuer quantentheoretischer Ansatz trägt also dem Umstand Rechnung, daß Systeme spontan ihre eigene Struktur und Form entwikkeln können.

Wie oben gesehen, verlangen bestimmte Systeme – etwa Supraleiter, Supraflüssigkeiten oder Plasmastrukturen –, wenn sie sich selbst strukturieren, eine neue Beschreibungsform, die ihrer inneren Kohärenz Rechnung trägt. Die neue Beschreibung verwendet eine Reihe kollektiver Koordinaten – eindeutige Parameter, die die großräumige Struktur beschreiben. Diese Parameter bestimmen ihrerseits die übergreifende, makroskopische Form der Wellenfunktion. Aus ihr erklärt sich beispielsweise, wie individuelle Elektronen sich am globalen Tanz eines Supraleiters beteiligen können. Der Zusammenhang mit dem neuen Konzept eines strukturierten Hilbert-Raums ist klar, denn wenn man weiß, in welchem besonderen Unterraum die Vektoren des Systems lokalisiert sind, weiß man auch, wie diese kollektiven Parameter beschaffen sind.

Vielleicht ist es unter diesen Umständen sogar möglich, eine Brücke zwischen der Quantentheorie und dem Zustandsraum zu schlagen. Während Heisenbergs Unschärferelation das gesamte Konzept von Bahnkurven und Punkten im Zustandsraum in Abrede stellt, verträgt sich der Gedanke, daß ein System mit einer bestimmten Region eines hochstrukturierten Hilbert-Raums verknüpft ist, durchaus mit der Vorstellung, das System könnte sich in einer allgemeinen Region des Zustandsraums befinden. Die Entsprechung ist nicht vollkommen, doch könnte man anstelle von Punkten und Bahnkurven Regionen des Zustandsraums heranziehen und betrachten, wie sie miteinander verknüpft sind und sich ineinander transformieren lassen. Vielleicht kann man irgendwann ein mathematisches System entwickeln, das die beiden Ansätze einander noch weiter annähert.

Penrose-Parkettierung und Quasikristalle

Den neuen Ansatz, der zeigt, wie sich Quantenstrukturen spontan aus einem Meer von Unbestimmtheit entwickeln könnten, können wir uns verdeutlichen, indem wir zu unserem Ausgangsbeispiel zurückkehren, dem Kristallwachstum. Wie ein Kristall aus einer konzentrierten Lösung entsteht, so kristallisiert sich der vielschichtige Hilbert-Raum aus seiner Quanten-Unbestimmtheit.

Der Kristall beginnt sein Leben auf beliebige Weise, wenn einige Atome beim Eintritt in ihre gegenseitigen Anziehungssphären irgendeine Orientierung annehmen. In diesem Stadium läßt sich der Kristall durch die in einem strukturlosen Hilbert-Raum möglichen Vektorenkombinationen darstellen. Der Urkristall ist eine mehrdeutige Überlagerung sehr vieler verschiedener Zustände, deren jeder eine andere Orientierung einiger weniger Atome darstellt. Doch das Ergebnis nach Abschluß des Wachstums ist ein makroskopischer Kristall, dessen Existenz und Form völlig eindeutig ist. Deshalb ist für die Beschreibung eine Lokalisierung in einem hochstrukturierten Hilbert-Raum erforderlich.

Meinem Ansatz liegt der Gedanke zugrunde, daß Quantensysteme sich bei einem hinreichenden Komplexitätsgrad unter dem Einfluß ihrer Wechselwirkungen selbst zu strukturieren beginnen. Auf diese Weise bildet sich eine kollektive Form heraus, die dann auf das System zurückwirkt und seine Struktur stabilisiert. Die neue Ebene ist in sich abgeschlossen. Die Globalform ihrer Wellenfunktion – oder die vielschichtige Struktur ihres Hilbert-Raums – koordiniert alle ihre Komponenten.

Hier wird nicht ein komplexeres System hergestellt, indem Einzelteile zusammengefügt werden, wie es etwa bei einer Maschine der Fall ist. Dagegen haben wir es mit einem echten holistischen Prozeß zu tun, der seine Bedeutung aus der Funktion des Gesamtsystems bezieht. Abermals sehen wir, wie sich Form und Struktur kollektiv aus dem System als Ganzem entwickeln.

Dieses Phänomen läßt sich auch am Beispiel des Kristallwachstums beobachten. Nach der herkömmlichen Theorie ist die endgültige Position jedes Atoms im Kristall durch rein lokale Kräfte bestimmt, das heißt durch die elektrischen Abstoßungs- und Anziehungskräfte zwischen benachbarten Atomen. Ein sich anlagerndes Atom nähert sich dem wachsenden Kristall auf beliebige Weise. Es bewegt sich und korrigiert seine Position und Orientierung, bis es eine Lage erreicht hat, die ein möglichst niedriges Energieniveau aufweist und stabil ist. Dergestalt wächst der Kristall, so nimmt man an, relativ mechanisch, indem sich immer mehr und mehr Atome anlagern. Diese Erklärung ist problematisch, weil inzwischen neue Strukturen entdeckt wurden – die sogenannten *Quasikristalle* –, die dieses Wachstumskonzept zu widerlegen scheinen.

Die Existenz der Quasikristalle läßt darauf schließen, daß das Wachstum aller Kristalle – und überhaupt das Verhalten sehr vieler Quantenprozesse – von Formen und Strukturen globalen Charakters gesteuert werden. Wie bereits dargelegt, sind Quantensysteme nach meiner Auffassung ganzheitliche Gebilde, die in einer Vielzahl holistischer Strukturen verkörpert sind – Kristallen, Supraleitern, Supraflüssigkeiten, Plasmen und möglicherweise sogar makroskopischen Strukturen des menschlichen Gehirns. Holistische Strukturen unterscheiden sich grundlegend von mechanischen Strukturen, die aus Einzelteilen aufgebaut sind. Ein Atom ist mehr als die Summe seiner Elementarteilchen. Ein Mensch ist mehr als die Summe seiner Zellen. Jede Ebene der Natur besitzt ihre eigene Authentizität und Seinsweise.

Doch was hat das mit dem Wachstum eines Kristalls zu tun? Wissenschaftler haben bemerkt, daß eine Vielzahl natürlicher und künstlicher Strukturen – vom Kristall bis hin zum Parkett oder dem Fliesenmuster auf einem Küchenfußboden – konstruiert werden können, indem man einfache, sich wiederholende Formen zusammensetzt. Unendlich viele Pyramiden oder Würfel lassen sich aneinanderfügen, so daß eine ständig wachsende Struktur entsteht. Entsprechend kann man mit dreieckigen, viereckigen und sogar sechseckigen Fliesen einen Küchenfußboden bedecken. Was in der Natur zu fehlen schien, waren Objekte mit einer fünfzähligen Symmetrie. Wie Mathematiker anhand ihrer Versuche mit allgemeinen fünfeckigen Objekten rasch herausfanden, ist es unmöglich, solche Formationen dergestalt Seite an Seite zusammenzufügen, daß sie ein ununterbrochenes Muster bilden oder eine unbegrenzte Fläche bedekken können. Versucht man eine Parkettierung mit fünfeckigen Fliesen zu bilden, stößt man rasch auf Probleme. Wenn man jede Fliese mit den Nachbarfliesen blind zusammenfügt, so bildet sich bald eine Lücke, ein Parkettierungs-Stau, der den Wachstumsprozeß blockiert. Damit erklärte man sich auch den Umstand, daß solche Strukturen in der Natur nicht anzutreffen sind: Sie können nicht wachsen, ohne daß es an irgendeinem Punkt nicht weitergeht.

Doch dann wiesen Roger Penrose und einige andere Mathematiker nach, daß sich durchaus fünfeckige Fliesen herstellen lassen, die man nahtlos aneinander fügen kann, und zwar so, daß sie auch endlose Flächen bedecken. Diese neuen Formen sind so interessant, weil die Parkettierung nur in einer bestimmten Weise vorgenommen werden kann. Es hat keinen Zweck, über die Anordnung fünfeckiger Figuren auf rein lokaler Ebene nachzudenken, das heißt, man kann nicht beliebige fünfeckige Formen ausschneiden und sie dann planlos umherbewegen, bis sie zusammenpassen, ohne dabei das größer werdende Muster auf dem Fußboden zu berücksichtigen (Abbildung 20).

Bei dreieckigen, viereckigen oder sechseckigen Fliesen spielt es keine entscheidende Rolle, mit welcher Seite sie aneinandergefügt werden. Vorausgesetzt alle Fliesen haben dieselbe Größe, kann man jede Fliese beliebig drehen. Die Ausdehnung des Gesamtmusters hängt nicht davon ab, welche Fliesenseiten zusammengefügt werden. Anders verhält es sich jedoch mit Penroses fünfeckigen Fliesen. Da mögen sich zwar zwei Fliesen auf mehr als eine Weise zusammenkleben lassen, doch wenn man die falsche Seite wählt, werden sich die Fliesen am Ende überlagern oder eine Lücke bilden. Wie diese Fliesen aber gelegt werden müssen, ist nicht nicht aus der Lage der unmittelbar benachbarten Fliesen zu erkennen. Vielmehr muß man dazu etwas über das übergeordnete Muster wissen, so daß man jede Fliese entsprechend dem allgemeinen Plan plazieren kann. Mit anderen Worten, die Rolle einer bestimmten Fliese innerhalb des wachsenden Musters wird durch die Gesamtheit bestimmt.

Klingt das nicht vertraut? Man hat den Eindruck, daß die Beschaffenheit des einzelnen Teils durch die *Form* des Ganzen festgelegt ist: Ähnliches erinnern wir von dem Supraleiter, der

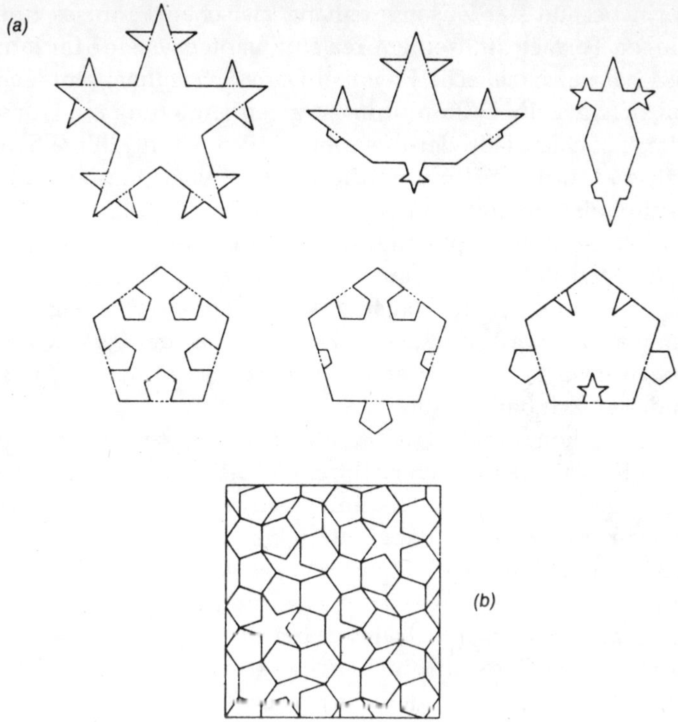

Abbildung 20. Im allgemeinen wird sich mit einer gegebenen Menge von fünfeckigen Fliesen kein Fußboden bedecken lassen, ohne daß sie irgendwann überlappen oder eine Lücke bilden. Doch über eine Fläche von unendlicher Ausdehnung lassen sich diese merkwürdig geformten Fliesen zusammenfügen.

Supraflüssigkeit und der Vermehrung des Schleimpilzes. Es läßt an das Konzept eines Quantensystems denken, in dem sich jedes Teil nach der Form der übergeordneten Wellenfunktion richtet, und an Systeme, die sich nicht einfach auf die Wechselwirkung ihrer Teile zurückführen lassen.

Aber kehren wir zu den fünfeckigen Formen zurück: Bislang haben wir das Problem am Beispiel der Fliesen besprochen, die man aus einem Stück Pappe oder Plastik ausschneidet. Doch worin besteht der Zusammenhang zwischen Penroses fünfeckigen Formen und einem realen Quantensystem? Im Jahre 1984 hat der israelische Physiker Dany Schechtman entdeckt, daß sich aus einer Aluminium-Mangan-Legierung ein Quasikristall züchten läßt, der die »unnatürliche« fünfzählige Symmetrie aufweist. Seither ist die Existenz von Quasikristallen wiederholt bestätigt worden.

Diese Strukturen scheinen die herrschende Auffassung zu widerlegen, daß Kristalle aufgrund eines rein lokalen Prozesses wachsen, in dem sich beispielsweise jedes sich anlagernde Atom an seinem Nachbarn ausrichtet. Ein echter Quasikristall kann nur wachsen, wenn er dem Plan des Gesamtmusters folgt, an das er sich halten muß.

Die herkömmliche Quantentheorie lehrt, das Wachstum eines Kristalls richte sich nach rein lokalen Energieverhältnissen: Jedes Atom suche sich eine Position neben seinen Nachbaratomen und strebe dabei ein möglichst niedriges Energieniveau an. Aber diese endgültige Lage wird stets mehrdeutig bleiben, weil das Atom sich drehen und dennoch zu seinen Nachbarn passen könnte. Dies ist bei einem Quasikristall nicht möglich. Die Position eines jeden Atoms in einem solchen Kristall muß in irgendeiner Weise die Bedingungen der Gesamtform des Kristalls erfüllen. Es ist, als bestimme zusätzliche Information über die Gesamtform des Kristalls die endgültige Orientierung jedes sich anlagernden Atoms. Daraus könnte man schließen, daß eine globale Wellenfunktion jedem sich dem Kristall nähernden Atom seinen passenden Ort zuweist.[2] Dem konventionellen Physiker mögen solche Ideen bizarr erscheinen, aber sie decken sich mit den Gedanken, mit denen wir uns im vorliegenden Kapitel beschäftigen.

Nach den Konzepten, die diesem Buch zugrunde liegen, lassen sich die ersten Wachstumsstadien durch eine Überlagerung von Vektoren in einem allgemeinen Hilbert-Raum darstellen. Doch sobald der Urkristall eine bestimmte Größe erreicht hat, beginnt der Hilbert-Raum selbst, sich zu einer eindeutigen Struktur zu kristallisieren. Von nun an ist der Vektor, der dem wachsenden Kristall entspricht, auf einen bestimmten Unterraum begrenzt. Zwar sind innerhalb dieses Unterraums noch alle möglichen Vektorenkombinationen zugelassen, doch die Wellenfunktion besitzt jetzt eine übergreifende Gesamtform. Andere Unterräume mögen anderen möglichen Gesamtformen von Kristallen entsprechen, nicht aber jener, die der fragliche Kristall aufweist. Sie werden deshalb durch die konkrete Form unseres besonderen Kristalls ausgeschlossen.

Dieser strukturierte Hilbert-Raum legt die globale Wellenfunktion fest, die das fortwährende Wachstum des Kristalls bestimmt. Von nun an werden die sich anlagernden Atome von dem übergreifenden Muster des Quasikristalls gelenkt und binden sich nach einem übergeordneten Plan aneinander. Es ist möglich, daß sich nicht nur der Kristall selbst, sondern auch die Region der Raumzeit, die mit dem Raum des Kristalls verknüpft ist, »herauskristallisiert«. Möglicherweise gibt es keine absolute Trennung zwischen materiellen Strukturen und der Raumzeit, weil eines nie ohne das andere auftritt. Um es noch einmal zu betonen: Form und Struktur entwickeln sich spontan innerhalb eines quantenmechanischen Systems.

Kollaps der Mehrdeutigkeit

Interessanterweise hat Penrose selbst eine verblüffend ähnliche Spekulation angestellt. Danach lagern sich die ersten Atome einander in mehrdeutigem Zustand an, so daß der Kristall als Ganzer durch eine Kombination verschiedener Zustände dargestellt wird, das heißt durch eine Überlagerung von Wellenfunktionen. An einem entscheidenden Punkt »kollabieren« diese sich überlagernden Wellenfunktionen dann zu einer eindeutigen Form. Und von da an entwickelt sich der Kristall in Übereinstimmung mit einem bestimmten Gesamtmuster.

Der entscheidende neue Aspekt an Penroses Überlegung besagt, daß der Kollaps der Mehrdeutigkeit zu einer eindeutigen Gesamtform führt, hervorgerufen durch die Beschaffenheit der Raumzeit. In seiner allgemeinen Relativitätstheorie hatte Einstein behauptet, die Gegenwart von Materie – oder Energie – bewirke eine Krümmung der Raumzeit. In Anlehnung daran meint Penrose, der Urkristall erreiche an einem bestimmten Punkt seines Wachstums eine Größe, die ihm erlaube, in seiner Umgebung eine winzige Region gekrümmter Raumzeit zu schaffen. Zunächst gibt es viele verschiedene gekrümmte Raumzeiten, jede von mikroskopischen Ausmaßen, die sich alle überlagern. Doch an irgendeinem Punkt im Zuge des Wachstums wird die Raumzeit so groß, daß ein einzelnes Gravitationsquantum – *Graviton* genannt – entsteht. Nach Penroses Auffassung gibt es, sobald diese Region der Raumzeit geschaffen worden ist, kein Zurück mehr. Dieser Vorgang, so Penrose, bewirkt den Kollaps der Wellenfunktion von der Mehrdeutigkeit zur Eindeutigkeit. An diesem Punkt kristallisiert sich eine einzige Gesamtform aus der ursprünglichen Mehrdeutigkeit des wachsenden Quasikristalls heraus.

Das Graviton oder Quantum der Raumzeit ist seinem Wesen nach nicht-lokal und kann nach Penroses Auffassung nicht in einem mehrdeutigen Zustand existieren. Deshalb muß der Kollaps der Mehrdeutigkeit stets eintreten, wenn ein Kristall oder irgendeine andere Struktur eine bestimmte Schwellengröße erreicht, Ausmaße, die groß genug sind, um sich mit einer bestimmten Region der Raumzeit zu verbinden. Von diesem Augenblick an ist keine Überlagerung von Wellenfunktionen mehr zugelassen; es gibt nur noch eine einzige globale Wellenfunktion, die von nun an das fortwährende Wachstum des Kristalls bestimmt.

Kristallisierung der Form

Doch nach meiner Einschätzung kommt diesen kollektiven Quantenstrukturen noch weiterreichende Bedeutung zu. Der Wachstumsmechanismus, der mit Penroses Quasikristall verknüpft ist, diese Evolution eines strukturierten Hilbert-Raums, ist nämlich keine isolierte Merkwürdigkeit in der natürlichen

Welt, die nur für fünfzählige Symmetrien gilt, sondern sie betrifft alle Kristalle und alle kohärenten Formen. Anfangs ist die Form eines Kristalls, eines Moleküls in einer lebenden Zelle oder irgendeiner anderen Struktur vieldeutig. Die ersten Atome, die zufällig aufeinandertreffen, haben keine eindeutig definierte Ordnung und lassen sich durch alle Vektorenkombinationen darstellen, die in einem strukturlosen Hilbert-Raum möglich sind. Doch wenn der Kristall wächst, bildet sich eine eindeutige und kohärente Struktur heraus. Atom auf Atom fügt sich in ein expandierendes Gitter ein, dessen Struktur schließlich makroskopische Größe erreicht. Dieses Gitter ist das Rückgrat des Kristalls, und hinsichtlich seiner sich wiederholenden Struktur ist nichts mehrdeutig oder unbestimmt. Es wird durch eine Wellenfunktion von globaler Form beschrieben und ist mit einem bestimmten Hilbert-Unterraum verbunden. Diese globale Form legt das künftige Wachstum des Kristalls fest.

Physiker gehen im Normalfall davon aus, die elektrischen Kräfte zwischen den Atomen seien ausreichend, um jedes sich anlagernde Atom in der richtigen Weise in die sich entwikkelnde Kristallstruktur einzufügen. Warum sollte man also noch einen weiteren Prozeß voraussetzen, um das Kristallwachstum zu erklären? Erinnern wir uns an den Fall des Supraleiters. Dort scheinen die gewöhnlichen elektrischen Abstoßungskräfte zwischen Elektronen zunächst das Verhalten eines normalen Elektronengases zu bestimmen. Sie sind sicherlich weit größer als die äußerst geringe zusätzliche Anziehungskraft, die für die Supraleitfähigkeit erforderlich ist. Doch wie sich herausstellt, ist diese weit geringere Anziehungskraft am Ende die Ursache dafür, daß das gesamte Gas eine koordinierte Bewegung annimmt. Dank dieser winzigen Anziehungskraft ist es möglich, daß eine astronomische Zahl von Elektronen ihren kollektiven Tanz beginnt, einen Tanz, der einer globalen Wellenfunktion entspricht und jedes einzelne Elektron dazu zwingt, sich der kollektiven Bewegung des Ganzen anzuschließen.

Von entscheidender Bedeutung ist nämlich nicht die Stärke der Wechselwirkung, sondern ihre spezielle Form (genauer:

die Wechselwirkung bindet alle Elektronen in einem Supraleiter aneinander, die zufällig einen gleichen, aber entgegengesetzten Impuls haben). So könnten in einem Kristall lokale elektrische Kräfte, die die Ursache für die Anziehung und Abstoßung einzelner Atome sind, ziemlich ausgeprägt sein und die gröberen Bewegungen der Atome bewirken. Dennoch lassen die neuen Denkansätze in diesem Kapitel darauf schließen, daß die Globalstruktur des endgültigen Kristalls von den feineren Steueraktivitäten der übergeordneten Wellenfunktion bestimmt wird. Oder um es anders auszudrücken: Die kooperative Wirkung des Gesamtsystems bestimmt die Bewegungen und die Lage seiner inneren Teile.

Etwas Ähnliches geschieht mit allen Strukturen, die sich zu makroskopischen Dimensionen ausdehnen – mit Kristallen, Metallen und Plastik ebenso wie mit biologischen Molekülen und sogar mit lebenden Zellen. Alle müssen sie in ähnlicher Weise durch Vektoren in einem Unterraum eines hochstrukturierten Hilbert-Raums repräsentiert sein, während ihr Wachstum kaum merklich von übergeordneten Aspekten beeinflußt wird. Natürliche Systeme bestehen nicht einfach aus einem Sammelsurium von Einzelteilen, sondern aus kollektiven Formen, die in sich abgeschlossen sind.

Schrödingers Katze wird zu neuem Leben erweckt

Genau besehen, ist es nur ein kleiner Sprung vom Kristall zum Schrödingerschen Katzenparadoxon. Eine Katze stellt ein global koordiniertes, biologisches System dar. Sie hat eine komplexe Gesamtform, die Organe enthält, die ihrerseits aus Zellen zusammengesetzt sind. Jede Zelle besitzt eine genau festgelegte Struktur und ist an komplexen Stoffwechselprozessen beteiligt. Offensichtlich gehört eine lebende Katze einer ganz anderen Ordnung an als eine tote Katze. Eine lebende und eine tote Katze sind in verschiedenen Unterräumen eines strukturierten Hilbert-Raums dargestellt. Diese Trennung geht über den Unterschied aus dem oben geschilderten Beispiel des Kristalls hinaus, weil die lebende und die tote Katze ganz offensichtlich prinzipiell verschiedenen Strukturierungen des Hilbert-Raums zugeordnet sind. Hier kann es keine Quantenbestimmtheit geben, keine Möglichkeit, die Vektoren lebender und toter Katzen zu kombinieren.

Die Auflösung des Schrödingerschen Katzenparadoxons ist dem Geschehen nicht unähnlich, das sich ereignet, während ein Kristall wächst. Der konkrete Quantenprozeß, der das Schrödingersche Katzenereignis auslöst – der Zerfall eines radioaktiven Kerns –, mag zunächst mehrdeutig und durch eine Mischung aller Möglichkeiten repräsentiert sein. Doch dann wird dieser zerfallende Kern mit einem elektronischen Apparat – etwa einem Geigerzähler – verbunden, der die Effekte des Kernzerfalls verstärkt. Der Geigerzähler seinerseits wird als ein weiteres elektronisches Gerät angeschlossen. Der wiederum löst ein mechanisches Gerät aus, das einen kleinen Behälter mit Zyanid zertrümmert. Der ursprünglich mehrdeutige Zustand erfährt eine Reihe elektrischer und mechanischer Verstärkungen, wenn er mit immer größeren makroskopischen Geräten verknüpft wird, und dabei kristallisiert sich eine Beschreibung heraus, die auf einen hochstrukturierten Hilbert-Raum verweist. Innerhalb dieses Hilbert-Raums befindet sich die Vektorenkombination, die das Endergebnis darstellt, entweder in einer Region, die einer toten Katze entspricht, oder in einer völlig anderen Region, die die verschiedenen möglichen Orientierungen einer lebenden Katze darstellt. (Die unterschiedlichen Zustände, Bewegungen und Orientierungen einer lebenden Katze würden alle eindeutig verschiedenen Regionen des Sektors »lebende Katze« im Hilbert-Raum entsprechen.) Zwar kann es eine gewisse Mehrdeutigkeit hinsichtlich der mikroskopischen Einzelheiten des Quantenzustands des Systems geben, doch auf der Ebene menschlicher Beobachtung ist solche Beliebigkeit nicht mehr möglich – die Katze ist entweder lebendig oder tot.

Die Vorstellung, daß sich die Formen und Strukturen der

Natur herauskristallisieren können und daß ihre Existenz auf ihrer kollektiven Natur beruht, führt uns möglicherweise zu einer ganz anderen Erklärung des Universums als derjenigen, die davon ausgeht, daß sich eine Hierarchie von Ordnungen aus einer letzten und fundamentalen physikalischen Ebene herleitet.

Fünftes Kapitel

Lebenssinfonie

Wenn wir Plasma, Supraflüssigkeit und Supraleiter als physikalische Manifestationen natürlicher Kooperation verstehen, können wir möglicherweise die starre Unterscheidung zwischen lebenden und nicht-lebenden Dingen überwinden. So bildet sich eine neue Karte der Natur heraus, eine Karte, auf der die ganze Welt lebendig und sinnerfüllt ist. Im vorliegenden Kapitel werde ich versuchen, diese Karten noch besser verständlich zu machen und zu zeigen, daß die lebende Natur unter anderem aus einem komplexen Informationsgewebe besteht, in dem Zellen, Moleküle und Intelligenz-Systeme miteinander kommunizieren und sich dem ewig wechselnden Tanz der Formen und Strukturen eingliedern.

Kohärenz in biologischen Systemen

1968 äußerte der Physiker Herbert Fröhlich, dem die Wissenschaft wichtige Erkenntnisse über das Geschehen in Supraleitern verdankt, die Auffassung, kohärente Energieschwingungen seien das entscheidende Merkmal lebender Systeme. Zwar seien diese Schwingungen quantenmechanischen Ursprungs, könnten sich aber über Regionen ausdehnen, die Millimeter oder gar Zentimeter lang seien. Sie könnten, so Fröhlich, die Grundlage allen Lebens sein.

Fröhlich und andere haben gezeigt, wie sich mit Hilfe großräumiger Energieschwingungen ein System koordinieren läßt. In lebenden Systemen – in einer Zelle und möglicherweise sogar in einem menschlichen Gehirn – können diese Schwingungen hochkomplexe Ordnungen hervorrufen. Denn lebende Systeme unterscheiden sich von toten Systemen vor allem durch ihre Kohärenz – die Fähigkeit ihrer einzelnen Teile, in einer bestimmten, geordneten Weise wechselzuwirken. Eine Zelle oder ein Tier ist in der Lage, die Funktionen auch dann beizubehalten, wenn die Umwelt sich verändert.

Fröhlich meint, diese globalen Energieschwingungen und Kohärenzen, die sich über die gesamte Länge einer Zelle erstrecken, seien für die koordinierten Aktivitäten verantwortlich. So gesehen könnte man Leben als die Manifestation einer Idee betrachten, die sich sehr gut in das hier vorgelegte Konzept eines strukturierten Hilbert-Raumes einfügt.

Eine der neuesten Thesen besagt, das Gehirn sei, physikalisch gesehen, ein kohärentes Quantensystem. Auch diese Theorie geht unmittelbar auf Herbert Fröhlich zurück. Tatsächlich beschäftigen sich gegenwärtig einige Physiker mit der Analogie zwischen dem Gehirn und Supraflüssigkeiten oder Supraleitern. Das Bewußtsein ist nach ihrer Auffassung gewissermaßen aus einem Stück. Es ist kohärent und läßt sich nicht auf irgendein klassisches mechanistisches Modell zurückführen. Wie die Elektronen in einem Supraleiter an einem übergreifenden Tanz teilnehmen, in dem das Ganze jede individuelle Bewegung steuert, so sind möglicherweise auch die Einzelaktivitäten der Nervenzellen in einem sehr viel umfassenderen Gedankentanz koordiniert. Wenn das richtig ist, dann hätte sich die besondere Struktur des Gehirns im Laufe der Evolution herausgebildet, um solche kohärenten Zustände zu ermöglichen.

Kohärente Schwingungen können in verschlüsselter Form gewaltige Informationsmengen aufnehmen. Die anatomische und physikalische Gestalt des Gehirns dient der Entstehung und Wechselwirkung komplexer und fein verästelter kollektiver Schwingungen. Seine Struktur ermöglicht es Quantenprozessen, ihren Tanz über makroskopische Abstände auszudehnen. Insofern verhalten sich das Gehirn und der hochstrukturierte Hilbert-Raum spiegelbildlich zueinander.

Licht und Leben

Die Formen der Natur sind vielfältig und fein verästelt. Wenn man die Gitterstruktur eines Kristalls, den Elektronentanz in einem Supraleiter oder die kohärenten Schwingungen im menschlichen Gehirn betrachtet, so beginnt sich der Unterschied zwischen belebter und unbelebter Natur zu verwischen. Eine sehr interessante These besagt, daß Licht möglicherweise eine entscheidende Rolle in lebenden Systemen spielt.

In den Schöpfungsmythen der meisten Religionen kommt dem Licht eine herausragende Bedeutung zu. In der jüdisch-christlichen Religion war das Licht Ergebnis des ersten Schöpfungsaktes, und insofern leitet sich alles, was existiert, vom Licht her. Licht erfüllt das gesamte Universum. Es gibt keine Raumregion, und mag sie noch so entlegen sein, die nicht von komplexen Mustern elektromagnetischer Strahlung durchzogen ist. Das Zufallsgeräusch, das sich mit einer Mikrowellen-Schüssel auffangen läßt, die man auf eine leere Region des Himmels richtet, hält man für die Strahlung, die zugegen war, als das Universum mit dem Urknall seinen Anfang nahm. Die Strahlung, die einst das Ur-Universum erfüllte, ist überall vorhanden. Als der Weltraum im Laufe von Jahrmilliarden expandierte, wurde diese Ursprungsstrahlung zu immer längeren Wellen gedehnt, und heute läßt sie sich als Hintergrundstrahlung mit einer Mikrowellen-Schüssel auffangen.[1]

Jede kleinste Raumregion ist mit Strahlung erfüllt – von den extrem niederfrequenten Überresten des Urknalls über Radiowellen, sichtbares und ultraviolettes Licht bis hin zu den Gammastrahlen von höchster Energie. Emittiert wird diese Strahlung von Sternen, Super-Novae, Quasaren, den Ereignishorizonten schwarzer Löcher und den verdrillten Magnetfeldern, die sich über riesige leere Raumregionen erstrecken. All dieses Licht enthält Information – Information über seinen Ursprung, der im radioaktiven Prozeß tief im Innern eines Sterns begründet sein kann oder im Sturz von Materie in ein schwarzes Loch. Jedes Raumvolumen ist von elektromagnetischer Strahlung belebt und enthält insofern eine ungeheure Datenmenge über das gesamte Universum. Licht ist ein außerordentlich leistungsfähiges Medium, sowohl was die Verschlüsselung als auch was die Übertragung von Information anlangt. Denken wir nur an die immense Zahl von Telefongesprächen, Fernsehsendungen und Telekommunikationskanälen, die ein einziger Lichtstrahl in einem Glasfaserkabel transportieren kann. Dieses Licht erstreckt sich bis in die fernsten Regionen des Weltalls, so daß jede winzige Raumregion eine Informationsmenge enthält, die die Speicherkapazität der größten heute existierenden Supercomputer übetrifft. Jedesmal wenn Sie zum Nachthimmel aufsehen, dringt etwas von dieser Information in Ihr Auge und entfaltet sich in Ihrem Gehirn zu einem Bild vom Universum, von den Sternen und den Galaxien.

Licht ist Information und Kommunikation. Faszinierend, wenn auch sehr umstritten, ist deshalb die These, daß Licht in allen biologischen Systemen eine entscheidende Rolle spiele.[2] Fritz-Albert Popp vom Institut für biophysikalische Zellforschung in Kaiserslautern, der mit dem Centre for Frontier Studies an der Temple University in Philadelphia zusammenarbeitet, findet mit seinen Hypothesen sicherlich nicht bei allen Physikern Zustimmung. Das ändert jedoch nichts daran, daß sie ein spannender Beitrag zur Diskussion sind.

Seit vielen Jahrzehnten vermutet man, daß elektromagnetische Felder mit lebenden Systemen verknüpft sind. Doch die Forschung in diesem Bereich ist außerordentlich schwierig, weil auf jedes hinreichend dokumentierte Experiment viele andere kommen, die sich nicht wiederholen lassen. Dennoch haben sich zahlreiche Experimentalwissenschaftler mit dieser hypothetischen Biostrahlung beschäftigt und sind zu dem Schluß gekommen, daß Photonen – Quantteilchen des Lichts – von DNA-Molekülen emittiert werden.

DNA ist das wichtigste Molekül in jedem Zellkern und soll, so die Vermutung, eine schwache Strahlung – lediglich einige wenige Photonen zur Zeit – abgeben. Die Forscher, die sich mit der Natur dieser Strahlung beschäftigt haben, sind der Auffassung, sie sei kohärent wie Laserstrahlung, nur sehr viel schwächer. Das biologische Molekül DNA scheint also wie eine

Laserkanone zu wirken und kollektive Schwingungen in einem elektromagnetischen Feld hervorzurufen.

Sollte sich diese Vermutung bestätigen, stellt sich die Frage, warum das der Fall ist. Warum sollte das wichtigste Molekül im biologischen Bereich eine sehr schwache Form von Laserlicht emittieren? Welchen Zweck könnte es erfüllen?

Eine naheliegende Antwort wäre: den der Kommunikation. Zugegeben, es handelt sich nur um eine Spekulation, doch um eine, die Wissenschaftler wie Popp für recht wahrscheinlich halten. Nehmen wir an, die DNA verwendet für die Kommunikation im Innern der Zelle elektromagnetische Strahlung, kohärentes Licht. Dieses kann die inneren Strukturen der Zelle durchdringen und ist für Informationsübertragung ideal geeignet. Möglicherweise weist das Kommunikationssystem der Zelle zwei Ebenen auf – eine langsamere Kommunikation mittels konventioneller Molekularprozesse, die in der Umgebung des DNA-Moleküls stattfinden, und eine sehr viel rascher ablaufende Kommunikation innerhalb der gesamten Zelle mit Hilfe von kohärentem Licht.

Man sucht auch nach kohärenter Strahlung individueller Zellen. Dem liegt die Vermutung zugrunde, der gesamte Organismus könnte in ein »lebendiges«, schwingendes elektromagnetisches Feld eingetaucht sein. Möglicherweise dient das kohärente Licht als Kommunikationssystem im gesamten Organismus der Pflanze oder des Tieres – zwischen der DNA und der Zelle, zwischen Zelle und Zelle, zwischen Organ und Organ. Vielleicht ist der Organismus ein komplexer Informationsfluß, in dessen Verlauf jede Zelle und jedes Organ auf eine Fülle ständig auf sie einströmender elektromagnetischer Nachrichten reagiert.

Danach würde jedes Lebewesen über ein komplexes Kommunikationssystem verfügen, dessen Stoffwechsel- und Veränderungsprozesse durch kohärentes Licht koordiniert werden. Die Kohärenz des Lichtes sorgt also für den Erhalt einer noch umfassenderen Kohärenz: der eines lebenden, sich verändernden Organismus. Insofern ist Licht aktive Information. Es ist globale und aktive Information, die sich über die Zelle – ja den ganzen Organismus – erstreckt und deren Aktivitäten koordiniert.

Es ist nicht ausgeschlossen, daß einige Tierarten über elektromagnetische Strahlung miteinander kommunizieren, wie ihre Zellen im Körper. Nicht einmal die Frage, ob Information in der Form eines kohärenten Tanzes von Lichtfeldern das Wesen allen Lebens und das Mittel ist, mit dem komplexe Lebenssysteme sich selbst koordinieren.

An diesem Punkt wird dem wissenschaftlich orientierten Leser wohl etwas unbehaglich zumute, denn die Idee, ein komplexer Fluß elektromagnetischer Strahlung könne die Aktivitäten eines Organismus steuern, klingt verdächtig nach Esoterik und »Awa«. Ein solches Informationsfeld erinnert an den *élan vital,* an eine Energieaura, die den Organismus umgibt und seinen allgemeinen Gesundheitszustand anzeigt. Zwar gibt es auch Wissenschaftler, die der Auffassung sind, die von gesunden Zellen emittierte Strahlung unterscheide sich grundsätzlich von der kranker oder sterbender Zellen!

Doch sollen Sinn und Zweck einer solchen Annahme hier nicht weiter erörtert werden. Sinnvoll dagegen ist die Frage, ob in dem hier diskutierten Zusammenhang ein »aktiver Informationsfluß« von Zelle zu Zelle, aber auch innerhalb des gesamten Organismus gleichbedeutend mit Gesundheit ist, die Störung dieses Flusses, also Informationsverarmung dagegen Krankheit bedeuten kann. Der stetig wechselnde Informationsfluß, der sich innerhalb der elektrischen Felder und in dem komplexen Zusammenspiel einer großen Vielzahl von chemischen Reaktionen bewegt, muß so vielfältig und verästelt sein, daß seine Komplexität dem außenstehenden Beobachter chaotisch erscheinen wird. Zwischen Chaos und einem Fluß von stets wechselnder Komplexität läßt sich nur sehr schwer unterscheiden. Sobald eine Krankheit auftritt, wird die globale Kohärenz dieser komplexen und feinverästelten Informationsfelder zusammenbrechen, so daß nur noch die unterschiedlichen individuellen Prozesse übrigbleiben. Das könnte erklären, warum ein gesundes Herz oder ein gesundes Gehirn, wie die Wissenschaft festgestellt hat, durch scheinbar chaotisches Verhalten charakterisiert ist, während eine absolut regelmäßige Herztätigkeit beispielsweise einen Herzanfall ankündigen kann.

Informationsmeere

Möglicherweise gilt also für einzelne lebende Systeme, daß sie von hochkomplexen Feldern aus kooperativer Information erhalten werden. Mit Sicherheit trifft dies auf ganze Ökosysteme zu, partiell auf die meisten Gesellschaftsformen, eventuell sogar auf den gesamten Planeten. Das Leben zeigt stets ein Bestreben nach Fluktuation und Exploration, während einfache Schwingungen eher für Maschinen und tote Materie kennzeichnend sind. Schlichte Stabilität bedeutet mangelnde Flexibilität. Und die ist für jedes Lebewesen gefährlich. Dagegen kennzeichnet es das Wesen des Lebens, ein komplexes und verzweigtes Muster globaler Fluktuationen zu ermöglichen.

Das gesamte Gebiet der elektromagnetischen Bioinformation ist umstritten, aber es hat einige interessante wissenschaftliche Arbeiten hervorgebracht und vor allem viele wichtige Fragen aufgeworfen. Kann ein Organismus beispielsweise elektromagnetische Information über seine Umwelt zusammentragen und sie dann selbst in einem Rückkopplungsprozeß verwerten? Wenn das stimmt, dann muß eine elektromagnetische Sinneswahrnehmung zu den anderen des Sehens, Hörens, Tastens, Schmeckens und Riechens hinzugefügt werden. Eine Reihe von Untersuchungsdaten sprechen dafür, daß sich viele Tiere mit Hilfe von elektromagnetischen Sensoren orientieren.

Auf der Erdoberfläche herrscht ein reges Treiben von elektromagnetischen Signalen. Neben dem Magnetfeld der Erde gibt es die Sonneneinstrahlung, die auf die Erde und die obere Atmosphäre trifft. Das elektromagnetische Feld der ganzen Erde schwingt langsam mit einer Frequenz zwischen sieben und acht Hertz. Auch in der Ionosphäre und Magnetosphäre gibt es solche Aktivitäten, deren Wirkung auf der Erdoberfläche spürbar ist. Die Erde birgt ein riesiges und vielschichtiges Meer von

Strahlung, das sich auf kaum merkliche Weise von Ort zu Ort verändert, weil die lokal verschlüsselte Information durch die chemische Zusammensetzung des vorhandenen Gesteins, der Minerale, des Grund- und Oberflächenwassers beeinflußt wird. Ferner erfährt dieses Strahlungsmuster auch durch die täglichen Fluktuationen des Erdwetters Veränderungen.

In jeder winzigen Region der Erdoberfläche ist also ein gewaltiger Vorrat an elektromagnetischer Information verschlüsselt, der nicht nur den globalen Zustand des Planeten betrifft, sondern auch einzelne Ereignisse einer lokalen Region. Ein Vogel in der Luft, ein Säugetier an Land und ein Fisch im Wasser registrieren und verarbeiten ein Meer von elektromagnetischer Information. Sie ist weit komplexer als die irgendeines Radar- oder Radiogerätes. Manch ein tierischer Organismus (beispielweise der des Hais) nimmt sogar die schwachen elektromagnetischen Signale und Modulationen auf, die von seinem Beutetier ausgehen. Es ist durchaus denkbar, daß mit entsprechenden Sensoren ausgestattete Tiere einen begrenzten Teil des gewaltigen Informationsreservoires entschlüsseln, so daß sie ständig unmittelbare Informationen aus ihrer Umgebung erhalten.

Dabei ist die elektromagnetische nur eine von mehreren Informationsmöglichkeiten. Auch der Schall enthält eine gewaltige Menge Informationen. Schon ein niederes Säugetier kann sich aus dieser unmeßbar vielfältigen Geräuschmenge ein genaues Bild von all den flüchtigen Lebensäußerungen und Bewegungen innerhalb seiner unmittelbaren Umgebung machen. Möglicherweise reagiert das Tier nicht nur auf das, was es mittels seiner Ohren »hört«, sondern auch auf die hochfrequenten Schwingungen, die es auf zellularer Ebene wahrnimmt, und auf die niederfrequenten Schwingungen, die den gesamten Organismus dazu bringen, in Resonanz mitzuschwingen. Fortwährend fügt es aus der komplexen Sinfonie in seinem Lebensraum ein Bild, an dem es sich orientiert. Bei Walen und Delphinen kann sich diese Matrix aus Schwingungsinformation im Wasser über mehrere hundert Kilometer erstrecken. Aber nicht nur Gesichtssinn und Gehör destillieren komplexe Bilder aus der gewaltigen Informationsflut. Ein Hund beispielsweise »liest« mit der Nase. Eine unendliche Vielfalt von Gerüchen vermittelt ihm einen lebhaften Eindruck von seiner Umgebung. Jedes Lebewesen ist in ein reichhaltiges, differenziertes und vielschichtiges Informationsmeer eingetaucht.

DNA – ein Molekül, das hören kann

Wenn die DNA kohärente Photonenmuster durch die Zelle schickt, ist es dann nicht auch denkbar, daß diese Strahlung von der Umwelt moduliert und reflektiert wird, um anschließend wieder vom selben Molekül empfangen zu werden? Kann die DNA also möglicherweise auf die Umwelt »hören«?

Das DNA-Molekül ist ein erstaunliches Informationsreservoir; in ihm ist die gesamte Entwicklungsgeschichte seiner Zellvorfahren enthalten. Diese Information äußert die DNA, indem sie in genauer zeitlicher Abfolge die Synthese verschiedener Proteine steuert, die je nach ihrer Beschaffenheit am Wachstum und an der Regelung von Stoffwechsel- oder Reparaturprozessen beteiligt sind. Die DNA gilt allgemein als die gleichermaßen höchste Instanz, das aktive Prinzip an der Spitze der Hierarchie.

Doch bei einem so einseitigen Informationsfluß treten Schwierigkeiten auf. Wie wird beispielsweise die richtige Information im richtigen Augenblick für die Expression ausgewählt? Wenn die Zelle ein bestimmtes Protein zu spät oder zu früh produziert, kann der gesamte Stoffwechsel erheblich durcheinander geraten. Im übrigen scheint nur ein kleiner Prozentsatz der Information, die in der DNA gespeichert ist, überhaupt verwendet zu werden. Welche Aufgaben haben die übrigen, die stummen Sequenzen der DNA? Enthalten sie einfach verstümmelte Nachrichten oder überflüssig gewordene Informationen aus der frühen Entwicklungsgeschichte der Zelle? Oder können sie noch eine nützliche Funktion ausüben?

Nehmen wir an, die DNA könnte tatsächlich auf die Umwelt

reagieren. Nehmen wir weiter an, es herrschten »demokratische Verhältnisse«, Funktionen und Prozesse würden aufeinander abgestimmt, und es würde sich nicht eine Information »diktatorisch« durchsetzen. Die DNA wäre dann ein riesiges Nachschlagewerk über Stoffwechselprozesse und die Synthese verschiedener Proteine. Und wie bei der Benutzung eines Nachschlagewerks hinge die tatsächlich ausgewählte Information von einem größeren Kontext ab: von der gesamten Zelle und dem Organismus, zu dem diese gehört – vielleicht sogar von der äußeren Umwelt. Der elektromagnetische Tanz in der Zelle enthält die Daten über den veränderlichen Kontext der Außenwelt und könnte für die Auswahl spezifischer Informationen aus der DNA eine Rolle spielen. Damit könnte der genetische Code Teil einer weit umfassenderen Sprache sein, die der Verständigung mit dem gesamten Organismus, ja sogar der Verständigung mit der Umwelt dient. Das DNA-Molekül selbst würde ständig über seine weitere Umgebung informiert werden und könnte seinerseits einen Teil seiner »verborgenen Information« aktivieren. Womöglich ist die gesamte Zelle in der Lage, sich intelligent zu verhalten, und kann Modifikationen in der eigenen DNA bewirken. Das allerdings hieße: Eine Mutation des Organismus wäre die kooperative Reaktion auf irgendeine umfassende Veränderung im globalen Kontext der Zelle und kein rein zufälliges und zielloses Ereignis. Damit würde die Evolution zu einem Kooperationsprozeß, dem Ergebnis eines ständigen Dialogs zwischen anderen Lebensformen und ihrer gesamten Umwelt.

Der Ansatz, demzufolge Leben ein komplexer Tanz von Bedeutung und Information ist, führt zu weiteren Spekulationen. Nehmen wir eine, die ebenso absurd wie längst widerlegt ist. Es wurden ernsthaft Vermutungen angestellt, ob nicht mit der Nahrung neben Nährstoffen auch Information aufgenommen wurde. Wenn etwa ein Raubtier Beute schlägt, so behaupten die Vertreter dieser Theorie, ist diese nicht nur eine Nahrungs-, sondern zusätzlich eine Informationsquelle. Der Gepard würde also, wenn er die Gazelle frißt, sich auch deren komplexe Informationsstruktur einverleiben. Auf diese

Weise soll Information von einer Art auf die andere übertragen werden.

Mag diese Hypothese auch reichlich weit hergeholt sein, so ist sie doch in einer Hinsicht hochinteressant. Sie zeigt große Ähnlichkeit mit der Vorstellung vieler eingeborener Völker, derzufolge Nahrung den ganzen Menschen und nicht nur seine leibliche Hülle versorgt. Für die indianischen Jäger Nordamerikas war der Verzehr von Karibu und Büffel »gute Medizin«, und der ganze Mensch profitiert von ihrem Fleisch, denn es sollte nicht nur den Körper mit Energie versorgen. Nach dieser Auffassung speist die Nahrung den Menschen auf vielen Ebenen, so daß gewisse Lebensmittel, auch wenn sie sehr eiweißhaltig sind und nach den Erkenntnissen unserer Medizin entsprechend gesund, eben »schlechte Medizin« sind. Aus ähnlichen Gründen weissagt der chinesische Schamane aus den Knochen eines Schafes oder einer Ziege. Das Tier frißt nur reines Gras und trinkt nur reines Wasser, so sagt er, und deshalb ist das »Universelle« in seinen Knochen stark, so daß sie hören und sehen können.

Nehmen wir die Vorstellung von der Existenz des »Universellen« als Metapher und stellen uns die Frage, ob das Gewebe des Lebens, der Tanz von Raub- und Beutetier, ein großes Ballett stets wechselnder Information sein könnte? Und ist die Evolution die intelligente und fortwährende Entwicklung dieser Sinfonie aus Bedeutung und Sinn? Wenn man den individuellen Organismus tatsächlich als die Manifestation von Kohärenz und Information betrachten kann, müßte man folgerichtig das gesamte sich entfaltende Muster des Lebens auf der Erde ebenso sehen. Die Synchronizitäten sind dann nur ein weiterer Aspekt dieses umfassenderen Tanzes sinnvoller Muster.

Wenn wir die Information als wichtigsten Mitspieler einführen, sehen wir auch, wie sich die Unterscheidung zwischen belebter und unbelebter Natur aufzulösen beginnt. Uns wird klar, daß sich kein kohärentes System restlos auf seine wechselwirkenden Bestandteile reduzieren läßt, weil es immer auf einen kollektiven Tanz reagiert, einen Tanz, der die Authentizität dieser besonderen Seinsebene repräsentiert.

Bohms Kausalinterpretation

Das Konzept einer Aktivität, die in einer übergeordneten Form liegt, etwa in der Form der Wellenfunktion, und einer Information, die den Tanz des Lebens bestimmt, ist natürlich von weitreichender Bedeutung. Ähnliche Ideen einer »aktiven Information« sind von David Bohm in seiner Kausalinterpretation der Quantentheorie untersucht worden.[3]

Bohms quantentheoretischer Ansatz unterscheidet sich grundlegend von den anderen Interpretationen, die in diesem Buch vorgestellt wurden. Zunächst einmal lehnt Bohm die Doppelnatur des Elektrons als Welle und Teilchen sowie die Unbestimmtheit von Quantenereignissen ab. Nach Bohms Auffassung ist das Elektron ein materielles Teilchen und besitzt keinen wellenartigen Charakter.

Wie andere Teilchen ist das Elektron der Einwirkung der Naturkräfte ausgesetzt. Es kann von einer in seiner Nähe befindlichen elektrischen Ladung angezogen und abgestoßen oder durch ein magnetisches Feld dazu gebracht werden, aus seiner Bahn auszubrechen. Doch nach Bohms Hypothese ist das Elektron (oder jedes andere Quantteilchen) nicht nur dem Einfluß der konventionellen Naturkräfte unterworfen, sondern auch einem Feld von ganz anderer, quantenmechanischer Art. Bohm bezeichnet es als *Quantenpotential* und behauptet, es wirke auf grundlegend andere Weise als alle anderen Kräfte und Felder, die bislang in der Physik vorgeschlagen worden sind.

Die besonderen Eigenschaften des Quantenpotentials und der Reaktion des Elektrons auf dieses Potential seien letztlich für alle die neuen Merkmale der Quantentheorie verantwortlich.

Das Quantenpotential stelle, so Bohm, eine völlig neue Kraft in der Physik dar. Während sich seine Wirkung in menschlichen Größenordnungen normalerweise nicht zeige, bestimme das Quantenpotential das Geschehen in der subatomaren Welt und rufe eine Vielzahl merkwürdiger Effekte hervor. Bemerkenswerterweise hänge dabei die Wirkung des Quantenpotentials im Gegensatz zu anderen Kräften nicht von seiner Größe oder Intensität, sondern nur von seiner übergreifenden Form ab.

In unserer alltäglichen Welt gilt: je größer eine Kraft, desto stärker ihre Abstoßung oder Anziehung und desto ausgeprägter deshalb ihre Wirkung. Ein großer Magnet kann beispielsweise größere Stücke Eisen heben als ein kleinerer und schwächerer Magnet, und seine Wirkung ist in größerem Umkreis spürbar. Beim Quantenpotential dagegen entscheidet nicht die Größe, sondern die allgemeine Form. Selbst ein sehr schwaches Quantenpotential kann sich nachhaltig auf entfernte Quantenobjekte auswirken.

Die Wirkung des Quantenpotentials ist der Wirkung vergleichbar, die der Ruf »Feuer!« in einem überfüllten Theater auslöst. Dabei spielt es eine untergeordnete Rolle, ob die Nachricht laut gebrüllt oder nur dem Nachbarn zugeflüstert wird, das Ergebnis ist dasselbe: Jeder will, sobald ihn die Information erreicht hat, das Theater so schnell wie möglich verlassen. Entscheidend ist nicht die Lautstärke, sondern die Information (die Form) – in diesem Falle die Mitteilung, daß ein Feuer im Theater ausgebrochen ist. Entsprechend wirkt das Quantenpotential nicht, indem es ein Elektron anzieht oder abstößt, sondern indem es das Teilchen mit Information über seine Umwelt versorgt und dergestalt seine Bewegung steuert.

Wie ein Organismus aus dem ihn umgebenden Feld elektromagnetischer Information unterrichtet wird, so liefert das Quantenpotential Information über die Quanten-Umwelt. Das Elektron reagiert auf diese Information und modifiziert seine Bewegung entsprechend. Bohm hat das Quantenpotential mit dem Radarsignal verglichen, von dem ein großes Schiff bei seiner Annäherung an einen Hafen geleitet wird. Nicht die Energie des Radarsignals steuert das Schiff, sondern die Information, die das Signal enthält, veranlaßt das Schiff, gegebenenfalls die Richtung zu ändern, indem es der durch die sehr viel größere, aber formlose Energie seiner Maschine hervorgerufenen Bewegung eine bestimmte Form vorgibt. Die komplexe Information in einem sehr viel schwächeren (Radar-)Signal verleiht also einer sehr viel größeren Energie (der Maschine) eine Form.

Bohm und sein Kollege Basil Hiley haben ihre neue Kausalinterpretation, wie sie sie nennen, auf eine Vielzahl von Fällen angewandt, die normalerweise von der konventionellen Quantentheorie behandelt werden. In allen diesen Fällen lassen sich die beobachteten Experimentalergebnisse völlig befriedigend mit dem Quantenpotential erklären. Erinnern wir uns beispielsweise an das verwirrende Doppelspalt-Experiment. Der Umstand, daß ein einzelnes Elektron oder Photon in der Lage sein soll, mit sich selbst zu interferieren oder sich durch »zwei Spalte zugleich« zu bewegen, widerspricht der Logik unserer Alltagswelt. Nach der herkömmlichen Interpretation geht man von einer prinzipiellen Unbestimmtheit in der Bewegung eines Elektrons aus, die man sich durch eine Überlagerung von Bewegungen erklärt, in deren Verlauf das Photon oder Elektron durch verschiedene Spalte gelangt. In der Kausalinterpretation ist von einer solchen Mehrdeutigkeit oder Unbestimmtheit keine Rede mehr. Nach dieser Erklärung bewegt sich das Quantteilchen vielmehr deterministisch auf einer eindeutig festgelegten Bahn entlang, wobei die Einzelheiten dieser Bewegung vom Quantenpotential bestimmt werden.

Das Quantenpotential enthält Informationen über die gesamte Experimentalsituation, einschließlich der Position der beiden Spalte und der Frage, ob sie offen oder geschlossen sind. Auch wenn das Elektron noch weit von einem der Spalte entfernt ist, ist das Quantenpotential über die gesamte Experimentalsituation informiert. Zwar passiert das Elektron nur einen Spalt, wird aber von einem Informationsbestand geleitet, der auch alle wesentlichen Erkenntnisse über den zweiten Spalt einschließt.

Von diesem Punkt an läßt sich das Geschehen wieder auf der alten Karte des Zustandsraums darstellen. Wenn der Ort und der Impuls des Elektrons bekannt sind, läßt sich die Bahnkurve genau bestimmen. Doch jedes Elektron verläßt die Quelle mit einer leicht abweichenden Geschwindigkeit und schlägt deshalb eine etwas andere Bahn als sein Vorgänger ein. Bei einer hinreichend großen Zahl von Ereignissen entsteht dann das Bild der Welleninterferenz.

Abbildung 21 zeigt die verschiedenen Bahnen, die einem Elektron offenstehen, wenn ihm zwei Spalte zur Verfügung stehen. Das Elektron befindet sich in der Situation eines Autofahrers, der sich den verschiedenen Zufahrten eines Autobahnkreuzes nähert. Durch einen winzigen Ausschlag des Lenkrades kann das Fahrzeug auf eine andere Autobahn gelangen und in eine gänzlich andere Richtung fahren. Da jedes Elektron mit einer winzigen Geschwindigkeitsabweichung in den Experimentalbereich eintritt, läßt sich seine tatsächliche Bahn nicht vorhersagen – und das, obwohl sie absolut festgelegt ist. Am Ende des Experiments, nachdem viele verschiedene Elektronen auf die Spalte abgeschossen wurden, zeigt sich das vertraute Interferenzmuster. Doch nach Bohms Kausalinterpretation ist es zu keiner physikalischen Interferenz der Wellen gekommen. Jedes Elektron ist immer einer einzigen, festgelegten Bahn gefolgt, hat sich dabei aber nach einem komplizierten, übergeordneten Informationsbestand gerichtet.

Nach Bohms Kausalinterpretation ist die Bewegung des Elektrons nicht unbestimmt oder vieldeutig. Wenn sich das Elektron bewegt, so folgt es dabei einem genau festgelegten Weg und orientiert sich an der Gesamtinformation, die im Quantenpotential enthalten ist. Aus diesem Grunde spricht Bohm von »aktiver« Information. Üblicherweise stellen wir uns vor, daß Information passiv in einem Buch oder auf einer Computerdiskette gespeichert ist. Die Information im Quantenpotential dagegen beeinflußt fortwährend die Bewegung des Elektrons.

Obwohl Bohm die Darstellungsweise des Hilbert-Raums ablehnt und zum Zustandsraum mit seinen eindeutig festgelegten Bahnkurven zurückkehrt, gibt es eine unübersehbare Verbindung zwischen dem Konzept des Quantenpotentials und den neuen Ideen, die in diesem Buch dargelegt wurden. Bei Bohm dient die aktive Information dazu, das Elektron auf determinierter Bahn zu leiten. In gewisser Weise entspricht die Gesamtstruktur der aktiven Information der komplexen Strukturierung des Hilbert-Raums, weil diesem strukturierten Raum der Gedanke zugrunde liegt, daß sich Systeme spontan zu kollektiven Ganzheiten formieren und daß die Gestalt des Ganzen zur Koordinierung der verschiedenen Komponenten und Bewegungen dient. In beiden Fällen hat die Form des Ganzen beinahe die Funktion einer ordnenden Intelligenz und läßt sich nicht auf eine Ansammlung unabhängiger Teile zurückführen. Selbstverständlich schließt Bohms aktive Information die gesamte Umwelt eines Quantensystems ein. Aber auch das kann zu einem Merkmal des strukturierten Hilbert-Raums werden, weil das Quantensystem, wie wir im nächsten Abschnitt sehen werden, mit anderen Systemen in seiner Umgebung Verbindung aufnehmen kann.

Supraleiter, Supraflüssigkeit, Plasma, Schleimpilz und Kristall – dazu die kohärenten Schwingungen lebender Systeme – sie alle lassen sich als materielle (oder energetische) Manifestationen von Ganzheitlichkeit betrachten. Solche Systeme sind auf ähnliche Weise in sich geschlossen wie das gesunde, weil ganzheitliche System des menschlichen Organismus und seine seelischen und intellektuellen Funktionen. Deshalb scheinen die Strukturen und Aktivitäten von Materie, Leben und Intelligenz in vieler Hinsicht durchaus vergleichbar.

Kommunikation und Veränderung

Im vorigen Abschnitt haben wir gesehen, daß die Systeme der Natur in ein Meer von aktiver Information über ihre gesamte innere und äußere Umwelt eingetaucht sind. In einem strukturierten Hilbert-Raum läßt sich darstellen, wie diese Struktur aktiv auf eine im steten Wechsel befindliche Umwelt reagiert und mit ihr kommuniziert.

Wenn wir uns dieser Kommunikation zuwenden, so beschäftigen wir uns im Grunde genommen mit der Durchlässigkeit und Auflösung jener Grenzen, die ein System zur Bewahrung seiner Autonomie herstellt. Ein Mensch hat beispielsweise die alleinige Verfügungsgewalt über seinen Körper

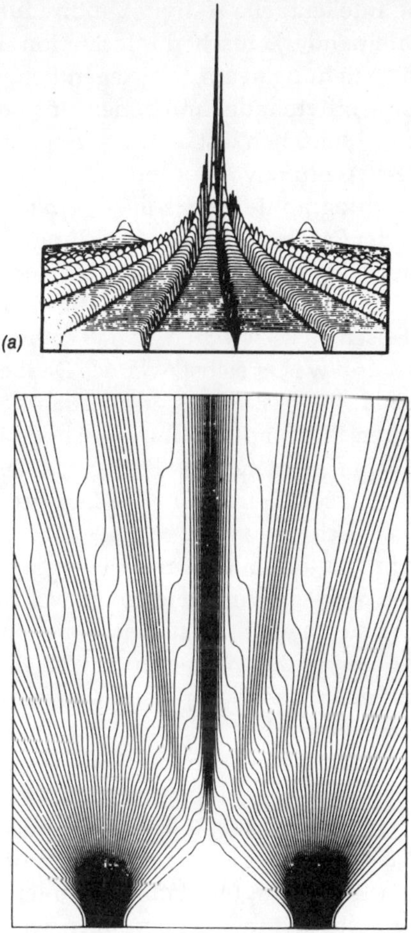

Abbildung 21. (a) Das Quantenpotential für zwei Spalte aus der Sicht eines sich nähernden Elektrons. (b) Die Bahnen, die einem Elektron offenstehen, nachdem es sich durch einen der beiden Spalte bewegt hat. Der tatsächlich verfolgte Weg hängt von winzigen Einzelheiten der Elektronenbewegungen ab, zu denen es beim Passieren der Spalte kommt. Geringfügigste Abweichungen des Ortes bewirken, daß das Elektron zu einem ganz anderen Teil des Schirms gelangt. Nachdem sich viele Elektronen durch die beiden Spalte bewegt haben, gleicht das Ergebnis dem der Quanteninterferenz.

und über seine intellektuelle Aktivität. Individuen aber kommunizieren miteinander, tauschen Information und Meinung aus und gehen Beziehungen ein, ja, gelegentlich verschmelzen sie ihre Horizonte miteinander und bilden eine neue Ganzheit. Die Liebe zweier Menschen löst alle Grenzen auf, beruht aber auf gegenseitiger Achtung vor der Individualität des anderen.

In seiner Autobiographie *Erinnerungen, Träume und Gedanken*[4] beschreibt der Psychoanalytiker C. G. Jung, wie er als Kind stundenlang auf seinem Lieblingsfelsen saß und in den Tag hineinträumte. Irgendwann begann sich die Grenze zwischen ihm und dem Felsen zu verwischen, so daß er nicht mehr sicher war, was Felsen und was er selbst, wer das Denkende und wer das Gedachte war. Jungs Erlebnis erinnert an den Traum des alten chinesischen Philosophen Chuang Chou (Tschuangtse), der, als er aufwachte, nicht mehr wußte, ob er ein Schmetterling war, der träumte, er sei Chuang Chou, oder Chuang Chou, der träumte, er sei ein Schmetterling.

Wenn wir die Autonomie aller Ebenen und Strukturen begreifen wollen, müssen wir verstehen, in welcher Beziehung und Verbindung sie zueinander stehen. Sobald man über den Begriff der Kommunikation nachzudenken beginnt, wird einem klar, daß er in den Naturwissenschaften, der Technik und der Linguistik eine sehr spezielle Bedeutung angenommen hat. Unsere Vorstellung von Kommunikation ist sehr stark von der Informationstheorie beeinflußt, die in der Fernmeldetechnik und Informatik eine große Rolle spielt. Ende der dreißiger Jahre begann sich ein Doktorand am MIT, der sich mit Schaltkreis-Elementen beschäftigte, dafür zu interessieren, wie Daten in Telegraphenleitungen übertragen werden und wie einige von ihnen durch zufälliges elektronisches Rauschen beeinträchtigt werden. Das Ergebnis dieser Studie war Claude Shannons bahnbrechende Schrift »The mathematical theory of communication«. Diese Arbeit begründete eine neue wissenschaftliche Disziplin, in der Dinge wie Informationsgehalt, die Rate, mit der sich Information übertragen läßt, Zufallsrauschen und Enthropiekonzept eine Rolle spielten. (Dieses Konzept wurde zuerst in der Thermodynamik entwickelt, in der man die

Beziehung zwischen Wärme und Arbeit untersucht; es liefert ein Maß für die Ordnung und Unordnung, die ein System aufweist.) Die Informations- oder Kommunikationstheorie führte zu wichtigen Ergebnissen, und ihre Erkenntnisse fanden weit außerhalb der ursprünglichen Disziplinen Anwendung, etwa in der Entwicklung von Computern und KI-Systemen, Datenübertragungsnetzen, in der linguistischen Sprachforschung und bei der Untersuchung von Organisationen, Gesellschaften und ökologischen Systemen.

Aber selbstverständlich läßt sich mit den Begriffen der Informationstheorie nicht wirklich erfassen, was es bedeutet, mit jemandem zu kommunizieren und sich mit ihm zu verständigen. Die Schwäche der Theorie liegt darin, daß sie nur betrachtet, wie Information passiv zwischen einem Sender und einem Empfänger ausgetauscht wird. Danach erzeugt der Sender eine Nachricht, verschlüsselt sie und läßt sie dann dem Empfänger zukommen, der sie entschlüsselt und die Information aus ihr herauszieht. Kommunikation wird als Austausch oder Interaktion in einem Kommunikationskanal verstanden.

Ähnliche Vorstellungen findet man in einigen Linguistiktheorien, in denen die Kommunikation als Fracht dargestellt wird, die ein Zug zwischen zwei Städten hin und her befördert. Die Sprache ist der Zug und die Information die Fracht. Doch damit wird uns ein extrem passives Bild von dem Vorgang vermittelt, der sich bei der Kommunikation zwischen zwei Menschen ereignet. Zunächst einmal wird scharf zwischen der Natur der Nachricht und der des Senders oder Empfängers unterschieden. Auch die beiden Menschen, die kommunizieren, werden streng isoliert voneinander gesehen. Sie tauschen lediglich Güter in Form von Sprache und Gesten aus, die sie anschließend entschlüsseln.

Der französische Linguist G. Fauconnier hat mit seinen »mentalen Räumen« einen Beitrag zu einer realistischeren Kommunikationstheorie geleistet.[5] Wer sich unterhält, so meint Fauconnier, betätigt sich kreativ und ist damit an einem Prozeß beteiligt, den man nicht einfach als die Übertragung von Nachrichten beschreiben kann. Bei diesem kreativen Akt sind alle Beteiligten bestrebt, »mentale Räume« zu schaffen, die in Einklang miteinander stehen.

Auch wenn Sie Ihrem Gesprächspartner gerade nur zuhören, greifen Sie ständig auf die Erfahrung früherer Gespräche und Kontexte zurück. Einige Aussagen in einem solchen Gespräch gehen unter, doch andere sind bedeutungsvoll und erhalten einen über das eigentlich Gesagte weit hinausgehenden Sinn. Auf diese Weise schaffen Sie allmählich einen »mentalen Raum«, der enthält, wovon der andere spricht, einen Raum, der reich mit Bedeutungen und Assoziationen ausgestattet ist. Ein Teil dieses Raumes wird von dem eingenommen, was Sie gerade hören, ein großer Teil aber auch von dem, was Sie bereits wissen, was Sie in Ihrem Leben erfahren haben, wie Sie Begriffe mit Ihren ganz eigenen Interpretationen besetzen, aber auch von dem, was Sie über die Persönlichkeit Ihres Gegenübers wissen etc. Je vielschichtiger die Struktur dieses mentalen Raumes wird, desto besser können Sie verstehen und einordnen, was im Augenblick gesagt wird. So kann beispielsweise, was zunächst unwichtig erschien, sich später als bedeutsam erweisen.

Beide Gesprächspartner sind also fortwährend damit beschäftigt, ihre mentalen Räume zu erweitern und neu auszustatten. Die Räume befinden sich miteinander in Einklang und entwickeln immer kompliziertere Strukturen. Der »Informationsgehalt« des Gespräches läßt sich jetzt nicht mehr objektiv bestimmen, weil der Wert der Information in erheblichem Maße subjektiver Natur ist und sich von Augenblick zu Augenblick verändert. Er hängt von dem ständig modifizierten Kontext der mentalen Räume ab. Was für mich hochinteressante Information ist, kann für Sie von geringem Wert sein.

Das tanzende Hirn

Wir können diesen Denkansatz noch etwas vertiefen, indem wir die Gehirne, Körper und Nervensysteme der beiden Gesprächspartner einbeziehen. Der amerikanische Neurobiologe Eric Kandel, dessen Lebenswerk es war, die Synapsen der Meeresschnecke zu erforschen, hat eine faszinierende These vorgebracht. Die Feinstruktur unseres Gehirns und die Reaktionsfähigkeit der empfindlichen Nervenverbindungen sind seiner Meinung nach nicht festgelegt, sondern verändern sich unter dem Einfluß von Lernprozessen. Mit anderen Worten, wenn wir mit neuen Kontexten konfrontiert werden, kann unser Gehirn mit einer strukturellen Veränderung darauf reagieren. Bedeutung und Sinn können also ganz konkret die Struktur des menschlichen Gehirns modifizieren.

Aus Kandels Überlegungen folgt, daß sich in einem Gespräch ständig neue Bedeutungen entwickeln, daß sie modifiziert werden und einander beeinflussen. Gleichzeitig würden sich die Mikrostrukturen der beiden beteiligten Gehirne verändern. Ich denke, wenn es zwischen zwei Menschen eine sehr hohe Übereinstimmung gibt, dann müßten sich Teile dieser Mikrostrukturen in ihren Gehirnen sehr ähnlich werden. Hier werden also in einem bestimmten Bereich sogar die physischen Grenzen zwischen zwei Menschen verwischt, Innenwelt und Außenwelt verschmelzen, und eine neue Ganzheitlichkeit entsteht.

Bei der vielfältigen und intensiven Interaktion von Körper, Geist und Seele ist es nicht ausgeschlossen, daß der Austausch von Kommunikation auch physische Veränderungen hervorbringt. Ein holistischer Zusammenhang ist also auch auf physischer Ebene denkbar, wenn ein Individuum mit seiner Umgebung kommuniziert. Wenn wir einen solchen Einklang akzeptieren, kommen wir beinahe zwangsläufig zu einer neuen Sichtweise der Natur: Wir bemerken ihre Synchronizitäten, und es fällt schwer, weiterhin der These der Evolutionsbiologen zu folgen, nach der Entwicklungen in der Natur weder sinn- noch zielbestimmt sind. In einem früheren Abschnitt haben wir die Möglichkeit erörtert, daß eine Art Dialog zwischen der DNA und ihrer Umgebung stattfinden könnte. Im Rahmen eines solchen Dialogs könnte sich eine molekulare Transformation als angemessene Reaktion auf eine allgemeine Veränderung der Bedeutung in der Umgebung erweisen.

Doch es gibt auch Situationen gestörter Harmonie, in denen sich die Aktivität eines Systems nicht mit seiner Umgebung verträgt. Beispielsweise können Konflikt und Trennung, die ein Mensch erlebt, zu winzigen Störungen im Gehirn führen. Wie die Mikrostrukturen des Gehirns auf das stets sich wandelnde Bedeutungsfeld reagieren können, in das sie eingebettet sind, so wird auch das Gehirn eines Menschen, dessen Sinnebenen es an Zusammenhang und Ordnung mangelt, nach und nach seine Sensitivität einbüßen. Wenn der harmonische Kommunikationsaustausch zwischen Seele und Körper aus dem Gleichgewicht gerät, können physische Funktionsstörungen und damit Krankheit und Leid die Folge sein. Das Ergebnis sind eine verstümmelte Reaktion auf das Leben und Verhaltensweisen, die bizarr sein können, aber auch zerstörerisch und gewalttätig.

Signale und Identität

Einer der wichtigsten Widersprüche zwischen der Quantentheorie und Einsteins Relativitätstheorie ist die Frage, ob einem Signal eine aktive oder passive Rolle zugewiesen wird. Das Licht spielt in Einsteins Theorie eine Schlüsselrolle, weil nur die Eigenschaften des Lichtes invariant sind, das heißt von keiner Bewegungsform verändert werden können, während die Beschaffenheit anderer Signale davon abhängt, wie schnell sich ein externer Beobachter bewegt. Das Licht nimmt in Einsteins Theorie auch deshalb eine Sonderstellung ein, weil es sich mit der höchsten Geschwindigkeit bewegt, die im Universum möglich ist. Ganz gleich, wie rasch ein Beobachter vorankommt, das Licht scheint sein Tempo stets unverändert beizubehalten. Aus diesem Grunde benutzt Einstein das Licht – und die anderen Frequenzen elektromagnetischer Strahlung –, um zu erklären, wie Information zwischen sich bewegenden Körpern übertragen wird und wie die Raumzeit zu definieren ist. Nun kann ein Signal aber nur Bedeutung haben, wenn seine Nachricht eindeutig ist. Das Signal muß also klar von dem

Körper zu unterscheiden sein, der es hervorruft. In der Quantentheorie ist jedoch die Unterscheidung zwischen einem Signal und den Quantteilchen, die es verbindet, alles andere als eindeutig. Werden zwei Quantensysteme durch einen Lichtstrahl verbunden, so muß zumindest ein unteilbares Quant (ein Photon) beteiligt sein. Deshalb läßt sich keine klare und rasche Unterscheidung zwischen zwei Quantkörpern und dem Signal selbst treffen. Sie bilden in der Tat ein einziges, unteilbares Ganzes.

Während Kommunikations- und Relativitätstheorie die Kommunikation als einen Vorgang darstellen, in dessen Verlauf sich ein separates Signal passiv zwischen zwei autonomen Objekten bewegt, unterstreicht die Quantentheorie den ganzheitlichen Charakter der Kommunikation. In der konventionellen Quantentheorie stehen Mehrdeutigkeiten und Überlagerungen im Vordergrund, während die prinzipielle Autonomie der Strukturen selbst nicht anerkannt wird. Wir brauchen deshalb eine neue Generalisierung, einen Ansatz, der die Ganzheitlichkeit der Kommunikation berücksichtigt, während er gleichzeitig die Kohärenz kollektiver Systeme anerkennt.

Dazu müssen wir über die Darstellungsweise im strukturierten Hilbert-Raum hinausgehen, die in den vorigen Kapiteln entwickelt wurde. Dort wurde ein Quantensystem als Überlagerung von Vektoren beschrieben, die jedoch auf einen einzelnen, festgelegten Unterraum eines sehr viel größeren Hilbert-Raums beschränkt sind. Auf diese Weise konnten wir bereits erklären, wie zum Beispiel ein Kristall seiner anfänglichen Quanten-Mehrdeutigkeit entwachsen und eine eindeutig festgelegte Struktur annehmen kann. Wir konnten auch erklären, warum Supraleiter, Supraflüssigkeiten, Plasmen und andere makroskopische Strukturen oder Energieschwingungen eindeutige, stabile Formen besitzen und keine mehrdeutigen Überlagerungen, wie sie aus dem Schrödingerschen Katzenparadoxon abzuleiten wären.

Quanten-Kommunikation

Wir müssen jetzt untersuchen, wie solche Systeme miteinander kommunizieren und wie ein System eine Transformation oder Veränderung in einem anderen hervorrufen kann. Oben haben wir gesehen, daß man sich ein strukturiertes Quantensystem am Beispiel eines Menschen verdeutlichen kann, der sich in einem entlegenen Zimmer eines Flurs in einem bestimmten Flügel eines Bürogebäudes aufhält. Während die großräumige Struktur (das Bürohaus, in dem er sich aufhält) eindeutig bestimmt ist, bleibt die mikroskopische Struktur mehrdeutig (eine Überlagerung von Vektoren innerhalb des Unterraums). In diesem Bürogebäude – oder Hilbert-Unterraum – wird das Quantensystem durch eine mehrdeutige Vektorenüberlagerung dargestellt. Doch das System kann den Unterraum nicht verlassen, weil in den angrenzenden Unterräumen keine Vektoren zur Verfügung stehen, die mit dem ursprünglichen Vektor kombiniert werden könnten. Dank dieses neuen Ansatzes konnten wir Paradoxa wie das der Schrödingerschen Katze lösen, weil sich jetzt die großräumigen Aspekte eines kooperativen Systems eindeutig definieren lassen. Doch während wir so einerseits dem Problem der Quanten-Unbestimmtheit entkommen, laufen wir andererseits Gefahr, Opfer einer neuen Quanten-Rigidität zu werden, denn unser Vektor – oder unsere Vektoren-Überlagerung – ist für immer in dem betreffenden Unterraum gefangen, und globale Veränderungen sind unmöglich, es sei denn, man unterzieht die Quantentheorie einer grundsätzlichen Veränderung. Damit scheint es, als wären unsere gesamten Aussagen zur Kommunikation hinfällig, denn wie soll ein System, das sich jeder Veränderung entzieht, mit der Welt ringsum kommunizieren?

Jedes Quantensystem ist stets innerhalb eines bestimmten Kontextes definiert, weil es sich in einer gegebenen Umwelt befindet. Diese Umwelt kann höchst unterschiedlich sein – etwa das Labor eines Physikers oder der Organismus eines Menschen –, doch in allen Fällen muß die Beschreibung des Quantensystems als Vektorenüberlagerung innerhalb eines gegebenen Hilbert-Unterraums stets im Hinblick auf den besonderen Kontext der Umgebung erfolgen. Vorausgesetzt, die Umwelt fluktuiert nicht wesentlich, ist der Beschreibungskontext festgelegt. Auch wenn Quantenfluktuationen *innerhalb* des Hilbert-Unterraums stattfinden können, wird sich die übergreifende Form des Systems nicht verändern (das System bleibt immer in seinem Unterraum).

Doch nehmen wir an, die engere Umgebung wird einer grundlegenden Restrukturierung unterzogen. Der gesamte Kontext, innerhalb dessen das Quantensystem definiert wurde, verändert sich. Beispielsweise könnte eine Fluktuation in der Umwelt zu einem Energieaustausch mit dem Quantensystem führen. Da diese Wechselwirkung prinzipiell unteilbar ist, bilden Quantensystem und Umwelt eine unauflösliche Einheit. Deshalb verliert die Darstellung des Quantensystems als unabhängige Einheit in einem strukturierten Hilbert-Raum für den Zeitraum der Wechselwirkung ihre Gültigkeit.

Stellen wir uns vor, ein magnetisches Feld, das einen Supraleiter umgibt, würde plötzlich eingeschaltet, oder ein Enzym würde sich einem biologischen Molekül in einer Zelle nähern. Die daraus resultierende Wechselwirkung bedeutet, daß *Umwelt und Quantensystem* eine neue Ganzheit bilden, in der der ursprüngliche, strukturierte Hilbert-Raum in einem sehr viel größeren *erweiterten* Hilbert-Raum aufgeht, der Beiträge (viele neue Vektoren) aus der engeren Umgebung einschließt.

Hier zeigt sich bereits der Zusammenhang mit dem Kommunikationskonzept. Oben haben wir die Entwicklung der Struktur in einem Quantensystem mit der Entstehung eines Salzkristalls aus einer Lösung verglichen. Behalten wir die Analogie noch für einen Moment bei: Wenn die engere Umwelt stark modifiziert wird, hat das Ergebnis Ähnlichkeit mit der Auflösung des Kristalls in der Lösung.

Entsprechend löst sich der ursprüngliche, strukturierte Hilbert-Raum in einem sehr viel umfassenderen Hilbert-Raum auf – einem erweiterten Hilbert-Raum, der die gesamte Umwelt einschließt. Nun also kann das System, das ursprünglich durch eine bestimmte Vektorenkombination dargestellt wurde, in völlig verschiedene Vektorenkombinationen eintreten; ihm stehen jetzt gänzlich neue Vektoren zur Verfügung, mit denen es sich mischen kann. Unser System kann immer neue Kombinationen eingehen und auf diese Weise in eine völlig andere Region des Hilbert-Raums springen.

Wenn die Umwelt wieder zur Ruhe kommt und das Quantensystem die externe Wechselwirkung einstellt, dann bildet sich auch wieder die ursprüngliche Struktur des Hilbert-Raums heraus, so wie sich das Salzkristall aus der ursprünglichen Lösung kristallisiert und wieder die alte Grundstruktur aufweist.

Das System kann sich aber auch dank dieser Vorgänge in einen neuen Unterraum bewegt haben. Auf diese Weise kann eine Veränderung in der engeren Umgebung zu einer entsprechenden Veränderung in der Gesamtstruktur des Quantensystems führen. Beispielsweise können Prozesse in der Umgebung die Form eines Makromoleküls modifizieren oder kohärente Schwingungen neuer Art hervorrufen.

Denken wir uns beispielsweise zwei Makromoleküle A und B, die sich in einer bestimmten Zelle befinden, sich einander nähern und in Kommunikation miteinander treten. Isoliert hat jedes Molekül eine genau festgelegte Struktur. So hat es etwa eine eindeutige Form, eine bestimmte Anordnung seiner Elemente entlang der Hauptachse und kollektive Energieschwingungen, die sich über seine ganze Länge erstrecken. Wenn die Moleküle sehr weit voneinander entfernt sind, entsteht keine Wechselwirkung, und jedes weist seine eigenen charakteristischen Eigenschaften auf. Doch sobald Molekül A Anstalten macht, sich Molekül B zu nähern, rufen seine inneren kollektiven Schwingungen eine Wechselwirkung hervor, deren Einfluß sich auf größere Entfernung bemerkbar machen kann. Die kohärenten Schwingungen in Molekül A wirken sich also auf die unmittelbare Umgebung von Molekül B aus. Wenn die beiden Moleküle wechselwirken, lassen sich auch ihre beiden Wellenfunktionen nicht mehr gesondert betrachten.

Unter dem Einfluß der Energieschwingungen von A beginnt sich der ursprüngliche, strukturierte Hilbert-Raum, der B zugeordnet war, in einem sehr viel umfassenderen und vielfältigeren Hilbert-Raum aufzulösen. Auf einer Ebene bedeutet Quantenkommunikation also die Auflösung von Horizonten, so daß der Horizont eines Moleküls in den des anderen eindringen kann. Auf diese Weise erhält B Informationen über die kollektiven Fluktuationen von A. Dadurch wird eine Veränderung in B hervorgerufen, etwa indem neue kohärente Energieimpulse in diesem Molekül erregt werden. Diese neuen Schwingungen werden ihrerseits in einiger Entfernung – in der Umgebung von A – zu spüren sein. Daraufhin löst A sich in einem neuen, erweiterten Hilbert-Raum auf und entwickelt dabei neue Strukturen und neue Erregungszustände.

Einerseits gelangen Informationen über Struktur und kohärente Schwingungen zwischen den beiden Molekülen hin und her, wodurch neue kollektive Schwingungen ausgelöst werden. Andererseits bedeutet Kommunikation auch eine Auflösung der Formen, in deren Verlauf die beiden Systeme ständig einem Prozeß von Auflösung und erneuter Kristallisation unterworfen sind. Man kann das Quantensystem auch als Einheit beschreiben, die sich in fortwährender Kommunikation mit ihrer Umgebung befindet. Das System reagiert nicht nur auf eintreffende Informationen, sondern kann auch dank seiner kohärenten Schwingungen gewissermaßen ausgreifen und die Umwelt berühren. Die weitreichenden Effekte der kohärenten Schwingungen könnte man mit den Ultraschallsignalen vergleichen, die von Fledermäusen gesendet werden, um sich ein Bild von ihrer Umgebung zu machen. Auf gleiche Weise verschaffen sich diese biologischen Quantensysteme durch ihre Kommunikationsakte Zugriff auf die Umwelt.

Quanten-Kommunikation ist eine Metapher für die verschiedenen komplexen Informationsprozesse, die sich auf der individuellen und sozialen Ebene ereignen. Natürlich verwenden alle diese Systeme Mechanismen, die weit komplizierter sind als der passive Austausch von Datenfrachten. Solche Systeme begegnen ihrer Umwelt mit sensibler und bewußter Aufmerksamkeit – ein Gedanke, auf den wir im Schlußkapitel noch zurückkommen werden.

Aktive Kommunikation ist ein wesentliches Merkmal allen Lebens. Sie gibt Molekülen die Möglichkeit, ihre wechselseitigen Energiemuster zu »erkennen« und miteinander zu kommunizieren. Die Enzymerkennung beispielsweise ist von entscheidender Bedeutung für lebende Zellen. Die ständige Sammlung und der Austausch von Information, sowohl innerhalb einer Zelle als auch zwischen ihr und der Umwelt, tragen zur Regulierung und Koordinierung der Funktionen eines lebenden Systems bei.

Leben ist die physische Manifestation dieses kreativen Flusses von kohärenter Information. Solche Information ist aktiv in dem Sinne, wie David Bohm diesen Begriff definiert, denn sie schließt lebende Systeme zu einem kohärenten Ganzen zusammen und sorgt für den Fortbestand ihrer gesunden Funktionen. Wenn Information ihre aktive Rolle verliert und wenn sie ihre Kohärenz einbüßt, gerät der Organismus in einen Zustand des Zerfalls und verwandelt sich in eine bloße Ansammlung unbelebter Teilelemente. Die Erhaltung eines kreativen Flusses von Sinn und Bedeutung ist äußerst wichtig, nicht nur innerhalb des menschlichen Körpers, sondern auch für die gesamte Gesellschaft. Kreativität muß nicht auf die belebte Welt beschränkt sein, denn sie durchdringt die *gesamte* natürliche Welt. Im nächsten Kapitel wollen wir uns mit dieser Kreativität der Schöpfung und der Grundlage allen Seins beschäftigen.

Sechstes Kapitel

Herzschlag der Schöpfung

Seit zweihundert Jahren beschreibt die Physik jede Form der Veränderung als eine komplexe Restrukturierung oder Entfaltung dessen, was bereits existiert. Nach dem heutigen Stand ihrer Erkenntnis ist jedes Ereignis im Universum implizit in dem enthalten, was bereits vorhanden war, und ist restlos festgelegt durch das, was ihm vorangegangen ist. Die Gegenwart ist stets aus den Schatten der Vergangenheit gewirkt, und in der Gegenwart ist alles enthalten, was in der Zukunft geschehen wird. Die Wissenschaft hat einen Terminus für solche determinierten Veränderungen: Sie nennt sie *unitäre Transformationen* und meint damit, daß nichts in die Welt kommen kann, was dem Existierenden nicht bereits innewohnt. Diese Annahme soll in dem vorliegenden Kapitel in Frage gestellt werden.

Das Konzept der Unitarität, oder eines unveränderlichen und vorhersagbaren Universums, ist in der Physik tief verwurzelt. Wenn man im Zustandsraum einen einzelnen Punkt zu irgendeiner Zeit seiner Vergangenheit kennt, so kann man die gesamte Zukunft eines Teilchensystems vorhersagen. Wie Laplace sagte, könnten wir anhand der genauen Zustandsraum-Koordinaten des Universums im Augenblick seiner Schöpfung alles vorhersagen, was jemals geschehen wird.

Dieses Bild ändert sich nicht wesentlich, wenn wir uns der konventionellen Quantentheorie zuwenden. Ein Quantensystem wird durch eine Vektorenkombination im Hilbert-Raum dargestellt, und die Schrödingergleichung sagt uns, wie sich diese Mischung im Laufe der Zeit verändert. Das Ganze läuft auf einen Restrukturierungsprozeß oder unitäre Transformationen hinaus.

Eine unitäre Transformation ist wie ein Kaleidoskop, das zahllose Muster erzeugt, indem es ein paar Bruchstücke aus farbigem Papier vor einem Prisma oder einem Spiegel bewegt. Lange Zeit hindurch wiederholen sich die Muster nicht, doch die Vielzahl dieser fließenden Muster geht auf die Permutationen einiger einfacher Elemente zurück – einiger Stücke bunten Papiers. Eine unitäre Transformation, das ist, als würde man vorsichtig ein Ei in einen Kuchenteig rühren, allerdings mit dem wichtigen Unterschied, daß sich dieser Prozeß umkehren läßt, indem man einfach den Löffel in die entgegengesetzte Richtung bewegt.

In der Quantentheorie mischen sich, wenn die Zeit sich von der Vergangenheit zur Zukunft bewegt, einige Quantenzustände in andere wie das Ei in den Kuchenteig. Wenn man den Zeitfluß umkehren könnte, würden sich diese Zustände wieder entmischen, bis sie genau an ihren Ausgangspunkt zurückgekehrt wären. In gewissem Sinne ist »alles Veränderung«, doch im Rahmen der Veränderung geschieht nichts Unerwartetes, weil jede Veränderung in einem unitären Universum bereits vollkommen in allem früheren Geschehen enthalten war.

Zeit in einem unitären Universum

Zeit in einem unitären Universum ist ihrer Natur nach statisch. Das läßt sich zeigen, indem man die Art und Weise, wie die Zeit in der Physik Anwendung findet, mit dem Läuten einer Anordnung von Glocken vergleicht. In vielen englischen Dörfern gibt es Leute, die sich regelmäßig treffen, um die Glocken im Turm ihrer Kirche zu läuten. Nehmen wir an, der Glockenturm beherbergt zwischen fünf und zwölf Glocken, die alle einen unterschiedlichen Ton anschlagen. In einer sogenannten »Glockenrunde« werden die Glocken in einer bestimmten Reihenfolge geläutet. Am Ende dieser Runde wird eine einzelne Permutation vorgenommen, indem man die Reihenfolge zweier Glocken austauscht und das Prozedere dann von vorn beginnt. Bei der nächsten »Veränderung« wird eine weitere Permutation vorgenommen. Durch das Läuten aller möglichen Permutationen wird ein sogenanntes »Glockenspiel« *(peal of bells)* erreicht. Bei fünf Glocken müßten die Glockenspieler 120 verschiedene Permutationen absolvieren, bevor sie erneut das ursprüngliche Muster erreicht hätten. Doch bei zwölf Glocken umfaßt ein Glockenspiel bereits die erstaunliche Zahl von 479 001 600 Veränderungen!

Wenn man mit einer bestimmten Sequenz begänne, ließen sich zwölf Glocken Stunde um Stunde, Tag um Tag, Woche um Woche läuten, ohne daß man je auf das Ausgangsmuster der Töne zurückkäme. Für den Zuhörer würde sich der Klang der Glocken stets verändern, doch obwohl ständig neue Lautmuster zu hören wären, so wäre doch jede neue musikalische Tonfolge bereits implizit in der Glockenrunde enthalten, die zuvor geläutet wurde. Glockenläuten ist ein rein unitärer Prozeß, weil die Tonfolge, die man in einigen Wochen läuten wird, sich gänzlich aus den Permutationen vorhersagen läßt, die man heute lautet. Tatsächlich ließe sich der gesamte Prozeß auch in umgekehrter Reihenfolge in Gang setzen – es würde keinen Unterschied machen.

Alle Prozesse in einem unitären Universum sind wie dieses Glockenspiel. Alle Ereignisse laufen mit eherner Gesetzmäßigkeit ab, eines ergibt sich aus dem anderen, alle verändern sich fortwährend, doch alle sind sie unabänderlich vorherbestimmt. Die Zeit erweist sich in der Physik als bloßer Ordnungsparameter, ein Maß, an dem man ablesen kann, wie weit der »Prozeß« bislang gediehen ist. Die unitäre Zeit hat weit größere Ähnlichkeit mit einem mechanischen und statischen Gebilde als mit einem lebendig fließenden Strom. Diese Betrachtung der Zeit hat eine gewisse Ähnlichkeit mit der Art, wie ein Glöckner das Verstreichen der Zeit erleben würde. In seinen Glockenturm eingesperrt, keine Uhr zur Hand und vollauf mit der anstrengenden Arbeit des Läutens beschäftigt, würde er das Verstreichen der Zeit daran messen, wie weit er in der Sequenz der möglichen Permutationen gekommen ist. Die Zeit im Glockenturm würde an den Permutationen oder Transformationen gemessen, die gegenüber der Ursprungssequenz erfolgt wären.

Selbstverständlich bekäme aber auch der einsame Glöckner irgendwann Hunger, und eine Vielzahl innerer »Uhren« würden ihre eigene »Zeit« angeben. Diese inneren Uhren sind ebenfalls Zeitmaße, denn sie registrieren die Stoffwechseltransformationen im Körper.

Entsprechend erschaffen auch kooperative Quantensysteme durch ihre kollektiven Schwingungen eine eigene, innere Zeit. Wir messen die Zeit, indem wir elektronisch die Zahl der Schwingungen im Quarzkristall unserer Armbanduhr ermitteln. In ähnlicher Weise beruht die »Systemzeit« eines Quantensystems (sie heißt tatsächlich Quanten-Systemzeit) auf der Zahl kollektiver Schwingungen oder innerer Globaltransformationen. Die Zeit ist in allen diesen Fällen ein Maß der unitären Transformationen und Entfaltungsprozesse.

Dennoch bleibt die Frage: Kann das Konzept der Zeit als das Maß unitärer Transformationen trotz dieser Analogien wirklich das dynamische Wesen der Zeit erfassen, wie wir es in unserem Leben erfahren? Läßt sich die Zeit tatsächlich auf einen so einfachen Parameter reduzieren? Oder ist sie nicht vielmehr ein weit komplexerer Erfahrungsgegenstand? Dehnt sich die Zeit grenzenlos aus? Tritt der Mystiker wirklich in einen zeitlosen Augenblick ein? Können wir Erlebnisse haben, die die Gesetze der Zeit aufzuheben scheinen? Läßt sich die Innenwelt der Zeit tatsächlich als unitärer, mathematischer Parameter erfassen?

Relativistische Zeit

Noch deutlicher wird die rigide Natur der Zeit in der Relativitätstheorie. Einstein und der Mathematiker Hermann Minkowski hatten gezeigt, daß man die Zeit zu den drei Dimensionen des Raums hinzunehmen muß, um die vierdimensionale Raumzeit zu erhalten. Bis dahin hatte man Ereignisse im Raum dargestellt – oder bestenfalls im Zustandsraum, in dem man mit

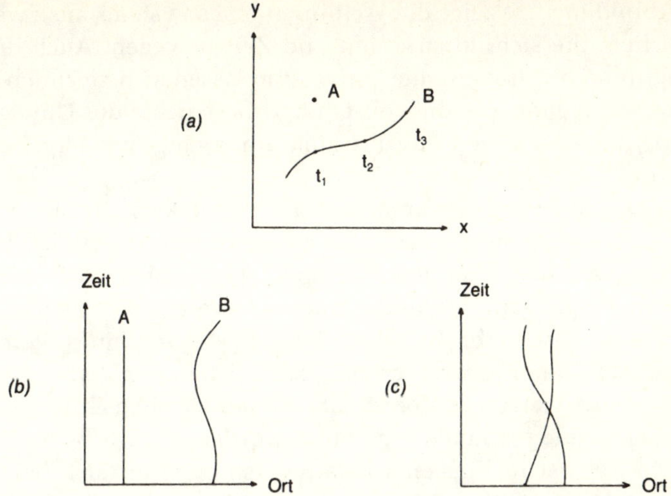

Abbildung 22. (a) Der Stein A befindet sich in Ruhe. Der in Bewegung befindliche Stein B nimmt unterschiedliche Raumpositionen zu den Zeitpunkten t_1, t_2, t_3 ein. (b) Eine Raumzeit-Version des vorstehenden Diagramms, in dem die beiden Steine A und B durch Weltlinien dargestellt sind. (c) Die Weltlinien zweier sich überschneidender Körper.

der Zeit als externem Parameter mißt, wie weit ein Punkt auf seiner Bahn gelangt ist. Doch in der Relativitätstheorie tritt die Zeit gleichberechtigt neben die anderen Dimensionen des Raumes, und es bleibt nichts, um einen Punkt entlang seiner Bahn zu »bewegen«.

In der konventionellen Physik wird ein stationärer Stein durch einen Punkt A im Raum dargestellt. In der Relativitätstheorie nimmt der Stein jedoch einen Ort sowohl im Raum als auch in der Zeit ein (Abbildung 22 a). Auch wenn er im Raum stationär ist, bewegt er sich also durch die Zeit und muß deshalb in der Relativitätstheorie durch eine *Weltlinie* in der Raumzeit dargestellt werden. A ist die Weltlinie eines Steins im Ruhezustand. B ist die Weltlinie eines in Bewegung befindlichen Steins – dargestellt in Abbildung 22b. Bemerkenswert ist, daß B in Raum und Zeit unterschiedliche Punkte einnimmt.

Abbildung 22c zeigt die Weltlinien eines Systems aus zwei Teilchen, die sich durch Raum und Zeit bewegen. Auch die Weltlinien für das gesamte Universum lassen sich zeichnen – eine Darstellung, die die vollständige Geschichte des Universums, von der Schöpfung bis zum Untergang, wiedergeben würde.

Doch alle diese Diagramme haben eine merkwürdige Eigenschaft, insofern sie alle lediglich Netze von Linien sind. Nirgendwo auf diesen Linien ist ein »Jetzt« verzeichnet. Es gibt keine »Vergangenheit« und keine »Zukunft«. Nichts in der Raumzeit beschreibt die tatsächliche Bewegung eines Steins durch den Raum oder auch das Verstreichen der Zeit selbst, weil die Zeit jetzt eine Koordinate auf der gleichen Grundlage wie jede andere Raumkoordinate geworden ist.

Die Zeit ist in Einsteins Relativitätstheorie erstarrt. Seine Raumzeit-Darstellung ist nicht dynamisch, enthält kein Hervorbringungsprinzip, nichts, was den Zeitfluß von der Vergangenheit zur Gegenwart deutlich machen könnte. Tatsächlich war dieses statische Zeitverständnis in der Physik seit Jahrhunderten implizit vorhanden, nur daß es in Einsteins Theorie in seiner ganzen Rigidität zutage tritt. Aufgrund der Tatsache, daß wir Zeit stets *fließend* erfahren, sprengt der physikalische Zeitbegriff unser Vorstellungsvermögen.

Zeitpfeil

Die unitäre Zeit enthält noch ein weiteres Dilemma. Die mathematische Struktur unitärer Gesetze sorgt dafür, daß sie stets in der Zeit reversibel sind. Mit anderen Worten, die Transformation der Vergangenheit in die Gegenwart kann genausogut in entgegengesetzter Richtung verlaufen. Dem physikalischen Konzept des Zeitpfeils wohnt also eine prinzipielle Mehrdeutigkeit inne.

Nehmen wir als Beispiel die Gleichungen, die die Beschaffenheit des Lichtes beschreiben: die Maxwell-Gleichungen, die über zwei Lösungssysteme verfügen. Wenn wir eine Glühlampe einschalten, so sagt uns eine dieser Lösungen, das Licht beginne seinen Weg in dem Moment an der Glühlampe, da der Strom eingeschaltet wird, breite sich von dort aus und erreiche die Wände des Zimmers einen winzigen Sekundenbruchteil später. Doch die andere, ebenso gültige Lösung besagt, das Licht sei bereits einen winzigen Sekundenbruchteil, *bevor* der Strom eingeschaltet wird, an den Zimmerwänden. Dieses Licht kollabiert nach innen und erreicht den Glühdraht der Lampe in genau dem Augenblick, da der Schalter betätigt wird. Das zweite Lösungssystem verhält sich zum ersten wie ein rückwärts ablaufender Film zu einem, der normal vorwärts abgespult wird.

Was für Maxwells Gleichungen gilt, trifft ebenso auf andere fundamentale Gesetze der Physik zu, weil sich im Kontext eines bestimmten Gesetzes nicht entscheiden läßt, welche Zeitrichtung (von der Vergangenheit zur Zukunft oder von der Zukunft zur Vergangenheit) richtig ist. Die Zeit ist in der Physik stets reversibel, und deshalb sind Physiker gezwungen, von der zusätzlichen *Annahme* auszugehen, daß die Zeit von der Vergangenheit zur Zukunft fortschreitet. Mit Hilfe dieser Annahme unterscheiden sie »reale« Lösungen von sogenannten »unphysikalischen«

Aber auf welcher Grundlage wird diese Annahme gemacht? Liefert die Theorie irgendeinen Anhaltspunkt, um eine Zeitrichtung der anderen vorzuziehen? In unserem Alltag erweist sich das Konzept des Zeitpfeils sicherlich als sehr real. Doch hat dieser Pfeil in der Physik irgendeine reale Existenz? Ist er vielleicht einfach Folge einer Konvention oder ein psychologischer Trick unseres Bewußtseins? Physiker haben versucht, die Mehrdeutigkeit der Zeitrichtung beispielsweise dadurch auszuschalten, daß sie vorschlugen, die Entstehung des Universums im Urknall und seine anschließende Expansion hätten die Zeitrichtung festgelegt. Andere haben den Beginn eines eindeutigen Zeitflusses auf die Quantenebene verlegt. Doch befriedigend läßt sich diese Frage in den Grenzen eines unitären Universums nicht beantworten; dazu müssen wir in eine neue, nicht-unitäre Welt aufbrechen.

Ein nicht-unitäres Universum

Seit zwei Jahrhunderten geht die Physik davon aus, daß jede Veränderung, die innerhalb des Universums stattfindet, als das Ergebnis eines unitären Prozesses verstanden werden kann. Doch was wäre, wenn unitäre Prozesse nur Sonderfälle sehr viel allgemeinerer Vorgänge wären? Wenn die fundamentalsten Transformationen im Universum im wesentlichen *nicht-unitärer* Natur wären?

Sobald wir die Welt unitärer Transformationen verlassen, stellen wir fest, daß Prozesse gänzlich neuer Art möglich werden – Prozesse, die beispielsweise Elemente hervorbringen, welche in den vorhergehenden Geschehnissen keineswegs implizit enthalten waren. Nicht-unitäre Transformationen erlauben, daß sich im Universum völlig Neues zeigt, und führen zu der Annahme, daß die Zukunft in der Gegenwart nicht restlos enthalten ist. Nicht-unitäre Transformationen bedeuten, daß sich aus der Kenntnis der gesamten Geschichte eines Systems sein nächster Augenblick nicht mit hinreichender und absoluter Genauigkeit ableiten läßt. Nicht-unitäre Prozesse lassen dem Universum eine gewisse Freiheit und schränken die deterministische Unterordnung ein.

Da die Wissenschaft uns dazu erzogen hat, im Rahmen unitärer Transformationen und eines begrenzten Zeitbegriffs zu denken, fällt es uns schwer, die Welt auf nicht-unitäre Weise zu betrachten. Eine Analogie kann uns dabei helfen. Kehren wir noch einmal zu den Glöcknern zurück und nehmen wir an, sie müßten ständig die Möglichkeit einkalkulieren, daß im Glokkenturm eine neue Glocke angebracht wird. Wenn das geschieht, wird die Beschaffenheit der Permutationen grundsätzlich und diskontinuierlich verändert. Sobald die zusätzliche Glocke in die Glockenrunden einbezogen wird, entstehen Muster, die zuvor nicht möglich waren.

Eine weitere Glocke in der Runde bedeutet auch eine absolute Trennung in der Zeit. Bis zu diesem Punkt war die Gegenwart stets implizit in der Vergangenheit enthalten und manifestierte sich durch eine Reihe unitärer Transformationen (die

Permutationen der Glocken). Doch mit dem Erscheinen einer neuen Glocke im Turm ist die Zukunft von der Vergangenheit absolut geschieden. Keine unitäre Transformation, keine Permutation des ursprünglichen Glockensatzes hätte je diese neue Tonfolge hervorbringen können. Während es in einem unitären Glockenturm möglich ist, die Zeitrichtung einfach umzukehren, indem man die Runden in entgegengesetzter Reihenfolge läutet, gibt es in einem nicht-unitären Glockenturm einen absoluten Zeitpfeil – eine klare Trennung zwischen Vergangenheit und Zukunft.

Das Universum läßt sich also mit einem Glockenturm vergleichen, dem ständig neue Glocken hinzugefügt werden. Wir haben es mit einem Universum zu tun, in dem sich die Zeit nur von der Vergangenheit zur Zukunft bewegt und in dem sich der nächste Augenblick niemals vollständig vorhersagen läßt, selbst wenn wir die Vergangenheit vollständig kennen.

Nicht-unitäre Quantentheorie

Wie andere fundamentale Theorien der Physik wird die Quantentheorie stets als unitäres System behandelt. Beispielsweise werden in den von Schrödinger und Heisenberg entwickelten Gleichungen unitäre Transformationen verwendet, um Quantenzustände in der Zeit zu verändern. Doch mit den neuen Konzepten der strukturierten Hilbert-Räume können wir uns jetzt direkt mit der Hypothese nicht-unitärer Quantenprozesse auseinandersetzen.

Im letzten Kapitel habe ich die Auffassung vertreten, Quantensysteme würden ihre Strukturen kooperativ entwickeln, was sich in einem entsprechend vielfältig strukturierten Hilbert-Raum ausdrücke. Während *innerhalb* des Hilbert-Unterraums weiterhin individuelle Quantenfluktuationen und Unbestimmtheiten zugelassen sind, bleibt die kollektive Struktur eines Quantensystems stabil und eindeutig festgelegt. Zwar können Makromoleküle, Supraleiter und andere makroskopische Quantensysteme ihre Globalstrukturen durch einen der

Kommunikation analogen Prozeß verändern, doch sind spontane Sprünge von einem Hilbert-Unterraum in einen anderen unter keinen Umständen möglich. Es gibt nämlich in der Mathematik ein grundlegendes Axiom, welches besagt, daß kein unitärer Prozeß je in der Lage ist, ein Quantensystem aus einem Unterraum in einen anderen zu bewegen. Doch sobald wir uns klarmachen, daß unitäre Prozesse nur Sonderfälle allgemeinerer, nicht-unitärer Transformationen sind, können Quantensysteme spontanen Evolutions- und Modifikationsvorgängen unterworfen sein.

Im vorigen Kapitel haben wir gesehen, daß die weitreichenden Wechselwirkungen eines Systems den Hilbert-Raum eines anderen beeinflussen können. Wenn ein Quantensystem mit einem anderen System in Kommunikation tritt, löst sich sein strukturierter Hilbert-Raum in einem erweiterten Hilbert-Raum auf. Im Grunde genommen wird die Kommunikation zur Vereinigung, da jedes System sich in der Umwelt auflöst, die das andere zur Verfügung stellt. Daraufhin kristallisieren sich die Systeme wieder heraus, allerdings mit Modifikationen ihrer ursprünglichen Globalstruktur.

Doch wir wollen uns jetzt einer nicht-unitären Welt zuwenden, die darüber noch hinausgeht, weil in einer nicht-unitären Transformation ein Quantensystem sich in einer Welt neuer Perspektiven und Möglichkeiten auflöst. Mit jeder nicht-unitären Transformation löst sich der Hilbert-Raum auf und bildet sich erneut. Und mit jeder Transformation werden grundlegende Veränderungen, Entwicklungen und Modifikationen möglich. Durch eine nicht-unitäre Transformation findet ein Quantensystem beispielsweise Zugang zu völlig neuen Vektoren, die es in diesem Hilbert-Raum bislang nicht gegeben hat. Durch eine nicht-unitäre Transformation öffnet sich ein Quantensystem für grundsätzlich neue Entwicklungen

Die Quantenmechanik ist nur eine physikalische Theorie unter anderen, und ich habe in diesem Buch die Auffassung vertreten, keine Theorie könne je Anspruch darauf erheben, endgültig zu sein und eine vollständige Beschreibung irgendeiner Ebene der Natur zu geben. Deshalb reicht es nicht aus, nicht-unitäre Konzepte nur auf die Quantentheorie anzuwenden. Das Konzept der Unitarität geht nämlich weit über jede einzelne physikalische Theorie hinaus, weil es eine völlig neue Art ist, das Universum zu betrachten, und eine völlig neue Art, das Werden und das Sein in der Zeit zu erfahren. Sobald wir im Universum Nicht-Unitarität zulassen, geht uns die eindeutige und rasche Unterscheidung zwischen belebter und unbelebter Natur, zwischen Materie und Geist verloren, weil die Gesamtheit des Daseins nicht mehr eindeutig und festgelegt ist, sondern einen pulsierenden, sprunghaften Charakter annimmt.

Eine nicht-unitäre Transformation führt uns aus der Gegenwart in eine Zukunft, die sich nicht mehr in deterministischer Weise aus Elementen entfaltet, die bereits vorhanden waren, sondern in eine offene und unbekannte Zukunft. Es ist zwar sehr gut möglich, daß die Zukunft Reminiszenzen und Erinnerungen an die Gegenwart enthält und daß sich bestimmte Tendenzen aus der Vergangenheit in der Zukunft fortsetzen. Dennoch ist diese Zukunft vollkommen frei und unbegrenzt. Nie ist sie absolut bestimmt durch die Vergangenheit; stets bleibt in ihr Raum für das Neue und Unerwartete.

Die nicht-unitäre Transformation selbst können wir uns als einen Vorgang vorstellen, der die Auflösungen aller Formen und Strukturen bedeutet. Wie der strukturierte Hilbert-Raum eines Quantensystems, der sich mit einem anderen vereinigt, sich in etwas auflöst, das über ihn selbst hinausreicht, so hören auch in einer nicht-unitären Transformation die Prozesse, Formen und Strukturen der Welt auf, zu sein. Innerhalb dieser Transformation gelangt das Universum auf eine Ebene, die man als Urgrund nicht begrenzter Schöpfungskraft bezeichnen könnte. Wenn sich dann die Gegenwart wieder abzuzeichnen beginnt – die Gegenwart, die in der Zukunft liegt –, kristallisieren sich die Welt und alle ihre Formen und Strukturen erneut heraus.

Die nicht-unitäre Welt ähnelt in der Tat einem Kristall. Ihre Existenz entwickelt sich aus einer Matrix von Möglichkeiten. Doch im Gegensatz zu einem einzelnen Salz- oder Quarzkristall befindet sich das Universum in einem ständigen Prozeß von Kristallisation und Auflösung. Jeden Augenblick stirbt der Fels, der Baum, das Atom, der Stern und der menschliche Geist, um dann neu zu entstehen.

Das Universum ist gewissermaßen ewig neu.

Sinn und Bedeutung der Nicht-Unitarität sind so grundlegend, daß sie sich gegenwärtig nur anhand von Metaphern und Bildern beschreiben lassen. So könnte man das fortwährende Werden und Vergehen des nicht-unitären Universums mit einem schlagenden Herzen oder dem ewigen Kreislauf von Geburt und Tod vergleichen. Das Sinnbild von Geburt und Tod läßt sich ebenso auf ein Molekül oder einen Stein anwenden wie auf einen einzelnen Gedanken oder das menschliche Leben. Die Grenzziehung zwischen belebter und unbelebter Natur beginnt zu verwischen, weil alles in einen Kreislauf ständiger Wiedergeburt hineingezogen wird. Auf dieser Ebene bedeutet Synchronizität das Auftreten immer neuer Formen, Muster und Zusammenhänge, an denen Interaktion zwischen Geist und Materie, Körper und Seele deutlich wird.

Der Kreislauf von Auflösung und Kristallisation, der alles, was in einer nicht-unitären Welt existiert, charakterisiert, wirft allerdings auch eine Frage auf: Wenn sich das Universum jeden Augenblick auflöst, wohin verschwindet es dann? Was liegt zwischen den Herzschlägen der Natur? Die Frage läßt sich nicht logisch beantworten. Alles, was wir über Form, Struktur und Ordnung sagen können, gehört zur Welt der manifesten Realität, der Welt der kristallisierten Form. Gegenwärtig verfügt die Wissenschaft noch nicht über eine Sprache, die das veränderte Weltbild definieren könnte. Das Intervall, das durch eine nicht-unitäre Transformation überbrückt wird, liegt außerhalb aller Bereiche, die die Wissenschaft sich heute zuordnet.

Tatsächlich ist auch der Ausdruck »Urgrund nicht begrenzter Schöpfungskraft« irreführend. Der Begriff des Urgrundes ruft eine Fülle von Bildern und Vergleichen hervor, die zur Welt der bekannten und strukturierten Erscheinungen gehört. Da das Wort *Urgrund* ein Nomen ist, vermittelt es die Vorstellung von irgendeiner Existenz oder einem Sein in der Zeit. Auch die Formulierung »nicht begrenzte Schöpfungskraft« ist nicht besser, weil sie an Aktivität denken läßt und die Vorstellung von Veränderungen und Transformationen hervorruft, die in der Welt der Zeit angesiedelt sind. Was jenseits des manifesten Augenblicks in der Zeit liegt, scheint eher in den Bereich der Mystik als in den der Physik oder Philosophie zu gehören.

Um ein Beispiel zu geben: Stellen wir uns einen Gegenstand vor, der von einem Zauberspiegel reflektiert wird, und nehmen wir an, die Welt der Spiegelung sei so real wie die des Originalgegenstandes. Der Spiegel löst eine Transformation aus, die einen Gegenstand aus einer Welt in eine andere befördert, doch der Spiegel selbst gehört keiner der beiden Welten an. Er ist die aktive Membran, die sich zwischen beiden Welten befindet und sie verbindet. Der Spiegel nimmt aktiv an beiden Welten teil, gehört aber keiner der beiden Welten an.

Dieses alte Bild des Spekulums oder Spiegels, eines Gerätes, das zwei Welten verbindet und keiner angehört, spielte eine wichtige Rolle im Denken des Physikers Wolfgang Pauli. Das Spekulum ist seiner Ansicht nach sehr aufschlußreich, wenn es gilt, die innere Natur der Realität zu erkennen. Entsprechend kann im Falle eines nicht-unitären Universums das, was zwischen jedem Augenblick der Existenz liegt – das Spekulum oder der Spiegel –, niemals in der Welt des Wissens und der Erfahrung beschrieben oder enthalten sein.

Der atmende Geist

Nicht-unitäre Transformationen brechen mit einem Denkmuster, das auf Newton, Galilei und Descartes zurückgeht, einer Denkweise, die von der Physik ausgehend viele andere Wissenschaften beeinflußt hat. Nicht-unitäre Transformationen sind in der Wissenschaft ein neuer und bislang unerforschter Aspekt. Beispielsweise können sie zu völlig neuen Erkenntnissen in der Quantentheorie führen, denn wir haben bereits gesehen, daß sich ein strukturierter Hilbert-Raum unter dem Einfluß einer Reihe nicht-unitärer Transformationen ständig auflöst und wieder kristallisiert.

Der gesamte Ansatz entspringt uralter geistiger Tradition. Die Welterklärungs-Lehren vieler Völker machen deutlich, daß die materielle Welt flüchtiger Natur ist und daß alle Existenz pulsierenden oder zyklischen Charakter hat. Doch das Bild vom Herzschlag, von Objekten, die durch eine Reihe von Impulsen in die Existenz ein- und aus ihr heraustreten, läßt auch an den Begriff einer nicht-unitären Transformation im strukturierten Hilbert-Raum denken. Bei jedem Herzschlag der Transformation löst sich der Hilbert-Raum in einem tieferen Grund auf, um sich anschließend erneut zu bilden und zu kristallisieren. Dieses Bild verbindet die antike Philosophie mit einem modernen Gedanken der Physik.

Alt ist auch die Metapher vom Atmen. Der Atem beseelt den Körper und gibt ihm Leben. Überall auf der Welt wurden Techniken entwickelt, die dem Menschen bewußt machen, wie der Atem in seinen Körper Eingang findet und wie er ihn verläßt, wodurch der Mensch in unmittelbaren Kontakt zum beseelenden Prinzip des Atems kommt. In diesen traditionellen Techniken ist das Atmen nicht einfach ein physischer Vorgang; es ist ein Rhythmus, der den gesamten Organismus durchdringt und ihn mit den Rhythmen des Kosmos verbindet. Mit dem Atem findet der Geist Eingang in die Materie. Der Atem, der der Materie Seele einhaucht, ist ein weit verbreitetes Bild für den Schöpfer des Lebens und des Universums.

In den alten Philosophien wird die Materie also durch den Atem beseelt. Das läßt sich auch für die hier dargelegte Auffassung übernehmen – wenn wir den Atem als Metapher für nicht-unitäre Prozesse verstehen. Doch dieser Atem muß auch ausgestoßen werden; es findet also ein Entzug des Lebensprinzips statt. Entsprechend ist das nicht-unitäre Universum jeden

Augenblick dem ständigen Kreislauf von Geburt und Tod unterworfen. Es kann kein Werden geben ohne ein entsprechendes Ende des Seins. Und, wie ich im folgenden Abschnitt darlegen werde, es muß auch ein Prinzip der Beständigkeit in dem Zyklus von Geburt und Tod geben.

Zeit und Augenblick

Angesichts eines geheimnisvollen Universums, das einem ständigen Prozeß des Werdens und Vergehens unterworfen ist, stellt sich die Frage: Was geschieht in dem magischen Augenblick, da das Universum aufhört zu sein? Ein solcher Augenblick liegt völlig außerhalb der Zeit. Diese hat, wie wir gesehen haben, stets fließenden Charakter – das Ticken einer Uhr, die Schwingung eines Quarzkristalls in einer Armbanduhr, die Zyklen von Tag und Nacht, die Abfolge der Jahreszeiten. In der Physik ist die Zeit eine Voraussetzung für die Anzahl der unitären Transformationen, die stattgefunden haben, und für den Grad, in dem sich irgendwelche implizit enthaltenen Elemente im Zuge eines Prozesses entfaltet haben.

Aber selbstverständlich handelt es sich nicht um einen dieser Prozesse, wenn sich die Struktur des Universums auflöst und mit dem in Berührung kommt, was ich mangels eines besseren Ausdrucks (und mit großem Vorbehalt) seinen *schöpferischen Ursprung* nennen möchte. An diesem Punkt endet die Zeit. In einer nicht-unitären Transformation gibt es keinen Augenblick und keine Zeit, weil die Zeit nur Bedeutung in den Prozessen der manifesten, unitären Welt hat; der Nicht-Zustand der Auflösung liegt außerhalb der Zeit.

Eine nicht-unitäre Transformation bedeutet also für das Universum, daß es die Zeit verläßt und keinerlei Existenz mehr im Reich des Bekannten und Gewußten hat. Nach dieser Transformation kristallisiert sich die Welt erneut heraus und tritt abermals in das Reich der Zeit ein. Wie die Mystiker früherer Zeit sehr genau wußten, liegt die materielle Existenz in der Zeit, ihre Wurzeln aber sind anderswo zu suchen.

Man kann sich eine nicht-unitäre Transformation vielleicht auch als Prozeß vorstellen, in dessen Verlauf die Gegenwart in die Zukunft bewegt wird. Richtiger wäre die Feststellung, daß diese Transformation ein ewiges, aber stets wechselndes Jetzt hervorbringt. Wir existieren in der Gegenwart, und diese Gegenwart löst sich ständig auf, um sich erneut zu bilden. Die Zeit ist kein Fluß mehr, sondern ein lebhaft sprudelndes Wasser von ewiger Frische. Das Dasein besteht aus lauter Trittsteinen der Zeit. Jede Insel heißt »Gegenwart« und liegt in einem Meer jenseits aller Zeit und Struktur.

Ein nicht-unitäres Universum verlangt ein vollkommen neues Zeitverständnis, eines, das in einem tieferen Zusammenhang mit unserer unmittelbaren Erfahrung steht, denn wir reisen in unserem Leben nicht durch die Zeit, sondern halten uns in einem ewigen, aber stets wechselnden Jetzt auf. Unsere Erfahrung ist immer unmittelbar und direkt. Beispielsweise haben wir nie das Gefühl, wir müßten uns anstrengen, um uns durch die Zeit zu bewegen, so wie wir Mühe aufwenden müssen, um Ortsveränderungen im Raum vorzunehmen. Ganz gleich, was wir in der Gegenwart tun, das Morgen wird stets kommen, nicht früher und nicht später.

Die Existenz gehört zu dem Intervall zwischen den Transformationen, da die Transformation selbst uns aus der Zeit hinausführt. Es gibt kein zeitliches Intervall, keine zeitliche Lücke zwischen einem »Jetzt« und dem nächsten. Die zeitlichen Augenblicke sind wie die Steine eines alten Gebäudes, die so eng gefügt sind, daß zwischen ihnen kein Raum mehr bleibt. Nichts ist zwischen einem zeitlichen Augenblick und dem nächsten, denn alles, was existiert, befindet sich im Bereich der Zeit, und nicht-unitäre Prozesse führen uns aus diesem Bereich hinaus. Das Pulsieren des Universums umfaßt also Augenblicke, die einerseits unendlich dicht gefügt, andererseits durch keine unitäre Transformation zu überbrücken sind.

Die Zeit jenseits aller Dimension

Üblicherweise wird die Zeit in der Physik wie eine Raumdimension behandelt. Die Zeit ist die zusätzliche Dimension, die erforderlich ist, um die vierdimensionale Raumzeit der Einsteinschen Relativitätstheorie zu vervollständigen. Doch wir haben bereits gesehen, daß die Zeit in einem nicht-unitären Universum erheblich vielfältiger sein muß.

Zunächst einmal gibt es jetzt eine absolute Unterscheidung zwischen Vergangenheit und Zukunft. Unitäre Transformationen lassen sich stets umkehren und sind deshalb nicht in der Lage, einen Zeitpfeil festzulegen. Dagegen liegt es im Wesen nicht-unitärer Transformationen, daß sie sich nicht umkehren lassen. Stets führen sie die bekannte Vergangenheit in die offene Zukunft. Um mit Thomas Wolfe zu sprechen: »Es führt kein Weg zurück.« Die Vergangenheit läßt sich nicht zurückholen. Sie ist von der Zukunft prinzipiell unterschiedlich. Und die Zeit hat nur noch eine Richtung.

Wenn wir uns von den Annahmen befreien, die den Zeitbegriff der Physik einschränken, entdecken wir etwas, das unserer Erfahrung viel näher steht. Epiphanien zeigen uns beispielsweise auf unmittelbare Weise, wie eine transzendente Wahrnehmung alle Strukturen und Formen überwinden und in einen zeitlosen Augenblick eintreten kann. Synchronizitäten lassen Muster erkennen, die von den Einschränkungen der Zeit, des Raumes und der Kausalität befreit sind. In den intensivsten Augenblicken unseres Lebens sind wir nicht von der linearen, dimensionalen, mechanischen Zeit der Physik eingeengt, sondern besitzen die Freiheit, in größere Seinszusammenhänge einzutreten.

Die Zeit und abermals die Zeit

In der neuen Version der Quantentheorie, die wir hier betrachten, sprengt die nicht-unitäre Zeit die Grenzen eines einzelnen Parameters, einer einzelnen Dimension. Sie scheint zwei Rollen in der nicht-unitären Version der Quantentheorie zu spielen. Einerseits fungiert sie als konventionelles Zeitmaß, das noch immer reversibel und relativ mechanisch ist. Diese Zeit ist mitverantwortlich für die Art, wie sich Quantenzustände *innerhalb* eines Hilbert-Unterraums mischen. Sie liefert ein Maß für das Stadium, das unitäre Prozesse in dem System erreicht haben. Diese Zeit erscheint in der Schrödinger-Gleichung als Parameter t und wird üblicherweise mit der »Zeit« selbst gleichgesetzt.

Vor Einführung der Quantentheorie brachte in der Physik die reversible, mathematische Zeit zum Ausdruck, wie weit ein Teilchen auf seiner Bahn im Zustandsraum vorangekommen war, und in der Relativitätstheorie wird die Zeit einfach zu einer weiteren Koordinatenachse im Gitter der Raumzeit. Doch in unserer Neuformulierung der Quantentheorie tritt ein neuer Aspekt der Zeit in Erscheinung, der mit den nicht-unitären Transformationen zusammenhängt. Während unitäre Zeit ein Maß für die Mischung von Zuständen ist, geht es in der nicht-unitären Zeit um die Auflösung und erneute Kristallisation der Hilbert-Raumstruktur. Sie ist ein Spiegel, der das Jetzt einfängt und es in eine freie und offene Zukunft reflektiert. Dieser Aspekt der Zeit wurde oben mit dem Herzschlag des Universums oder dem Ticken einer kosmischen Uhr verglichen. Um die Quantentheorie richtig zu verstehen, müssen wir uns der Zeit aus zwei Richtungen nähern oder uns auf zwei der vielen Aspekte der Zeit konzentrieren. Damit soll nicht gesagt sein, daß die Zeit selbst zersplittert ist, sondern nur, daß unsere Formulierungen und unsere Argumentation zwei bestimmte Seiten ihrer komplexen Natur abstrahieren.

Die Idee der Zeit und der Zeitlosigkeit steht für eines der wirklich großen Geheimnisse der Natur. Selbst unsere Erörterung ist lediglich ein neuer Kratzer an der Oberfläche des Phänomens Zeit. Doch zumindest hat sie deutlich gemacht, daß das Reich der Zeit weit über das Konzept der Dimensionalität und über Einsteins simple Raumzeit hinausreicht. Wir müssen deshalb mehr als zwei Jahrhunderte zurückgehen und uns noch einmal mit dem Versuch des Philosophen Descartes beschäftigen, alle Erfahrung zu quantifizieren. Es ist nämlich nur ein kleiner Schritt von den kartesischen Koordinaten zu dem Konzept der Zeit als regelmäßigem mathematischem Ordnungsfaktor oder als Parameter in einer mathematischen Gleichung. Als man die Zeit auf diese Weise einschränkte, verarmte die Karte des Universums, und eine unserer vielschichtigsten Erfahrungen mit der Natur – die Zeit – verlor an Wert. Erst jetzt, dank des neuen, nicht-unitären Ansatzes ist es möglich, dem im Wesen der Zeit verborgenen Rätsel wieder die ihm gebührende Bedeutung zukommen zu lassen.

Das Universum als Kunstwerk

Nicht-unitäre Transformationen können die Karten der Wissenschaft mit neuem Leben erfüllen, indem sie mehr menschliche Erfahrung einbeziehen. Die Karte des Zustandsraumes, absolut determiniert und von kompromißloser Objektivität, hat Synchronizitäten und Epiphanien ausgespart. Und indem sie dem Leben seine Geheimnisse und seine Besonderheit nahm, hob sie es auf die gleiche Ebene komplizierter Maschinen, während das einstige Empfinden von der Gemeinsamkeit mit der natürlichen Welt verlorenging. Da eine nicht-unitäre Transformation an nichts gebunden ist, was die Vergangenheit vorgibt, stellt sich eine wichtige Frage: Warum existiert überhaupt irgend etwas? Warum ist nicht nichts? Warum gibt es Formen und Strukturen, Welten und Gedanken, Erinnerungen und Erfahrungen, statt nur ein amorphes, eigenschaftsloses, pulsierendes Jetzt? Schließlich wird jeder Augenblick aufs neue durch eine nicht-unitäre Transformation hervorgebracht, die sich jeder Festlegung durch die Vergangenheit entzieht. Wie kommt also die Kontinuität ins Universum, und warum bleibt irgend etwas von einem Augenblick zum nächsten sich selbst gleich?

Gegenwärtig ist die Naturwissenschaft bemüht, die Materie anhand immer fundamentalerer Gesetze zu erklären, die sich auf immer kleinere Abstände beziehen. Darüber geht die nicht-unitäre Wissenschaft weit hinaus, weil für sie jede Ebene in sich abgeschlossen ist und teilhat an dem gleichen schöpferischen Urgrund. So ähnelt das Universum mehr einem Kunstwerk, einem Gemälde, einer Sinfonie oder einem kosmischen Tanz als einer komplexen Riesenmaschine. Und die Metapher vom Kunstwerk kann uns auch begreiflich machen, warum es Ordnung in diesem pulsierenden Lebensquell der Schöpfung geben kann.[1]

Wenn Sie eine Sinfonie hören, entfaltet sich vor Ihnen eine neue Welt: Sie wächst und entwickelt sich, wird von zunehmend detaillierten Strukturen bevölkert, geht thematische Umwege, baut Spannungen auf und löst sie wieder auf. Die Sinfonie ist ein Wechselspiel von Themen und Rhythmen, Gefühlen, Empfindungen und logischen Strukturen. Einerseits ist die Sinfonie frei und kreativ. Auf der anderen Seite ist sie aber auch strenger Disziplin und Ordnung unterworfen. In jeder Bewegung beeinflussen sich Themen und Rhythmen gegenseitig, und die Bewegungen selbst nehmen aufeinander Bezug und spiegeln sich wider. Eine Sinfonie ist zugleich vielfältig strukturiert und stets neu. Wären die musikalischen Gesetze, denen sie folgt, zu eng, wäre der musikalische Verlauf also vorhersagbar, würde sie uns langweilen und kalt lassen. Wäre sie andererseits völlig beliebig, und stände sie jedem musikalischen Einfall offen, wäre sie gleichermaßen uninteressant und könnte in uns nichts anrühren. Die Sinfonie lebt also von der Spannung zwischen Freiheit und Einschränkung und wirkt wie alle großen Kunstwerke auf den Zuhörer, weil sie seine Empfindungen, Gedanken, Gefühle und Wahrnehmungen zu einer Gesamtheit zusammenschließt.

Doch diese Ordnungen und Strukturen werden dem Kunstwerk nicht willkürlich von außen aufgezwungen, sondern ergeben sich organisch und vollkommen natürlich aus der Musik selbst – genauer, aus dem Gesamtzusammenhang der musikalischen Sprache. Das gleiche gilt für die Malerei und den Tanz. In allen Fällen entwickelt sich die Ordnung organisch und schließt das Werk zu einer Einheit zusammen. Die Ordnung ist niemals absolut, weil sie immer von dem größeren

Kontext des Werkes abhängt. Wenn dieser Kontext sich verändert, werden auch die Ordnungen, Gesetze und Strukturen modifiziert.

Die Ordnung eines Kunstwerks erwächst also aus dem Schöpfungsprozeß und sorgt durch Rückkopplung dafür, daß das vollendete Werk seinen einheitlichen und geschlossenen Charakter behält. Jeden Augenblick gibt es ein Wechselspiel zwischen der Ordnung eines Musikstückes und seiner Entfaltung im Bewußtsein des Hörers. Stellen wir uns nun eine Sinfonie ohne Ende vor, eine Sinfonie des Universums, eine Sinfonie, die immer neu ist und deren vereinheitlichende Formen und Strukturen niemals absolut gesetzt sind. Ein solches Phänomen käme dem Wesen eines nicht-unitären Universums sehr nahe.

Formbeständigkeit

Wie sich ein Kunstwerk aus den eigenen Formen entwickelt, so weisen auch die Strukturen des Universums eine Wiederholung von Themen und Mustern auf. Zur Dualität von Geburt und Tod kommt nun noch die Tendenz zu Formbeständigkeit und das Beharrungsvermögen der Materie hinzu. Im schöpferischen Augenblick jeder nicht-unitären Transformation besteht die Möglichkeit, daß bestimmte Formen wiedergeboren werden und in sich selbst zurückkehren. Insofern ist die Unitarität ein begrenzter Sonderfall der Nicht-Unitarität. Gleichzeitig ist sie jener Faktor, der für die Regelmäßigkeit innerhalb des Universums verantwortlich ist. Das Elektron wird ständig wiedergeboren, doch in dem Geburtsakt gibt es eine Tendenz zur Regeneration seiner Form. Wenn ein Indianer zu einem Felsen spricht, übersieht er mehr oder weniger bewußt die Trägheit des Gesteins und wendet sich an die Natur selbst, die eben auch dies scheinbar leblose Stück Stein ganz autonom verkörpert. Im Stein spricht er alle Ebenen des Daseins an. Einerseits repräsentieren Fels und Elektron Stabilität, sind sie die gleichbleibende, konkrete Manifestation der gewohnten Materie.

Andererseits tritt mit jeder Schwingung des Universums etwas Neues und Einzigartiges zutage, das sich in seiner Form jedoch stets gleichbleibt. Der Fels und das Elektron – niemals dieselben, doch immer sich selbst treu in ihrer Form.

Naturgesetze

Die Existenz von Unitarität und Formbeständigkeit im schöpferischen Spiel des Universums ergibt den tieferen Sinn, der sich hinter den physikalischen Gesetzen verbirgt. Er macht das Wesen der großen Entdeckung Newtons aus, weil Formbeständigkeit sich nicht einfach auf die Stabilität einer physikalischen Struktur bezieht. Sie kann auch die Art betreffen, wie ein Objekt in der Welt ist, etwa wie es sich durch den Raum bewegt. Im ersten Newtonschen Gesetz heißt es, ein System, das von allen äußeren Einwirkungen völlig isoliert sei, verharre in dem, was es tue. Der Fels bleibt nicht nur seiner Form als Fels treu, sondern bewahrt auch seine Bewegung. Er setzt seine Bewegung in die gleiche Richtung und mit exakt der gleichen Geschwindigkeit fort. Das erste Newtonsche Gesetz ist ein Gesetz der Beständigkeit oder Unitarität inmitten der Veränderung. Es lehrt uns, daß das Sein im Prozeß ständiger Geburt sich selbst treu bleibt. Newton bezeichnet die Fortdauer der Bewegung als *Trägheit*, und nun sehen wir, daß Trägheit eine Form der Beständigkeit ist, ein Prozeß der Gewohnheit, der den Körper veranlaßt, seine Bewegung stets auf dieselbe Weise zu manifestieren.

Das zweite Newtonsche Gesetz behandelt die Art, wie diese Beständigkeit durchbrochen wird. Doch immer wenn eine Kraft eine Veränderung in der Bewegung hervorruft, geschieht dies dergestalt, daß die Bewegung der Veränderung selbst treu bleibt. Denn wenn die Schwerkraft einen Apfel oder den Mond zur Erde zieht, beeinträchtigt sie zugleich die Beständigkeit des ersten Gesetzes, und zwar so, daß sogar diese Abweichung eine neue Ordnung der Beständigkeit schafft, weil die Beschleunigung stets konstant ist.

Unitäre Beständigkeit findet auch Eingang in Einsteins Relativitätstheorie. Doch statt Beständigkeit in der Bewegung selbst zu zeigen, erweist sich die Natur jetzt als beständig in der *Form* der Veränderung. Das Verständnis dieses Phänomens kann uns tiefere Einsicht in die Naturgesetze vermitteln.

Einstein hatte dargelegt, daß Beobachter, die sich mit unterschiedlichen Geschwindigkeiten nahe der des Lichtes bewegen, Dinge auf höchst unterschiedliche Weise wahrnehmen. Wenn aber die Erscheinungen für verschiedene Beobachter unterschiedlich sind, so fragte Einstein, wie kann es dann irgendeine objektive Ordnung in der Welt geben? Um die Antwort zu finden, muß man hinter die Erscheinungen blikken. Nur so kann man die zugrunde liegende Stabilität der Ordnung erkennen, das heißt die Beständigkeit der Form in den Gesetzen selbst wahrnehmen. Die *Erscheinung* eines bestimmten Phänomens mag zwar von der Bewegung eines Beobachters abhängen, so schlußfolgerte Einstein 1905 in seiner speziellen Relativitätstheorie, doch die zugrunde liegenden *Gesetze* sind immer dieselben. Die Gesetze sind objektiv und hängen nicht von der zufälligen Bewegung irgendeines bestimmten Beobachters ab.

Nehmen wir an, eine Gruppe von Wissenschaftlern würde in einer Hochgeschwindigkeitsrakete weit draußen im Weltraum Experimente durchführen. Wenn ihnen genügend Zeit zur Verfügung steht, entdecken sie allmählich die grundlegenden Naturgesetze. Eine andere Gruppe von Wissenschaftlern, die sich in einer Rakete mit stark abweichender Geschwindigkeit aufhält, erblickt ganz andere Phänomene und formuliert die Naturgesetze aus ihrer Perspektive. Beispielsweise könnte eine Erscheinung, die den Beobachtern der einen Gruppe als Wirkung des elektrischen Stroms erscheint, von den Insassen der anderen Rakete, die mit abweichender Geschwindigkeit fliegt, als magnetisches Phänomen beurteilt werden. Doch Einstein entdeckte eine Möglichkeit, diese Gesetze so zu verallgemeinern, daß sie sich gleichbleiben, unabhängig davon, wie schnell sich der Beobachter zufällig bewegt. Newton fand das Trägheitsgesetz, die Beständigkeit der Bewegung. Einstein ging darüber hinaus, indem er darlegte, daß den Gesetzen selbst Trägheit zugeschrieben werden muß. Wenn Wissenschaftler also in Laboratorien arbeiten, die sich mit unterschiedlicher Geschwindigkeit bewegen, und deshalb Phänomene auf unterschiedliche Weise wahrnehmen, können sie sich dennoch über die Grundgesetze der Natur verständigen.

Ein Jahrzehnt später beschäftigte sich Einstein mit einer anderen Wahrnehmungskategorie. Dieses Mal macht er sie deutlich an Beobachtern, die einer hohen Beschleunigung ausgesetzt sind oder die sich in einem intensiven Gravitationsfeld aufhalten. Ein Wissenschaftler, der in einer fensterlosen Rakete eingeschlossen ist, bemerkt, daß Äpfel und Federn mit gleicher Geschwindigkeit zu Boden fallen. Bedeutet dies, daß die Rakete auf der Erde steht oder sich mit konstanter Beschleunigung von ihr fortbewegt? Was dem einen Beobachter als Geschwindigkeitsveränderung erscheint, kann ein anderer als Schwerkraft erleben.

In der allgemeinen Relativitätstheorie entdeckte Einstein, daß seine frühere Formulierung (die spezielle Relativitätstheorie) nicht allgemein genug war, um ein solches Paradoxon zu erklären. Es hatte jetzt den Anschein, als würde sich die Sprache, in der die physikalischen Gesetze formuliert werden – mathematische Begriffe, die sich auf Koordinaten in der Raumzeit stützen –, von Beobachter zu Beobachter ändern. Die mathematischen Gesetze für eine Bewegung im leeren Raum sehen ganz anders aus als die Gesetze in der Nähe eines schwarzen Lochs oder in einem rascher Beschleunigung unterworfenen Raumschiff.

Bis zu jener Zeit hatte man die Naturgesetze mit Hilfe kartesischer Koordinaten formuliert, wobei man davon ausging, daß der umgebende Raum die normale flache Geometrie aufweise, die zuerst von Euklid beschrieben wurde. Doch was wäre, wenn die Geometrie selbst von Schwerkraft und Beschleunigung abhinge? Wenn die Raumzeit gekrümmt wäre? Unter solchen Bedingungen würde der mathematische Ausdruck der Naturgesetze in Regionen mit unterschiedlicher Krümmung unterschiedlich erscheinen.

Einstein sah sich also gezwungen, seine Suche nach der Einheitlichkeit in der Natur noch weiter auszudehnen. Seine entscheidende Erkenntnis – festgehalten in der allgemeinen Relativitätstheorie – besagt, daß die besonderen *Einzelheiten* eines mathematischen Ausdrucks nicht so wichtig sind wie seine generelle *Form*. Die Naturgesetze müssen, so Einstein, dergestalt gefaßt und formuliert werden, daß ihre *Form* identisch bleibt, ganz gleich, wie stark Raum und Zeit auch verzerrt sein mögen. Das heißt, die Gesetze müssen unabhängig von allen Koordinatensystemen sein, weil die allgemeine Form eines bestimmten Gesetzes unverändert zu bleiben hat, wenn es von einer Raumzeitgeometrie in die andere transformiert wird – mag es auch anders aussehen.

In den Schöpfungsprozessen des Universums sind die Formen, Ordnungen und Gesetze bestrebt, in sich selbst zurückzukehren. Diese Beständigkeit gilt sowohl für materielle Strukturen als auch für die Art, wie sie sich bewegen und verändern. Jeder Raum wird zur beständigen Form einer bestimmten Ordnung von Beziehungen. Raum und Materie werden fortwährend aufgelöst und wieder erschaffen, und innerhalb dieses Veränderungsprozesses ist etwas, das Beständigkeit beweist und in sich selbst zurückkehrt. So wie die Zeit in einem nicht-unitären Universum radikal transformiert wird, so geht auch das gesamte Konzept des Raums über einfache Begriffe wie Dimensionalität und Lokalität hinaus.

Ordnungen des Raums

Jede Ebene und jeder Aspekt der Natur entwickelt sich aus einer nicht-unitären Transformation und reicht seinem Wesen nach von Beständigkeit und Unitarität bis zu Kreativität und Unbeschränktheit. Das zeigt uns das Konzept des Raumes in einem völlig neuen Licht. Einerseits stellt sich der Raum dar als eine Reihe von Beziehungen, die sich selbst gleich bleiben, aber er kann auch über diese lokalen Einschränkungen hinausgehen. Die Ordnungen des Raums können auf den verschiedenen Größenebenen auf sich selbst zurückwirken, so daß Prozesse im astronomischen Größenbereich in direkter Verbindung mit Prozessen auf subatomarer Ebene stehen. Der Raum kann auch die Eigenschaften der sogenannten Nichtlokalität annehmen; dann stehen entfernte Objekte in unmittelbarer Verbindung miteinander.

Nichtlokalität ist eine verwirrende Idee, mit der sich die Physiker seit einiger Zeit auseinandersetzen müssen, nicht zuletzt aufgrund eines erstaunlichen Theorems, das der verstorbene John Bell aufgestellt hat.[2] Objekte in der klassischen Welt stehen miteinander in Verbindung, entweder wenn sie sich direkt berühren oder wenn sie, wie ein Magnet und eine Kompaßnadel, durch ein Kraftfeld miteinander verbunden sind. Doch im letztgenannten Fall nimmt die Stärke der Verbindung mit dem Abstand ab. Nicht so im Fall der Nichtlokalität. In der Quantentheorie scheinen weit entfernte Objekte direkt miteinander in Verbindung zu stehen. John Bell hat nachgewiesen, daß zwei Photonen oder Elektronen, denen man erlaubt, sich an entgegengesetzten Seiten eines Labors zu separieren, dennoch aktiv korreliert bleiben. Mehr noch, die Verbindung zwischen ihnen ist direkt und unmittelbar und nicht das Ergebnis geheimnisvoller Kräfte oder Felder.

Offenbar setzen John Bells nichtlokale Korrelationen eine vielfältige Gliederung des Raums und des Konzepts der Separierbarkeit voraus. Zwar gelten Bells Befunde nur für die Welt der Quantentheorie, doch ich möchte hier behaupten, daß sie Manifestationen eines viel grundlegenderen Prinzips der Nichtlokalität sind. Da unser Denken aber so fest mit einer konventionellen Raumdarstellung verknüpft ist, können wir unsere tradierte Vorstellung davon, was Entfernung ist, nicht so leicht ändern. Stellen wir uns zwei Knoten auf einer Schnur vor. Wenn die Schnur auf dem Fußboden der Länge nach ausgelegt ist, sind die Knoten womöglich sehr weit voneinander entfernt. Wenn wir die Schnur dagegen aufwickeln, berühren sie sich womöglich. Je nachdem wie wir die Entfernung messen, der Länge der Schnur folgend oder auf direkterem Wege, können die Knoten also entweder sehr weit voneinander entfernt oder einander sehr nahe sein. Auf diese Weise befinden sich möglicherweise viele Ordnungen innerhalb des Raumes mit anderen Ordnungen in unmittelbarem Kontakt.

Wenn wir die Tür zu den vielfältig gegliederten Eigenschaften des Raumes öffnen, ergeben sich eine Vielzahl neuer Verknüpfungen innerhalb des Universums. Beispielsweise können nichtlokale Verknüpfungen die Verbindung zu jedem Teil des Universums herstellen, so daß sich Ordnungen überall wiederholen. Das würde erklären, warum Elementarteilchen wie Elektronen, Neutronen, Protonen, Mesonen und so fort überall gleich sind, so daß die Natur im ganzen Universum einheitlichen Charakter zeigt.

Extreme Regelmäßigkeiten treten auch in der großräumigen Struktur des Universums zutage, und diese Tatsache wirft ein weiteres kompliziertes Problem auf. Den herrschenden Theorien zufolge expandierte das Universum in seiner Anfangsphase außerordentlich rasch. So waren nach kurzer Zeit einige Regionen des Universums räumlich so weit voneinander getrennt, daß es zwischen ihnen zu keiner direkten Wechselwirkung mehr kommen konnte. Nach der Relativitätstheorie können Signale, die Information aus einer Region des Universums in eine andere transportieren, sofern sie die Lichtgeschwindigkeit nicht überschreiten. In einem rasch expandierenden Universum hätte diese Information also nicht die Zeit, eine ferne Region zu erreichen, weil diese durch die Expansionsbewegung schon in weite Ferne gerückt wäre. Wenn es keine solchen Verbindungen gibt, so ist nicht einzusehen, warum verschiedene Teile des Universums nicht eigene Wege gegangen sind und sich leicht abweichend voneinander entwickelt haben.

Beispielsweise bestand unsere Erde einst aus einem riesigen Urkontinent, der sich später aufspaltete und über die Erdoberfläche verteilte. Deshalb ist es nicht überraschend, daß Fauna und Flora auf den einzelnen Kontinenten so unterschiedlich sind, haben sie sich doch unabhängig voneinander entwickelt. Etwas Ähnliches wäre auch vom Universum selbst denkbar, doch die Messungen des *Cosmic Background Explorer* der Nasa lassen darauf schließen, daß die kosmische Hintergrundstrahlung im Universum erstaunlich gleichförmig ist und daß selbst 300 000 Jahre nach dem Urknall noch im gesamten Universum eine absolut gleichmäßige Materiedichte herrschte – mit einer Genauigkeit von weit mehr als einem Teil pro zehntausend.

Eine Erklärung für diese Gleichförmigkeit beruht auf der Annahme, daß auch zwischen den entlegensten Teilen des Universums eine direkte Verbindung existiert. Oder anders gesagt, daß die verschiedenen globalen und lokalen Raumstrukturen von gleicher Formbeständigkeit sind. Diese allgegenwärtige Beständigkeit wäre also für die Gleichförmigkeit verantwortlich, die wir in der Natur erblicken.

Eine solche Beständigkeit könnte auch auf verschiedenen Größenebenen wirken und für Resonanzen und Wechselwirkungen zwischen ihnen sorgen. Es ist in der Tat merkwürdig, daß sich bestimmte Formen und Muster in allen Größenordnungen wiederholen, von den submikroskopischen bis zu den astronomischen Strukturen. Der Schluß liegt nahe, daß möglicherweise zwischen verschiedenen Größen- und Abstandsebenen direkte Verbindungen existieren.

Rupert Sheldrake, morphische Felder und Unitarität

Wir haben gesehen, daß die Gesetze des Universums nicht mehr absolut sind, sondern stets von einem umfassenderen Kontext abhängen. Die umstrittene Idee, daß die Naturgesetze akkumulierte Gewohnheiten sind, ist in expliziter Form von dem Biologen Rupert Sheldrake dargelegt worden. Auf den ersten Blick mag seine Hypothese, nach der ein Gesetz eine Gewohnheit ist, Ähnlichkeit haben mit der in diesem Buch vorgebrachten Annahme, daß Gesetze materielle Beständigkeitsmuster beschreiben. Doch es gibt zahlreiche wichtige Unterschiede zwischen der hier vertretenen Auffassung und Sheldrakes These. Vor allem ist seine Theorie von den Gewohnheitsfeldern auf der Basis eines streng unitären Weltbildes und anhand einer konventionellen Zeitauffassung formuliert.

Sheldrakes morphische Felder (Gewohnheitsfelder) lassen sich verstehen, wenn man ein Bild des Biologen Conrad Hall Waddington zu Hilfe nimmt, der die Entwicklung eines Organismus mit einer Kugel vergleicht, die einen Hügel hinabrollt. Während ein Embryo wächst, beeinträchtigen ihn eine Vielzahl von Gegebenheiten seiner Umwelt. Doch immer wieder und in den unterschiedlichsten Umwelten wachsen Embryos zu absolut lebensfähigen Erwachsenen heran. In ähnlicher Weise überleben Individuen vieler Tierarten schwerste Verletzungen, kurieren sich selbst, und einige niedere Formen regenerieren sogar fehlende Gliedmaßen. Sheldrake weist auch darauf hin, daß der Kristall eines bestimmten Stoffes immer seine typische Form zeigt, ganz gleich, wo in der Welt er gerade heranwächst.

Wenn wir die Entwicklung eines Organismus mit dem Rollen einer Kugel in einer Landschaft vergleichen, dann müssen wir auch, wie Sheldrake erläutert, die Zufälle des Lebens in Betracht ziehen, die Unebenheiten, die Löcher, und die winzigen Ablenkungen in der Landschaft. Zu den bekannten Naturkräften muß seiner Meinung nach eine weitere hinzugefügt werden – ein steuerndes Feld, ein morphisches, wie er es nennt.

Wenn beispielsweise ein völlig neuer Stoff gewonnen wird, besitzt ein Kristall noch kein morphisches Feld, sondern kristallisiert unter dem Einfluß der konventionellen Naturkräfte, das heißt, jedes Atom reagiert auf eine bestimmte Anziehungs- oder Abstoßungskraft. Aus Erinnerungen und Berichten scheint hervorzugehen, daß dieser erste Kristallisationsakt unglaublich langsam und schwierig vonstatten geht, während alle nachfolgenden Kristallisationen immer rascher und leichter erfolgen. Sheldrake vertritt die Auffassung, daß jedesmal, wenn ein Kristall sich zu formen und zu wachsen beginnt, ein Gewohnheitsfeld verstärkt wird. Dieses Feld steuert dann die sich anlagernden Atome, die den nächsten Kristall bilden. Zwar bewegen sich die Atome unter dem Einfluß der konventionellen elektromagnetischen Kräfte, sie werden aber auch durch ein Gewohnheitsfeld gesteuert. Darüber hinaus scheinen Sheldrakes morphische Felder die normalen Grenzen des Raums zu überschreiten, denn das morphische Feld eines Kristalls, der beispielsweise zuerst in Berlin synthetisiert wurde, steuert anschließend den Kristallisationsvorgang in New York.

Die morphischen Felder sind nach Sheldrakes Auffassung nicht nur für das Wachstum eines Kristalls oder eines Embryos verantwortlich, sondern auch für die Instinktreaktionen der Tiere und sogar für die Mühelosigkeit, mit der sich Menschen Fertigkeiten wie Fahrradfahren oder Schreibmaschineschreiben aneignen. Je mehr Menschen überall in der Welt radfahren, so meint er, desto leichter läßt sich diese Fähigkeit erlernen, da das Gewohnheitsfeld ständig erweitert und verstärkt wird.

Sheldrakes Thesen sind provozierend und kreativ nutzbar. Es ist stets von Vorteil, wenn jemand das herrschende Paradigma in Frage stellt. Doch mir scheint, daß die Theorie von den morphischen Feldern nicht ganz schlüssig ist und daß Sheldrakes Argumentation nicht weit genug geht. Die folgenden Einwände sollen deshalb Sheldrakes Verdienste nicht schmälern, sondern sind als Anregung für eine fruchtbare Debatte zu verstehen.

Zunächst einmal macht sich Sheldrake die herrschende wissenschaftliche Auffassung zu eigen, nach der Organismen und komplexe Strukturen stets in einfachere und kleinere Bestandteile zerlegt werden können, nur daß sie sich, wie Sheldrake meint, unter dem Einfluß eines morphischen Feldes zusammenfügen. Das hierarchische Weltbild gilt auch für morphische Felder selbst, denn das morphische Feld eines Organismus enthält ein Feld für individuelle Organe, die ihrerseits Felder für Zellen, komplexe Moleküle und so fort aufweisen. Damit werden die morphischen Felder zu einem Abbild der behaupteten hierarchischen Struktur der materiellen Welt.

Um die Stabilität der Materie zu erklären, muß man also eine unendliche Zahl zusätzlicher Felder in die Physik einführen. Im Gegensatz dazu habe ich in diesem Buch die Meinung vertreten, daß stabile Strukturen und Prozesse in sich abgeschlossen sind. Sie sind Beispiele für ein kollektives, kooperatives Verhalten und für einen aktiven Dialog, eine Vereinigung mit der Umwelt.

Sheldrakes Felder hingegen bewahren eine störende Dualität. Einerseits unterscheiden sie sich von der Materie und von konventionelleren Feldern wie der Schwerkraft und dem Elektromagnetismus, weil sie einen neuen bestimmenden Faktor in der Physik darstellen. Andererseits verändern sich aber auch unter ihrem direkten Einfluß die mechanischen Bewegungen und Anordnungen der Materie. Es bleibt ziemlich unklar, wie diese morphischen Felder mit Materie wechselwirken oder wie sie aufgebaut sind und durch materielle Formen verstärkt werden. Sind sie energietragende Felder wie die anderen Felder der Physik? Wenn ja, dann müßte man neue Kräfte und neue Formen der Wechselwirkung definieren. Aber wenn es tatsächlich so wäre, warum nimmt ihre Stärke dann nicht mit der Entfernung und der Zeit ab, wie es auf die anderen Felder zutrifft? Und wenn sie mit den herkömmlichen Materiefeldern nichts gemein haben, wenn sie die Begrenzung des Raumes irgendwie überwinden, wie verfahren sie dabei, auf welche Weise wechselwirken sie mit materiellen Strukturen, und wie werden sie durch diese Strukturen verstärkt?

Als Gewohnheitsfelder unterscheiden sie sich von dem hier eingeführten Konzept der Beständigkeit. Materie und materielle Prozesse zeigen, so habe ich behauptet, die Tendenz, innerhalb der allgemeinen Nicht-Unitarität der Veränderung an ihrer Form festzuhalten. Diese Beständigkeit ist eine Verallgemeinerung des Trägheitsbegriffs und nicht das Ergebnis irgendeines Feldes oder einer Kraft, die der Materie *äußerlich* ist.

Beständigkeit ist nach meiner Auffassung das Wesen der Materie. »Das, was Beständigkeit beweist«, ist nur ein anderer Name für den Urstoff – die Materie –, und diese Muster der Beständigkeit bezeichnen wir als physikalische Gesetze. Im Gegensatz dazu bauen sich Sheldrakes extreme morphische Felder im Laufe der Zeit auf und wirken von außen auf die Materie ein. Gewohnheit oder Formbeständigkeit wohnt nach Sheldrakes Meinung der Materie nicht inne, sondern ist auf die

Aktivität externer morphischer Felder angewiesen. Die Naturgesetze scheinen sich nach seiner Auffassung erst im Laufe der Zeit zu entwickeln und fortwährend selbst zu verstärken.

Sheldrakes Felder beruhen also auf einem unitären Weltbild und sind an einen Entwicklungsprozeß in der Zeit gekoppelt. Gewohnheiten bilden sich im Fortgang der Zeit heraus, und sie brauchen, so scheint es, Zeit, um ihre Komplexität allmählich zu entwickeln. Im Gegensatz dazu sind die in diesem Buch dargelegten Zeitkonzepte differenzierter: Auf der einen Seite scheinen sich materielle Formen in der Zeit zu entwickeln. Auf der anderen Seite entfalten sie sich aber außerhalb dieser Zeitdimension. Es ist nur schwer vorstellbar, wie in einer unitären Welt irgend etwas wirklich Neues entstehen soll. Vor genau diesem Problem steht Sheldrake: Wie entstehen die morphischen Felder für eine vollkommen neue Art? Sind sie nur die Restrukturierung oder Modifikation eines bereits vorhandenen Feldes? Oder ist man zu irgendeiner neuen Annahme in bezug auf die morphischen Felder gezwungen? In einer nicht-unitären Welt wirft die Entstehung völlig neuer Formen überhaupt kein Problem auf; sie lassen sich als schöpferische Reaktion auf einen fortwährenden Dialog in der natürlichen Welt verstehen.[3]

Auf der Suche nach der verlorenen Zeit

Wer den nicht-unitären Charakter der Welt akzeptieren will, muß eine völlig veränderte Einstellung zu Aspekten wie Wissen und Kontrolle finden. Und das steht in engem Zusammenhang mit unserer Vorstellung von der Vergangenheit. Von manchen Menschen heißt es, sie würden in der Vergangenheit leben. Nicht anders als ein Individuum seinen Erinnerungen, Vorstellungen und Neurosen verfallen kann, ist in einem unitären Universum die Vergangenheit in der Gegenwart enthalten. Doch sobald wir das nicht-unitäre Wesen des Universums anerkennen, sind wir zu der Erkenntnis gezwungen, daß die Vergangenheit tot ist.

Da unsere Erinnerungen und unsere Bilder aus der Vergangenheit oft sehr lebhaft sind, ist die Behauptung, die Vergangenheit besitze keine reale Existenz, sicherlich ein großer Schock. Was wir Vergangenheit nennen, ist unsere eigene Schöpfung, eine Projektion auf der Grundlage der Gegenwart. In einer nicht-unitären Welt ist die Vergangenheit wirklich und endgültig tot. Die Zukunft existiert nicht, und nur die Gegenwart ist real.

Doch was bedeutet die Feststellung, die Gegenwart habe reale Existenz? Denken Sie an Ihre Erinnerungen. Rufen Sie sich irgendeinen bestimmten Augenblick Ihrer Kindheit oder Ihre erste Liebe ins Gedächtnis. Wenn Sie diese Erinnerung sorgfältig prüfen, werden Sie feststellen, daß sie in Wirklichkeit eine Art Neuschöpfung ist, eine deutlich von der Gegenwart getönte Wahrnehmung und Darstellung. Die Evokation früherer Erlebnisse hält sich an die Erinnerungen und Erfahrungen, die im Gehirn gespeichert sind. Sie sind aber geprägt von unserem Gegenwartsbewußtsein.

Nehmen Sie beispielsweise an, Sie erfahren etwas Häßliches über eine Person, die in Ihrer Kindheit eine wichtige Rolle gespielt hat. Ihre Erinnerungen an diesen Menschen würden sich sofort verändern. Natürlich wären die Einzelheiten des Gesichts und der Gestalt, die Ihnen im Gedächtnis geblieben sind, noch immer präsent, doch der gesamte Charakter der Erinnerung wäre ein anderer. Aufschlußreich ist es auch, einen Ort aufzusuchen, den Sie seit Ihrer Kindheit nicht mehr besucht haben. Der verlassene Schuppen, in dem sie einst gespielt haben, kann eine arge Enttäuschung sein. Er sieht mit einem Male falsch aus, so falsch, daß man fast geneigt ist, die liebgewordenen Erinnerungen dem nüchternen Augenschein der Gegenwart vorzuziehen. Die Erinnerungen sind ein Konstrukt, das ständig von unseren gegenwärtigen Wünschen, Sehnsüchten und Erkenntnissen beeinflußt wird.

Insofern liegt die einzige Realität der Vergangenheit in der Gegenwart, denn die Gegenwart haucht der Vergangenheit ihr Leben ein. Nehmen Sie ein Buch, in dem eines Ihrer Lieblingsgedichte steht, und lesen Sie es noch einmal. Ganz gleich wie oft Sie das Gedicht schon gelesen haben, es wird Ihnen immer neu erscheinen, denn jedesmal wenn Sie sich dem Gedicht erneut zuwenden, wird es andere Assoziationen in Ihnen wachrufen, erhalten seine Metaphern neue Bedeutungsebenen, wecken seine Bilder neue Gefühle und Empfindungen, denn jedesmal wenn Sie das Gedicht wiederlesen, sind Sie ein neuer Mensch, der in die Lektüre nie gedachte Gedanken und nie gemachte Erfahrungen einbringt. In ähnlicher Weise ist sich ein Historiker, der versucht, eine Schlacht nachzuvollziehen, stets bewußt, daß diese »Realität« ein Produkt der Gegenwart mit all ihren politischen Überzeugungen ist.

Ein erheblicher Teil der Vergangenheit ist also gegenwartsbestimmt. An sich hat sie keine reale Existenz. Wer von der Vergangenheit spricht, weckt also anhand von Erinnerungen abstrakter und gegenständlicher Art eine neue Form der Existenz innerhalb der lebendigen Gegenwart. In diesem Sinne wird die Vergangenheit ständig neu geboren.

Was für das menschliche Gedächtnis zutrifft, gilt auch für die physikalische Welt, und das wirft ein völlig neues Licht auf die Bedeutung der physikalischen Gesetze. Denn alles, was existiert, ist in gewissem Sinne in der Gegenwart beschlossen. In dem Kontext dieser Gegenwart versucht die Wissenschaft durch ihre Gesetze die Vergangenheit zu beschwören und die Zukunft vorwegzunehmen. Doch Vergangenheit und Zukunft sind von flüchtigem Charakter, weil in einem nicht-unitären Universum nur die Gegenwart real ist.

Natürlich gehorchen mechanische Formen und Prozesse, wie die Bewegungen eines Pendels oder die Struktur eines Felsens, unitären Gesetzen auf determinierte und eindeutige Weise. Insofern wird die Vergangenheit mechanisch in die Gegenwart und die Gegenwart mechanisch in die Zukunft transportiert. Aber da unitäre Transformationen stets spezielle, eingeschränkte Fälle der Nicht-Unitarität sind, wäre es richtiger zu sagen, daß die Vergangenheit und die Zukunft sich in unitärer Weise aus den Implikationen der Gegenwart entwickeln.

Die Gegenwart enthält also die Vergangenheit aber nur insoweit sie in die verschiedenen unitären Prozesse Eingang gefunden hat – Relikte, Fossilien, Muskelspannungen im Körper, Bewegungstendenzen, die bruchlos fortgesetzt werden wollen. Kurzum, die Beständigkeit der Natur trägt die Echos und Schatten der Vergangenheit in sich.

Entsprechend ist es möglich, die Zukunft zu antizipieren, weil bestimmte Tendenzen der Zukunft in den unitären Prozessen der Gegenwart implizit enthalten sind. Man kann eine Sonnenfinsternis viele Jahrhunderte voraussagen oder den Augenblick exakt berechnen, in dem eine Raumsonde in den Orbit eines fernen Planeten eintreten wird. Doch stets sind solche unitären Prozesse Sonderfälle. Sie sind nur innerhalb bestimmter Grenzen und Kontexte gültig, die ihrerseits ständig für Veränderung offenstehen.

Grundsätzlicher betrachtet existiert gar keine Zukunft – sie ist von der Gegenwart aus unitär nicht erreichbar. Die Wissenschaft vermag lediglich, in den Grenzen der Gegenwart ein Bild der Zukunft zu entwerfen, indem sie sich an die Beständigkeitstendenzen in den unitären Prozessen der Natur hält. Wir antizipieren diese Zukunft. Wir machen uns in unserer Vorstellung ein Bild von ihr. Und damit treten wir in das ganze Paradoxon der Zeit ein, weil wir, wenn uns nicht-unitäre Transformationen in das künftige »Jetzt« entführen, dieses selbstgeschaffene Bild mit uns nehmen, das nun zu einer Erinnerung wird. Im »Jetzt« von morgen bewahren wir eine Erinnerung an das, was wir einst von diesem Morgen erwartet haben.

So wird die Wissenschaft zu einem Vergleich zwischen Erinnerung und Wirklichkeit. Sie ist eine Welt der Schatten und der Schatten der Schatten. Und in dieser neuen Welt bekommt die gesamte Vorstellung von der Kontrolle über die Natur eine vollkommen veränderte Bedeutung, weil unsere Einstellung zur Zukunft und ihre Vorhersage eher eine intelligente Kunstfertigkeit ist als die Gewißheit von einem eindeutigen mechanischen Schema.

Menschliches Denken und wissenschaftliche Ordnung

Wenn die Vergangenheit tatsächlich unwirklich in der beschriebenen Weise ist, so müssen wir die Naturgesetze einer erneuten Prüfung unterziehen. Wir erkennen, daß in einem nicht-unitären Universum keine absoluten Gesetze außerhalb der Natur existieren oder vorhanden waren, bevor es Materie, Raum und Zeit gab. Diese Gesetze entwickeln sich vielmehr aus dem schöpferischen Fluß der Welt. Sie sind die Muster, Formen und Konstanten, aus denen die Wissenschaft die Einheit in der reichen Vielfalt der manifesten Welt geschaffen hat.

Doch die Wissenschaft ist eine Schöpfung des Menschen, und historisch gesehen begann der Mensch seine »Forschungstätigkeit« in den Grenzen seiner Körper- und Sinneserfahrungen. Die ersten Muster und Konstanten – die ersten Manifestationen der Formbeständigkeit –, auf die sich die Wissenschaft berief, waren eine getreuliche Wiedergabe der Leistungsfähigkeit und Beschaffenheit unserer Sinnesorgane und der Reichweite unserer physischen Interaktionen mit der Welt. Erst neue wissenschaftliche Instrumente versetzten uns in die Lage, den Radius dieser Sinneserfahrungen zu erweitern und noch mehr beständige Muster im Fluß der materiellen Welt zu entdecken.

Die Physik mit ihrer Sehnsucht nach Ordnung in der natürlichen Welt mag eine Fülle von Einzelheiten über die Beständigkeit und Stabilität materieller Objekte, die Regelmäßigkeit von Bewegungen und die Veränderungsmuster zusammengetragen haben, doch das Wesen des Universums kann anhand einer solchen Faktensammlung nicht präzise beschrieben werden, denn die Welt der Regelmäßigkeit und der einfachen Ordnung stellt nur einen winzigen Bruchteil alles Existenten dar. Jede Ordnung, die das Denken erfassen kann, muß begrenzt sein, weil es immer etwas geben wird, das nicht-unitär, frei und schöpferisch ist und das jenseits jeder Ordnung liegt. Die Physik befaßt sich deshalb nur mit einer winzigen Insel der

Regelmäßigkeit in einem sehr viel größeren Meer von unendlicher Komplexität und Schöpfungskraft. Deshalb sind ihre Karten komplett und können unser Bedürfnis nach Logik befriedigen.

Der menschliche Intellekt sucht sich aus dem unendlichen Fluß des Universums die Prozesse und Strukturen heraus, deren Ordnungsmuster ihm entsprechen. Der Verstand macht sich ein Bild von der eigenen Ordnung und hält es für die ganze Wirklichkeit. So abstrahiert das Bewußtsein aus der pulsierenden verwirrenden Vielfalt der Welt materielle Strukturen, Muster, Formen und Gesetze, die seine eigene unitäre Aktivität widerspiegeln! Doch jede festgelegte Ordnung, die unser Denken erfassen kann, ist begrenzt. Daneben gibt es Formen des Bewußtseins und des Zugangs zu anderen, weniger augenfälligen und fließenden Formen. Wir erleben sie in Epiphanien, Synchronizitäten, mystischen Erfahrungen und anderen Ausnahmesituationen, in denen das individuelle menschliche Bewußtsein nicht überwiegend rational gesteuert ist. Die Welt, die vom unitären Denken erschaffen worden ist, ist nur ein winziger Ausschnitt einer sehr viel größeren Wirklichkeit, denn in unseren Erfahrungen und Erlebnissen erschließt sich ein Universum, das über alle Formen, Bilder und Theorien hinausreicht.

Entstehung neuer Strukturen

Nach Aussage der Urknalltheorie hat sich aus einem ursprünglichen eigenschaftslosen Energieball alles entwickelt – von den Elementarteilchen bis zu den astronomischen Strukturen, auch die Erde selbst. Die Biologie behauptet, der menschliche Verstand sei das Ergebnis einer langen Kette evolutiver Ereignisse. Danach begann die ganze Entwicklung mit den ersten Makromolekülen, die in der Lage waren, sich auf der Erde zu reproduzieren.

Traditionell wird die Entstehung neuer Formen unitär dargestellt: als langsamer Aufbau komplexerer Strukturen aus einfacheren Elementen. Dieses Evolutionskonzept ist mit einem eingeschränkten Zeitbegriff verknüpft, denn das, was in der Zeit früher angesiedelt ist, muß logischerweise einfacher strukturiert sein. Nach unseren gegenwärtigen kosmologischen Theorien hat alles seinen Ursprung im Urknall, und alle Formen und Strukturen haben sich auf dem langen Marsch der Zeit von der Einfachheit zur Komplexität entwickelt.

Doch welchen Sinn hat dieser Entwurf, wenn wir feststellen, daß die Natur auf jeder Ebene unendlich vielfältig ist und daß Atome und Elementarteilchen nicht unbedingt einfacher strukturiert sind als Moleküle und Zellen? Was wäre, wenn die eine Ebene nicht fundamentaler oder grundlegender wäre als eine andere? Wenn auf jeder Ebene des Universums der gleiche Komplexitätsgrad anzutreffen wäre, so würde daraus folgen, daß die immense Mannigfaltigkeit der natürlichen Formen – der Pflanzen, Tiere, aber auch der Geistesleistung, ja der ganzer Kulturen – nicht das Ergebnis einer linearen Evolution in der Zeit wären, sondern eine materielle Manifestation, die Entfaltung von etwas, das der Natur und Schöpfungskraft des Universums seit jeher innegewohnt hat.

Zwar gibt es diese Schöpfungskraft und Komplexität von allem Anfang an, und nicht eine Ebene läßt sich höher bewerten als eine andere, doch richtig ist auch, daß heute Strukturen erkennbar sind, die in früher Vergangenheit noch nicht explizit vorhanden waren. Wie ließe sich beispielsweise die biologische Evolution in einem nicht-unitären Universum darstellen?

Eine Möglichkeit, sich dieser Frage zu nähern, ist die Einsicht, daß mit jedem Herzschlag des Universums sich Formen manifestieren oder entfalten und wieder zurückbilden. So besteht stets die Möglichkeit, daß ein einzelnes Molekül oder ein Organismus in den Kontext seiner gesamten Umwelt einsinkt oder sich aus ihr entfaltet. Es ist denkbar, daß in diesem Prozeß schöpferischer Entfaltung Informationen über die Umwelt an der Restrukturierung jeder Form beteiligt sind. Dergestalt könnten sich neue Entwicklungen infolge einer ständigen Prüfung aller in der Umwelt enthaltenen Tendenzen manifestieren.

Wir haben ferner gesehen, wie natürliche Formen miteinander und mit ihrer Umwelt in Kommunikation treten. Auf diese Weise finden lebenswichtige Informationen ständig Eingang in einen Organismus und können ihn aktiv beeinflussen. Die Evolution ist eine intelligente und kooperative Anpassung an einen stets veränderlichen Kontext. Die Evolution wird sogar zu einem Teil dieses veränderlichen Kontextes. Das Universum betreibt gewissermaßen ein Formenspiel, ein Spiel, in dem die Prozesse und Strukturen in der Lage sind, die Bedeutungen unbekannter Kontexte und neuer Ebenen zu erfassen. Die manifeste materielle Welt hat die Tendenz, an einer gegebenen Form festzuhalten, doch diese Neigung zur Kontinuität findet stets in einem bestimmten Zusammenhang statt. Das Spiel der Natur besteht in einem ständigen Wechsel der Kontexte, im Aufkeimen neuer Formen und Möglichkeiten. Dieses Spiel des Universums ereignet sich in einem vielfältigen Prozeß, in einem Erspüren der Möglichkeiten, weil in jedem Augenblick Informationen über neue Umwelten und Inhalte verarbeitet werden. Diese Tatsache ermöglicht ein müheloses Wechselspiel und die Erkundung neuer Wirklichkeiten, die sich dann zu einer materiellen Manifestation entfalten.

Was geschieht, läßt sich mit dem Zustand eines Menschen vergleichen, der aus tiefem Schlaf erwacht. Nicht zufällig beschreibt der französische Dichter Marcel Proust genau diese Situation im Zusammenhang mit der Erinnerung. Im ersten Buch des Romanzyklus *Auf der Suche nach der verlorenen Zeit* kommt der Ich-Erzähler *Eine Liebe von Swann* aus tiefem Schlaf langsam zu sich. Zunächst weiß er noch nicht einmal, wo er ist, und bewegt, noch schlaftrunken, vorsichtig Arme und Beine. Die Situation dürfte den meisten Lesern vertraut sein: Sie atmen langsam, strecken einen Fuß aus, bewegen einen Finger und werden sich auf diese Weise allmählich Ihres Körpers und der Lage, in der Sie sich befinden, bewußt. Ohne die Augen zu öffnen, spüren Sie allmählich ihre Gliedmaßen und die Position, in der sie liegen. Es geht Ihnen wie Prousts Erzähler: Ganz langsam und allmählich dringen Ihr Körper, der Tag und sogar das Zimmer in Ihr Bewußtsein.

Die Wirklichkeit des neuen Tages nimmt sehr langsam und vorläufig Gestalt an. Stück um Stück wächst das Bewußtsein vom Körper und dem Kontext, in dem Gedanken, Erinnerungen und Wahrnehmungen sich zu entfalten beginnen. Jeden Morgen, wenn wir aufwachen, wiederholen wir die Schöpfung des Universums. In der Tat beruht die Schöpfungskraft auf ähnlich rücksichtsvollen Explorationen. Die Materie streckt ihre Fühler aus, nimmt Verbindung auf, erkundet ihre Umwelt und entscheidet auf diese Weise, ob sie an ihrer Form festhalten oder sich einer radikalen Veränderung unterziehen soll.

Die Evolution der materiellen Welt gleicht einem Kunstwerk. Ein Gemälde ist beispielsweise nicht nur eine unmittelbare Reaktion auf die Wahrnehmungen der Außenwelt, sondern entsteht auch aus den Gedanken, Erinnerungen und unbewußten Bildern des Malers. Diese Gefühle, Erinnerungen, Symbole und Empfindungen in einem schöpferischen Impuls fließen nach außen und finden ihren materiellen Ausdruck in einem Pinselstrich. Und da jeder Pinselstrich eine Manifestation von Form und Farbe im stets sich wandelnden Kontext des Bildes ist, verändert sich in dem Augenblick, da dieser Strich erfolgt, die gesamte Ordnung des Bildes und kehrt in das Bewußtsein des Künstlers zurück.

Die Entstehung eines Bildes ist ein ständiger Prozeß der Entfaltung, der inneren Verarbeitung und äußeren Manifestation. Sie ist ein Spiel mit Formen und Farben, ist Versuch und Irrtum. Zunächst mag der Vorgang vorläufig erscheinen, doch durch ständiges Wachstum und fortwährende Veränderung gelangt das Gemälde schließlich zu seinem endgültigen Ausdruck. Dergestalt entstehen Formen und neue Ordnungen – zunächst vorläufig und versuchsweise, aber allmählich an Stabilität gewinnend. In ähnlicher Weise ist das Universum der Ausdruck eines solchen fortwährenden variablen Prozesses. Es ist reines Spiel und »interesselose« Kreativität, ohne Grund, Zweck oder Ziel.

So unterliegt die Karte der Welt endlich nicht mehr den alten Einschränkungen. In aller Freiheit und Kreativität lassen sich neue Konturen und Farben für sie finden. Sie ist nicht mehr durch rigide Gesetze und restriktive Ordnungen eingeengt, denn diese ergeben sich auf natürliche Weise aus ihrer stets veränderlichen Form. Synchronizitäten sind die wirklichen Muster des Universums, Verbindungen mit den zugrunde liegenden Mustern und Strömungen, die sich jenseits der Unterscheidung von Materie und Geist abzeichnen. Sie sind Innenwelt und Außenwelt, Echos und Spiegelbilder, die das zeitlose Spiel des Universums produziert.

Siebtes Kapitel

Das chaotische Universum – Fraktale, Intelligenz und Freiheit

Vom neuen Wert des Wissens

Seit Jahrhunderten rühmen sich die Industriegesellschaften der Macht und der Vielfalt des Wissens, das sie zusammengetragen haben. Politiker verweisen stolz auf die Tatsache, daß heute mehr Wissenschaftler in der Forschung tätig sind, als in der Vergangenheit gelebt haben, daß mehr wissenschaftliche Artikel veröffentlicht und daß immer kostspieligere Experimente in Angriff genommen werden. Gigantische Datenbanken entstehen, die von immer schnelleren Elektronenrechnern »verwaltet« werden. Wissen ist zu einer gefragten Ware geworden. An computergestützten Expertensystemen wird bereits versucht, spezielle menschliche Fertigkeiten zu simulieren. Die Gesellschaft hat sich das Ziel gesetzt, die Kurve von Einkommen, Leistung, Produktivität und Profit ewig nach oben klettern zu lassen. Mehr wird offenbar immer mit besser gleichgesetzt; der Fortschritt gründet sich auf die Anhäufung von Wissen, das der Kontrolle und Manipulation der Welt dient.

Wissen beruht auf der Wahrnehmung dessen, was festliegt. Doch wenn die Gegenwart stets neu geboren wird, kann dieser Prozeß nicht abgeschlossen sein. Wir versuchen also, den Kurs einer stets sprunghaft sich entwickelnden Zukunft festzulegen und eine schöpferische, lebendige Natur zu beherrschen, indem wir von dem ausgehen, was aufgehört hat zu sein. Eine Gesellschaft, die von der Autorität des Wissens beherrscht wird, kann die feinsinnigen und kreativen Fähigkeiten des Menschen niemals zu ungehinderter Entfaltung kommen lassen, weil unser Wunsch nach Gewißheit und Kontrolle voraussetzt, daß wir uns an die Vergangenheit klammern und im Bereich des Bekannten und Gewußten Sicherheit suchen.

Das nicht-unitäre Universum zwingt uns deshalb, uns um eine neue Moral für die Existenz in einer Welt zu bemühen, die sowohl die innere Natur des Menschen als auch den Reichtum und die Schöpfungskraft, die unserer Umwelt innewohnt, zur Geltung kommen läßt. In der Vergangenheit lebte die Menschheit in engerer Beziehung zu den Rhythmen und Bewegungen der natürlichen Welt. In seinem lesenswerten Buch *The Forest People* beschreibt Colin M. Turnbull das Leben der afrikanischen Pygmäen.[1] Der Wald ist ihre Heimat: Er sorgt für all seine Geschöpfe, und die Menschen, deren Lebensraum er ist, können auf Gebete und rituelle Beschwörungen verzichten. Den Pygmäen genügt es, den Wald in Liedern zu besingen und ihn fröhlich zu stimmen. Die Menschen unserer Gesellschaft haben die Wälder und Meere, die Berge und Ebenen aus ihrem Leben verdrängt, für sie führt kein Weg zurück. Doch vielleicht können wir noch von dem lernen, was auch in uns naturbestimmt ist. Wenn wir als Geschöpfe der Natur am ewigen Tanz des Universums teilnehmen wollen, müssen wir lernen, seinen Rhythmen zu folgen.

Geburt und Ordnung

Ordnung und Chaos werden gemeinhin als entgegengesetzte Kräfte verstanden. Ordnung gilt als der positive Pol. Sie wird gleichgesetzt mit Harmonie, Gesetz, Kontrolle, Regelmäßigkeit, Disziplin, Determiniertheit, Form, Regel, Rhythmus und Struktur. Das Chaos dagegen verkörpert den negativen Pol: Unordnung, Beliebigkeit, Zufall und Mangel an Harmonie. In der Gesellschaft ist Ordnung das Merkmal einer guten Politik, angemessenen Verhaltens und allgemeiner Zufriedenheit, während Chaos für den Zusammenbruch der Ordnung steht und letztlich als Ursache für Aufruhr, Umsturz und Gesetzlosigkeit gesehen wird.

Doch schöpferische Menschen, Künstler wie Komponisten und Dichter, haben stets erkannt, daß innerhalb von Gesetz und Ordnung ein gewisses Maß an Dissonanz und Unregelmäßigkeit erforderlich ist. »Es gibt keine vorzügliche Schönheit, deren Proportionen nicht eine gewisse Fremdartigkeit innewohnt«, sagt Francis Bacon. In den Schöpfungsgeschichten anderer Kulturen geht das Chaos nicht aus dem Zusammenbruch der Ordnung hervor, sondern ist vielmehr der Ursprung des Universums.

Tatsächlich sind Chaos und einfache Ordnung Teil eines weit größeren Spektrums von Ordnungen und Betrachtungsweisen, die wiederum etwas von der Vielfalt des Universums widerspiegeln. Früher hat sich die Wissenschaft auf einfache, regelmäßige Ordnungen, etwa die Planetenbewegungen und die Gravitation konzentriert, doch in jüngerer Zeit hat man begonnen, sich mit Vielfalt, Komplexität und unendlicher Verästelung zu beschäftigen. Wissenschaftler und Mathematiker haben ein neues Verfahren zur Analyse komplexer Systeme entwickelt, die grenzenlose Detailliertheit und Vielfalt aufweisen.[2]

Zwar ist diese neue Wissenschaft, *Chaostheorie* genannt, ihrem Wesen nach unitär und beschränkt sich darauf, nur bestimmte Formen komplexer Ordnung zu behandeln; sie bietet aber eine Reihe von Metaphern, die uns helfen können, ein neues Naturverständnis zu entwickeln. Die Chaostheorie zeigt, wie empfindlich die natürlichen Systeme sind und wie müßig letztlich alle Versuche bleiben müssen, die Natur wie eine Maschine beherrschen und manipulieren zu wollen.

Chaostheorie

Die Chaostheorie ist eine der interessantesten theoretischen Entwicklungen der heutigen Wissenschaft. Sie ist der erste wissenschaftliche Versuch, jene Systeme zu verstehen, die so komplex erscheinen, daß sich ihre Einzelheiten und Bewegungen offenbar jeder Beschreibung entziehen. Heute schickt man sich an, Turbulenzen in Flußströmungen, Stoßwellen von Überschallflugzeugen, Wetterveränderungen, elektrische Aktivitäten im Gehirn, Unregelmäßigkeiten der Herzfrequenz, komplexe Bewegungen kleiner Asteroide, Schwankungen des Aktienmarktes und wilde Sprünge in Insektenpopulationen zu untersuchen.

Die Chaostheorie gehört zu einem umfassenderen Gebiet, der *nichtlinearen Dynamik*, die weit über die einfachen, regelmäßigen Bahnkurven und Zustandsräume der Newtonschen Physik hinausgehen. Nichtlineare Dynamik behandelt abrupte und katastrophale Veränderungen, Zufallsbewegungen, unendliche Empfindlichkeit und Bifurkationspunkte (gewissermaßen Überschneidungspunkte in der Evolution von Systemen). Sie bedeutet eine radikale Erweiterung des Zustandsraums und zeigt uns einen Weg, zu verstehen, wie Systeme ihre eigenen inneren Strukturen und Stabilitäten erzeugen können. Sie beschäftigt sich mit Formen, die ihrer Natur nach unendlich komplex sind – beispielsweise mit dem Delta eines Flusses oder der Verästelung von Bäumen, dem menschlichen Gefäßsystem, der Struktur von Eisblumen und dem Muster von Brüchen in einer Metallstange.

Fraktale

Unmittelbaren Zugang zur Chaostheorie findet man mit Hilfe der sogenannten Fraktale. Die Bilder, die man unter Verwendung von Fraktalen herstellt, dürften den meisten Lesern vertraut sein. Sie sind in vielen Büchern und populärwissenschaftlichen Zeitschriften erschienen. Sie sind nicht nur in sich faszinierende mathematische Objekte, sondern auch in der Lage, das Erscheinungsbild von Landschaften, Planeten und einer Vielzahl organischer Formen zu simulieren. Mit Hilfe von Fraktalen erzeugt man die komplexen Formen, die man auf vielen Plakaten, in Filmen und Fernsehspots sehen kann. Jeden Tag betrachten Menschen fraktale Strukturen. Sie wissen es nur nicht.

Die Mathematiker des antiken Griechenland erforschten die räumliche Ordnung zweidimensionaler Formen – etwa der Linie, des Dreiecks, Quadrates und Kreises – sowie vieler dreidimensionaler Figuren – des Würfels, der Kugel und der Pyramide. Die Eigenschaften und Beziehungen, die in der Geometrie dieser Figuren eine Rolle spielen, untersuchte Euklid mit Hilfe der formalen Logik. Nach Platons Überzeugung lagen diese idealen Formen der Natur zugrunde. Solche Vorstellungen prägten noch das Denken in der Renaissance, und viele Lehrbücher der Zeichenkunst teilten die menschliche Gestalt in Ellipsen, Kreise und Rechtecke auf.

Man glaubte das Wesen der natürlichen Strukturen in einer Geometrie zu finden, die mehr als zweitausend Jahre alt ist. Doch wie verhält es sich mit wirklich komplizierten Strukturen wie Bäumen, Küstenlinien, Bergen und Wolken? Sie erschienen »unordentlich« und gehörten einfach nicht zu jener Art von Systemen, mit denen sich ein Mathematiker, der etwas auf sich hält, einlassen mochte. Man wollte sich in einer Welt der ästhetischen Mathematik bewegen und sich nicht mit zufälligen Unebenheiten und Abweichungen beschäftigen müssen.

Vermessung einer Küstenlinie

Einige Mathematiker begannen sich jedoch zu fragen, ob es nicht möglich wäre, solche bizarren Formen in streng mathematischer Weise zu beschreiben. Bald erkannten sie, daß man ein ganz neues mathematisches Begriffssystem brauchte, um diese Strukturen zu erfassen. Denken wir beispielsweise an die Küstenlinie eines Landes wie Großbritannien, mit all seinen Mündungen, Vorgebirgen und geschwungenen Buchten. Die Mathematiker überlegten sich, wie man den Umfang der englischen Küste berechnen könne. Im Falle eines Fußballfeldes oder einer Tischplatte ist das einfach: Man legt eine Schnur entlang der Kanten, zieht sie dann gerade und mißt ihre Länge. Doch damit ist einer komplizierten Küstenlinie nicht beizukommen.

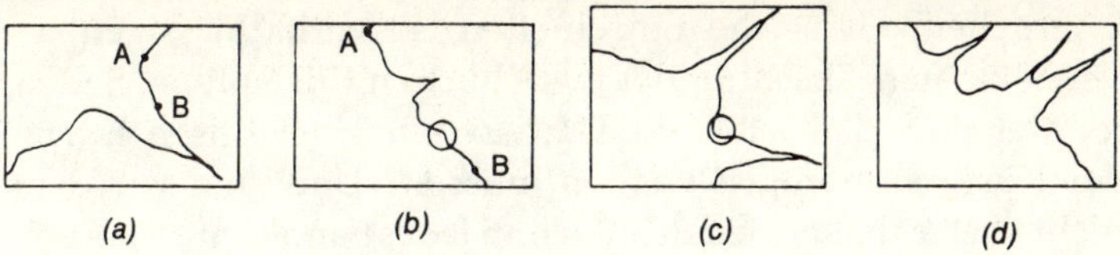

Abbildung 23. Nach Karte (a) beträgt der Abstand zwischen A und B einen Kilometer. Doch auf der Karte (b), die einen größeren Maßstab hat und auf der mehr Einzelheiten zu erkennen sind, beträgt der Abstand zweieinhalb Kilometer. Ein Ausschnitt der Karte (b) ist auf Karte (c) gezeigt, und ein Ausschnitt in noch größerem Maßstab zeigt d. In allen Fällen nimmt der Abstand zwischen A und B mit der Detailliertheit der Wiedergabe zu.

Man könnte sich zunächst mit einer Straßenkarte des ganzen Landes behelfen. Wir legen einen Faden entlang der Küste, messen seine Länge und rechnen die Strecke mit Hilfe des Maßstabs unten auf der Karte aus. Damit müßten wir die Länge der britischen Küste ermittelt haben. Doch man kann eine Reihe genauerer Straßenkarten kaufen, die das Land in fünf oder sechs Regionen aufteilen. Diese Karten zeigen zum Beispiel die Mündungen kleinerer und größerer Flüsse und begradigen nicht so viele Einzelheiten der Küstenlinie. Wenn wir jetzt den oben beschriebenen Meßvorgang mit allen diesen Karten wiederholen, bekommen wir ein abweichendes Ergebnis: Die Küstenlinie erweist sich als länger. Und das ist noch ein eher einfaches Beispiel: Die englische Vermessungsbehörde beispielsweise gibt eine Serie von zweihundert Karten heraus, auf denen fast jeder Fußweg im Lande verzeichnet ist. Mit Hilfe solcher Karten kann der Faden jedem Kilometer der Küstenlinie folgen und noch weit mehr und geringere Einzelheiten berücksichtigen. Abermals erscheint die Küstenlinie länger. Wie weit kann man dieses Spiel treiben? Wie lang ist die englische Küste tatsächlich? Je detaillierter die Karte ist, desto länger wird die Küste (Abbildung 23). Vielleicht sollte man die Entfernung zu Fuß ausmessen. Doch wenn wir das täten, müßten wir dann jede kleine Abweichung, jeden winzigen Küstenvorsprung und die Mündung jedes Baches miteinrechnen?

Übergehen wir solche Einzelheiten, so vernachlässigen wir einen kleinen Abschnitt der tatsächlichen Küstenlinie. Bedeutet dies nun, daß selbst die Umrisse einzelner Felsen entlang der Küste einbezogen werden müssen? Und sind wir dann nicht auch gehalten, jeden Stein und jedes Sandkorn zu berücksichtigen?

Je genauer wir vorgehen, desto größer wird also unser Ergebnis. Tatsächlich ist der Umfang der englischen Küste genauso groß wie der Nord- und Südamerikas zusammen. In Wirklichkeit ist er unendlich. Dank des grenzenlosen Formenreichtums natürlicher Strukturen ist der Umfang der Britischen Inseln unendlich groß.

Der Verlauf einer Küstenlinie hängt nämlich von einer Vielzahl von Faktoren ab. In der einen Region zermahlt die tobende See Kliffs und Felsen. In einer anderen trocknen sumpfige Küstengebiete aus oder versanden Buchten. Hinzu kommen Ströme und Flüsse, die das Land mit ihrem Mäanderlauf zerteilen und sich in das Meer ergießen. Wind, Regen und Gezeiten wirken ständig auf die Landschaftsformationen ein – das Ergebnis ist eine hochkomplexe natürliche Form, eine Form, die sich nicht dadurch reproduzieren läßt, daß man eine zugrunde liegende einfache Form lediglich durch eine Reihe von Einzelheiten ergänzt.

Natürliche Küsten sind von unendlicher Länge und unendlicher Komplexität. Auch Berge zeigen keine konstante Steigung. Von weitem betrachtet, kann ein Berg durchaus eine klare Form besitzen. Doch wenn man ihm näher kommt, beginnt sich diese Form von Region zu Region und schließlich sogar von Punkt zu Punkt zu ändern. Es stellt sich heraus, daß die mathematischen Objekte, die die komplizierte Form eines Berghanges wiedergeben, keine Steigung zeigen.

Vorausgesetzt der Berghang ist nicht zu steil, ist ein Ingenieur natürlich dennoch in der Lage, dort einen Schienenweg von bestimmter Länge und Steigung zu legen. Doch liegt dies daran, daß jede Metallschiene von endlicher Länge ist und die ständig sich verändernden Abweichungen des Berghanges ausgleicht. In dieser Größenordnung kann der Ingenieur sich

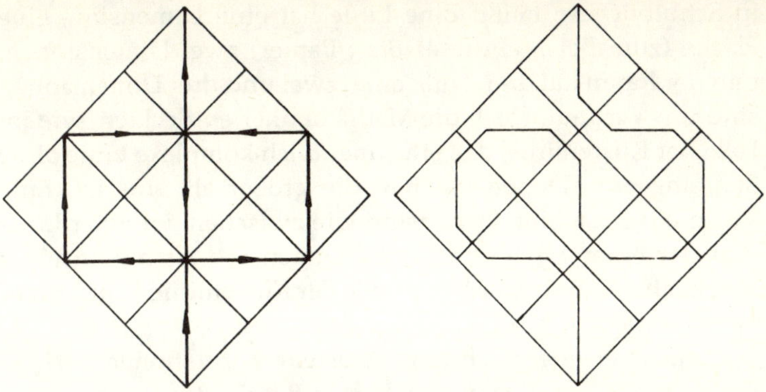

Abbildung 24. Die Peano-Kurve. In einer Reihe von Schritten wird diese Kurve immer komplizierter, bis sie die Fläche vollständig ausfüllt. Dabei wächst ihre fraktale Dimension von 1,0 auf 2,0 an.

deshalb nach der herkömmlichen Geometrie richten. Doch wenn man die Einzelheiten des Berghanges in immer kleineren Größenordnungen untersucht, verlieren Konzepte wie Länge und Gefälle angesichts unendlicher Komplexität ihre Bedeutung (Abbildung 24).

Durch diese merkwürdigen Entdeckungen hinsichtlich der Formen realer Objekte fühlten sich einige Mathematiker herausgefordert, solche Formen selbst herzustellen. Deshalb begannen sie Linien von immer größerer Komplexität zu entwickeln. Sie entwarfen Kurven mit zahllosen Abweichungen und Wendungen. Flächen mit unendlich vielen Details, Linien ohne Steigung, aber von grenzenloser Länge, und als sie diese Linien und Flächen untersuchten, entdeckten sie, wie das Konzept von der Dimension seine Konturen allmählich verlor.

Neue Dimensionen

In der Welt der regelmäßigen griechischen Geometrie ist der Begriff der Dimension klar und eindeutig. Ein Punkt hat null Dimensionen, denn er ist ein »Ort ohne Ausdehnung«, wie es in Schulbüchern heißt. Eine Linie hat eine Dimension, eine Fläche (zum Beispiel dieses Blatt Papier) zwei Dimensionen, und der Raum hat drei. Null, eine, zwei und drei Dimensionen sind uns vertraut. Doch die Mathematiker entdeckten, wie im Falle der Küstenlinie, daß eine unendlich komplexe Linie ohne Steigung eine Dimension hat, die größer als eins ist. Eine Küstenlinie hat eine Dimension, die zwischen der einer Linie und der einer Fläche liegt. Ihre Dimension ist nur in einer Bruchzahl auszudrücken – im Falle der Küstenlinie Großbritanniens beträgt sie 1,26.

Wenn man unendlich fein verästelte Formationen berücksichtigen will, muß man den ganzen Begriff der Dimensionen neu definieren, weil die alten und anerkannten Definitionen eine derartige innere Komplexität nicht erfassen können. Diese neuen Definitionen sind formal und wissenschaftlich. Man kann sich eine solche gebrochenzahlige Dimension aber vergegenwärtigen, indem man sich einen Tisch vorstellt, der mit vielen Reiskörnern bedeckt ist. Es befinden sich vielleicht eine Million Reiskörner auf dem Tisch, doch eine gerade Linie erfaßt nur wenige tausend. Die Zahl der von der geraden Linie berührten Körner und die Zahl der auf dem Tisch befindlichen Körner unterscheiden sich also erheblich.

Doch nehmen wir an, die Linie würde immer komplexer, so daß sie mehr und mehr Körner erfaßt. Was geschieht, wenn die Linie annähernd alle Körner berührt? Ist sie dann noch eindimensional, oder nähert sie sich aufgrund ihrer Komplexität schon den zwei Dimensionen einer Fläche? Hochkomplexe Linien, so komplex, daß sie keine Steigung haben und ihre Länge unendlich ist, haben eine gebrochenzahlige Dimension, die größer als eins ist.

Nach den Linien beschäftigten sich die Mathematiker mit Flächen von so großer Komplexität, daß ihre Dimensionen zwischen zwei und drei angesiedelt sind. Sie haben sogar Punktwolken, sogenannte Cantor-Mengen, entdeckt, deren Dimension zwischen null und eins liegt. Plötzlich befand sich die Mathematik in einer Welt gebrochenzahliger Dimensionen und sah sich zu dem Eingeständnis gezwungen, daß es Linien gibt, die unendlich lang sind und dennoch auf ein Stück Papier von endlichen Ausmaßen passen, und daß es stetige Kurven ohne Steigung gibt. Für diese gebrochenzahlig dimensionierten Objekte prägte man die Bezeichnung *fraktal* (nach dem englischen *fractional* [gebrochenzahlig]). Der berühmteste Vertreter dieser mathematischen Richtung, Bénoît Mandelbrot, vertritt die Auffassung, daß fraktale Punktmengen, Kurven und Flächen den natürlichen Formen weit verwandter sind als alles, was bislang in der Mathematik behandelt worden ist. Erinnern wir uns, welche Verrenkungen wir nachvollziehen mußten, um die Natur entsprechend des kartesischen Gitters zu beschreiben. Der Natur Ordnung und Regelmäßigkeit aufzuzwingen lag in der Logik des kartesischen Koordinatensystems und der Infinitesimalrechnung. Mit Hilfe dieser Methode konnte Newton die Bahn der verschiedensten Objekte berechnen – von Kanonenkugeln bis hin zu Planeten. Doch die Bahnen, mit denen Newton und andere arbeiteten, waren stets regelmäßig und einfach. Sie hatten endliche Längen und genau definierte Steigungen. Eine unabdingbare Voraussetzung für Newtons Infinitesimalrechnung ist nämlich, daß Steigungen regelmäßig und genau definiert sind. Was nützt aber dieser großartige mathematische Ansatz, wenn eine Bahn keine Steigung mehr besitzt und sich nicht differenzieren läßt? Was ist, wenn bestimmte Objekte sich auf Bahnen bewegen, die so kompliziert sind, daß sie eine gebrochenzahlige Dimension haben? Mit einem Male fällt das gesamte mathematische Gebäude des Newtonschen Weltbilds in sich zusammen.

Laplace war der Meinung, er wäre, wenn er im Augenblick der Schöpfung neben Gott gestanden hätte, in der Lage gewesen, die Bewegung jedes Teilchens im Universum bis zum Ende aller Zeiten zu berechnen. Doch wo bleibt er mit seiner Kunst, wenn einige Teilchen fraktalen Bahnen folgen und Bewegungen vollführen, die sich dem Zugriff der Infinitesimalrechnung entziehen? Plötzlich sind Reichtum und Vielfalt der Natur weit jenseits der Möglichkeiten der Newtonschen Karte angesiedelt.

Mandelbrot sagte, alle regelmäßigen Beschreibungen seien

Illusion und hätten nichts mit der wirklichen Welt zu tun, der Welt der Wolken, Berge, Sterne, rasch strömenden Flüsse und Regenschauer. Solche Erscheinungen seien unendlich komplex und bedürften einer ganz anderen Mathematik – der Mathematik der Fraktale.

Erzeugung von Fraktalen

Doch trotz scheinbarer Komplexität lassen sich einfache Fraktale auch relativ leicht erzeugen. Eines läßt sich aus einem einfachen Dreieck entwickeln, indem man sich eines Hilfsmittels bedient, das Mandelbrot Generator nennt. In Abbildung 25 wird jede Seite des Dreiecks durch eine einfache Form (Generator genannt) ersetzt und dergestalt ein Stern erzeugt.

Im nächsten Schritt wird der Generator um ein Drittel verkleinert und der Prozeß wiederholt, so daß mit Hilfe jeder geraden Linie des Sterns eine noch kompliziertere Form entsteht. Dies läßt sich unendlich fortsetzen, wobei der Generator jedesmal um ein Drittel verkleinert und auf jede gerade Linie der Figur angewendet wird. Auf diese Weise nimmt die Komplexität der Figur zu und zeigt immer mehr Einzelheiten. Wenn man den Generator in immer kleineren Größenordnungen anwendet und diesen Prozeß grenzenlos fortsetzt, erhält man schließlich ein Fraktal – eine Figur, die keine Steigung aufweist und einen unendlichen Umfang hat. Darüber hinaus läßt der Prozeß der Erzeugung erkennen, wie sich ihre Einzelheiten immer und immer wiederholen. Man nehme irgendeinen kleinen Ausschnitt des Fraktals und vergrößere ihn. Es werden noch mehr Einzelheiten zutage treten. Nun vergrößere man einen winzigen Teil dieser Figur, und man wird noch mehr Einzelheiten entdecken. In jedem Falle wiederholt sich die Einzelheit. Mathematiker bezeichnen dieses Phänomen als Selbstähnlichkeit.

Eine Vielzahl ganz unterschiedlich aussehender Fraktale läßt sich auf diese Weise erzeugen – alle unendlich in ihrer Komplexität und Detailliertheit. Dazu gehören fraktale Inseln, fraktale

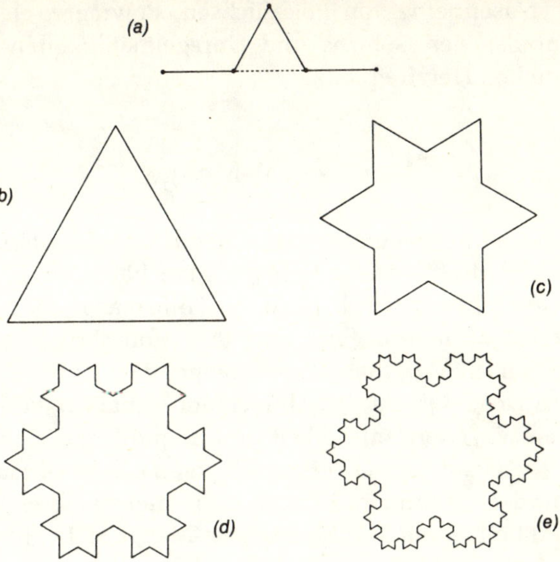

Abbildung 25. Wenn man einen Generator (a) auf ein Dreieck (b) anwendet, so erhält man einen sechsseitigen Stern (c). Wiederholt man die Anwendung dieses Generators, und verkleinert man ihn dabei jedesmal um einen Faktor von einem Drittel, so erhält man immer komplexere Figuren (d), (e). Wenn man diesen Prozeß lange genug fortsetzt, gelangt man zu einer fraktalen Figur.

Berge und sogar fraktale Punktmengen. Es gibt Fraktale, die sich endlos verzweigen und die Form von Flußdeltas, Bäumen und Nervensystemen simulieren. Andere Fraktale gleichen Wolken oder Gehirnwindungen.

Einige Fraktale zeigen strenge Selbstähnlichkeit, das heißt, dasselbe Detail wiederholt sich in jeder Größenordnung. Manche lassen in unterschiedlichen Größenordnungen Veränderungen der Details erkennen, und andere sind sogenannte *zufällige Fraktale*. Die Experten erklären, derartige Fraktale könnten höchst unterschiedliche Phänomene modellieren – Gefäßsysteme, elektronisches Rauschen, die Verteilung von Sternen und Galaxien im Universum, Turbulenzen, Metallbrüche, Eisblumen auf Fenstern, Stoßwellen von Überschallflugzeugen, Nasenbeine von Polarfüchsen, Polymere, elektronische Impulse des Gehirns und Unregelmäßigkeiten in der menschlichen Herzfrequenz.

Mandelbrot-Menge

Zu den bekanntesten und am eingehendsten erforschten Fraktalen gehört die *Mandelbrot-Menge.* Man hat zahlreiche Programme für PCs entwickelt, mit deren Hilfe man in die Mandelbrot-Menge »hineinfliegen« und ihre Komplexität sichtbar machen kann. Man hat diese Menge das komplizierteste mathematische Objekt im Universum genannt. Wiederum begegnen wir Grenzenlosigkeit und unendlicher Vielfalt des Details. Man kann sich auf einen winzigen Ausschnitt konzentrieren und dessen innere Struktur bei immer stärkeren Vergrößerungen betrachten. Die Mandelbrot-Menge stellt ein ganzes Universum *en miniature* dar, denn man kann diesen Prozeß immer weiter fortsetzen und endlos neue Einzelheiten zutage fördern.

Besonders interessant an der Mandelbrot-Menge ist der Umstand, daß sie im Grunde genommen nicht geschaffen, sondern entdeckt worden ist. Dieses merkwürdige mathematische Objekt beruht unmittelbar auf den Eigenschaften der sogenannten *komplexen Zahlen.* Zur Erzeugung einer Mandelbrot-Menge braucht man nur eine komplexe Zahl auszuwählen und sie endlos durch Iteration auf sich selbst abzubilden. Insofern war die Mandelbrot-Menge eigentlich schon immer vorhanden und wartete als eine Eigenschaft der komplexen Zahlen darauf, von einem Mathematiker entdeckt zu werden. Niemand hat die Mandelbrot-Menge erfunden – die Mathematiker begegneten ihr und ihrer endlosen Komplexität gewissermaßen zufällig.

Oben haben wir gesehen, daß wir das Universum auf jeder Größenebene betrachten können und dabei eine endlose Fülle von Einzelheiten vorfinden. Die Mandelbrot-Menge liefert eine Metapher für diese innere Komplexität aller Dinge, denn je tiefer Sie mit Ihrem Computer in die Menge »hineinfliegen«, desto weitere Räume eröffnet sie Ihnen. Die Mandelbrot-Menge ist ohne Ende, und wer in ihr »fliegt«, vor dem entfaltet sich sozusagen eine mathematische Sinfonie. In ähnlicher Weise kann man sich der Natur in jedem Größenausschnitt zuwenden und sieht sich vor einer endlosen Fülle von Einzelheiten.

Allerdings ist die Betrachtung dieses angeblich komplexesten Objekts im Universum nicht frei von Ironie: Es wird auf außerordentlich einfache Weise erzeugt – durch simple Iteration. Man nimmt das Erzeugnis von einer Stufe des Prozesses und verwendet es in einem Rückkopplungsprozeß als Eingabe für die nächste Stufe. Bei aller Komplexität entfaltet sich die Mandelbrot-Menge auf höchst mechanische Weise. Alle Fraktale werden durch einen einfachen Wiederholungs- oder Iterationsakt erzeugt, so daß sie zugleich hochkomplex und sehr einfach geordnet sind.

Bäume und Fraktale

Ist es also bloßer Zufall, daß Fraktale die Komplexität nachzuahmen scheinen, die Küstenlinien und Wolken, Gefäßsystemen, Flüssen und Bäumen eigen ist? Vergegenwärtigen wir uns, welche Bedingungen und Zufälle auf einen einzigen Baum einwirken, der an einem x-beliebigen Ort steht. Der Baum wächst und lebt dank der photosynthetischen Prozesse, die sich in seinen Blättern vollziehen. Seine Blätter sind so geartet und geformt, daß sie der Sonne eine maximale Fläche darbieten. Nun steht die Sonne aber nicht unverrückt in einer bestimmten Position am Himmel, sondern wandert von Ost nach West und verändert ihren höchsten Stand je nach Jahreszeit. Auch ist es möglich, ja sogar wahrscheinlich, daß andere Bäume oder ein Gebäude unserem Baum zu bestimmten Tageszeiten das Licht nehmen. Im übrigen genügt es nicht, wenn der Baum über eine maximale Blattoberfläche verfügt, er muß auch so beschaffen sein, daß sein Stamm deren gesamtes Gewicht tragen kann. Dazu müssen die Äste und Zweige in bestimmter

Weise wachsen und ihr Durchmesser in einem bestimmten Verhältnis zu dem des Stammes stehen. Überdies muß der Baum Stürmen standhalten können. Bei starkem Regen muß er das überschüssige Wasser von seinen Blättern auf den Boden in der Nähe seiner Wurzeln tropfen lassen. Wenn ein Baum in Gebirgs- oder Küstennähe steht, muß er sich gegen den vorherrschenden Wind stemmen. Die unterschiedlichen Einschränkungen in der Entwicklung des Baumes wirken zudem innerhalb eines bestimmten Zeitraums. Der Baum muß sein Wachstum als Sämling beginnen und im Laufe der Zeit seine Äste ausbreiten. Womöglich beginnt sein Leben im Schatten anderer Bäume oder auf einem offenen Feld, und in jedem Jahr seines Lebens können eine Vielzahl äußerer Einflüsse auf ihn einwirken – auf seine Form, sein Wachstum und die Entscheidung, wo Äste auszubilden sind und wie viele Blätter er tragen kann oder muß. Jede dieser seine Gestalt betreffenden Entscheidungen wird dann in die Wachstumsprozesse des Baumes umgesetzt, während er sich langsam seinem Reifezustand nähert.

Bis zu einem gewissen Grade kann eine fraktale Struktur die komplexe Verzweigung eines Baumes erklären. Manche Fraktale sehen tatsächlich wie Bäume aus, und durch Abänderung der einfachen Regel, die das Fraktal erzeugt, lassen sich die typischen Grundformen der Eiche, der Pappel oder des Immergrüns generieren. Doch ein wirklicher, lebendiger Baum ist einem unendlich vielfältigen Code vergleichbar: In ihm sind die Kräfte und Entscheidungen festgehalten, die sein Leben bestimmt haben. Vom zarten Sämling bis zum knorrigen, gespaltenen Stamm der alten Eiche erzählt uns der Baum von seinem Leben, dem Wechsel der Jahreszeiten, die er erlebt hat, den Trocken- und Kälteperioden, dem Vegetationswechsel in seiner Umgebung und sogar den Vögeln und Tieren, deren Wirt er war. Ein Baum ist ein unverwechselbares Individuum, eine Einzigartigkeit.

Fraktale mögen zwar in der Lage sein, die arttypischen Verzweigungsformen eines Baumes nachzuahmen, sie können aber nur einen idealen Baum abbilden, einen Baum, der den

Ansprüchen der Vollkommenheit genügt. Natürlich lassen sich die Verzweigungen des fraktalen Baumes auch durch ein Zufallselement verändern, so daß es aussieht, als unterliege auch er gänzlich individuellem Wachstum. Aber kann man durch Fraktale wirklich das *Wesen* der individuellen Form eines realen Baums einfangen? Bleibt nicht irgend etwas stets dem mathematischen Verfahren entzogen, mit dem sich die unterschiedlichen Formen seiner Verzweigung reproduzieren lassen? Ist die Natur wirklich so einfach?

Fraktale vermitteln höchst aufschlußreiche Erkenntnisse über die Natur der Komplexität, aber sie sind keine endgültige und wahrheitsgetreue Wiedergabe der organischen Vielfalt der Natur. Fraktale werden durch relativ einfache Verfahren erzeugt. Im Gegensatz dazu werden die lebenden Strukturen der Natur auf weit komplexere Weise hervorgebracht, denn ihre Existenz ist Teil eines sehr viel umfassenderen und sich stets verändernden Kontextes.

Algorithmen und Intelligenz

Man bezeichnet die Iterationsprozesse, durch die Fraktale erzeugt werden, auch als *Algorithmen*. Sie beruhen auf einem Rechenvorgang, in dessen Verlauf eine kleine Zahl einfacher Schritte immer wiederholt wird, wobei das Ergebnis eines Durchlaufs über eine Rückkopplungsschleife als Input in den nächsten eingeht. Algorithmen gehen weit über die Erzeugung fraktaler Formen hinaus. Sie können eine Vielzahl von Prozessen simulieren. Manche Wissenschaftler vertreten die Auffassung, sie würden die generativen Prozesse widerspiegeln, die in der Natur Anwendung finden.

In seinem Buch *The Dreams of Reason* hat der verstorbene Heinz R. Pagels die Auffassung vertreten, diese einfachen repetitiven Prozesse – die Algorithmen eben – hätten etwas mit den grundlegenden Verfahrensweisen der Natur gemein.[3] Pagels meint, sogar die Funktionen des menschlichen Gehirns ließen sich durch eindeutig definierte Algorithmen erklären. Nach seiner Überzeugung verhält es sich dabei nicht so, daß die Formen und Strukturen, die durch die Algorithmen erzeugt werden, denen der Natur ähneln, sondern daß ähnliche iterative Prozesse einer Vielzahl natürlicher Systeme zugrunde liegen. Daraus folgt, daß zumindest im Prinzip diese Prozesse relativ leicht auf einem Computer simuliert werden können, weil selbst die komplexesten menschlichen und tierischen Verhaltensweisen aus der Wiederholung sehr einfacher Algorithmen erwachsen.

Als generative Prozesse sind Algorithmen ihrer Natur nach unitär, vollkommen deterministisch und absolut festgelegt durch das, was ihnen vorausgeht. Solche Prozesse mögen also sehr interessant für das Verständnis von Komplexität sein, sie sind aber, trotz allem, was Pagels vorbringt, niemals in der Lage, die tatsächliche Formenvielfalt der Natur zu offenbaren. Algorithmische Karten der Natur vermitteln nützliche Einsichten, lassen aber die nötige Vielfalt und Authentizität vermissen.

Die Hoffnung, man könnte das geistige Verhalten des Menschen simulieren, war ein Traum, der die Begründer der künstlichen Intelligenz (KI) beflügelt hat. Viele KI-Forscher sind noch immer der Überzeugung, allem, was unser Verstand leiste – von der Problemlösung und der Erkennung eines Gesichtes bis zu Sprachverständnis und Fußballspiel – lägen eine Reihe kognitiver Strategien zugrunde. Gewiß, man hat Computer dazu bringen können, bestimmte Formen menschlichen Verhaltens zu simulieren. Sie sind sehr gut in der Lage, visuelle Daten bestimmter Art zu verarbeiten und Schach zu spielen. Aber ihre Fähigkeit, die Sprache in ihrem ganzen Reichtum und ihrer Vieldeutigkeit zu verstehen, ist keineswegs beeindruckend. Auch ist es der KI-Forschung nie recht gelungen, die höheren Ebenen der menschlichen Wahrnehmung nachzuahmen mit ihrer Fähigkeit, die visuelle Welt zu erkennen und zu verstehen.

Von Anfang an hat die künstliche Intelligenz unter einer Reihe allzu optimistischer Vorhersagen gelitten, die nicht im entferntesten eingelöst werden konnten. Das jüngste Beispiel ist das japanische Projekt der fünften Computergeneration, in dem man sich zum Ziel gesetzt hatte, »intelligente« Computer zu entwickeln, die viele Funktionen des menschlichen Verstandes bewältigen sollten. Doch die Schwierigkeiten, auf die man dabei stieß, waren viel größer, als man erwartet hatte. So wurde das Ziel dieses japanischen Projektes nicht erreicht.

Nur weil man bestimmte menschliche Verhaltensweisen mit kognitiven Algorithmen erfassen und auf dem Computer simulieren kann, läßt sich noch lange nicht behaupten, man habe entdeckt, wie der menschliche Verstand beschaffen ist und auf welchen generativen Prozessen seine Arbeitsweise beruht. Tatsächlich bewiesen ist damit lediglich, daß es innerhalb gewisser Grenzen möglich ist, bestimmte menschliche Funktionen mit Hilfe einer Reihe von repetitiven Schritten nachzuahmen.

Wir haben es also mit einem weiteren Beispiel für Unitarität innerhalb der Nicht-Unitarität zu tun. Jeder lebendige Augenblick wird aus einem zutiefst nicht-unitären Prozeß geboren, doch in diesem Augenblick wird es stets ein Element der Beständigkeit geben. Unitäre Prozesse bilden einen großen Teil unseres geistigen Lebens, weil vieles von dem, was wir sagen und tun, relativ mechanischen Ursprungs ist.

Insofern spiegeln künstliche Intelligenz, kognitive Strategien und Algorithmen die unitären Aspekte des menschlichen Denkens und Verhaltens wider.

Doch unser Verstand hat auch die Fähigkeit zu schrankenloser Kreativität, und seine Funktionen sind unendlich vielfältig. Während bestimmte Formen des Verhaltens relativ algorithmisch sein mögen, entfaltet sich die Kreativität des Menschen dadurch, daß er den Kontext versteht, in dem dieses Verhalten angemessen ist. Die menschliche Erkenntnisfähigkeit zeigt sich in dem Vermögen, die Grenzen von Kontexten zu überschreiten. Computer dagegen sind stets kontextabhängig. Sie sind darauf programmiert, bestimmte Aufgaben in »geistloser« Weise auszuführen. Selbst wenn sich der Kontext verändert, bleibt der Computer beim einmal eingegebenen Verhalten.

Natürlich kann man ein höher strukturiertes Programm eingeben, das den Computer anweist, seine Strategien zu ändern, wenn sich ein bestimmter Kontext wandelt. Aber dieses Programm wird wiederum von einem allgemeineren Kontext bestimmt, und wenn der Kontext *dieses Kontextes* wechselt, ist der Computer eben von diesem Punkt an unfähig, in angemessener Weise zu reagieren. Es gibt auch Programme, die angeblich lernfähig sind, doch beruhen sie alle auf festgelegten Strategien, die sich an Schlüsselbegriffen wie *Erfolg, Ziel* oder *Belohnung* orientieren. Programme können so strukturiert sein, daß sie neue Muster wahrnehmen. Doch in allen Fällen ist das Verhalten des Computers in irgendeinem größeren Zusammenhang festgelegt.

Computer sind rein unitäre Gebilde; sie haben stets bestimmte Grenzen. Im Gegensatz dazu ist der Verstand durch keinerlei Kontexte oder Vorgaben eingeschränkt und kann immer die Grenzen eines gegebenen Zusammenhangs überschreiten. Er kann spielen um des Spieles willen und Witze machen. Er kann den Kontext, in dem er sich befindet, in Frage stellen und gegen die eigenen Regeln verstoßen. Natürlich kommt es vor, daß ein Verstand, der verletzt oder beschäftigt ist, in bestimmten Mustern neurotischen Verhaltens nach Sicherheit sucht. Wenn er sich dergestalt an die Vergangenheit klammert, dann weist er in der Tat unitäre, algorithmische und repetitive Züge auf. Dennoch kann sich selbst das kränkste Individuum gelegentlich fragen, was es tut, und Einsichten gewinnen, die ihm gestatten, seine bisherigen Grenzen zu überschreiten.

Einsicht, Kreativität und die Fähigkeit, Kontexte zu überschreiten, fehlen im Bereich der künstlichen Intelligenz (KI). Einsichtsvolle KI-Forscher versuchen deshalb nicht, menschliches Verhalten zu *simulieren*, sondern vielmehr die Fähigkeit von Computern zu steigern. Unter diesen Voraussetzungen setzt sich die KI-Forschung das Ziel, den Computer als Hilfe und Unterstützung für den Menschen einzusetzen. Das Ergebnis wäre eine Art Symbiose, in der menschliche Intelligenz und elektronisches Rechenvermögen einander ergänzen.

Pagels' Behauptung, alles in der Natur, von den komplexen materiellen Prozessen bis hin zur menschlichen Intelligenz, lasse sich auf eine Reihe grundlegender Algorithmen zurückführen, ist zurückzuweisen. Algorithmen sind mechanisch, unitär und deterministisch – die Natur ist es nicht. Zwar kann die endlose Wiederholung eines bestimmten Algorithmus durch einen Hochgeschwindigkeitsrechner Formen von verblüffender Komplexität erzeugen, doch werden damit nicht die fundamentalen Naturprozesse wiederholt.

Während uns Fraktale also zum erstenmal die Darstellung von endloser Komplexität und grenzenloser Detailliertheit ermöglichen, ist mit ihrer Anwendung keinesfalls das letzte Wort in dieser Sache gesprochen. Bestenfalls stellen sie eine Möglichkeit dar, die früheren und allzu vereinfachten Beschreibungen der Natur zu überwinden. Wir sollten uns hüten, uns von der Leistungsfähigkeit dieses Rechensystems täuschen zu lassen, wie wir uns einst von den idealen Formen der griechischen Geometrie blenden ließen.

Pendel

Fraktale eröffnen uns einen Zugang zur endlosen Komplexität der Natur. Die oben genannten Beispiele befassen sich mit statischen Formen, nicht mit dynamischen Prozessen und Veränderungen. Doch mit Hilfe der Fraktale kann man auch in die Welt von chaotischen Bewegungen, Turbulenzen und unendlich komplexen Vorgängen eindringen. Dazu bedarf es einer Erneuerung und Vertiefung des Zustandsraumes, mit dem wir uns in den letzten Kapiteln nicht mehr befaßt haben. Dieser neue Zustandsraum wird reicher an Struktur und Information sein.

Stellen wir uns für diesen Versuch, den Zustandsraum zu erweitern, zunächst das Pendel einer Uhr vor. In einer idealen Welt, in der es weder Reibung noch Luftwiderstand gibt, schwingt das Pendel auf konstante Weise hin und her – erst nach rechts und dann nach links. Wenn es den höchsten Punkt seines Schwungs nach links erreicht, verlangsamt sich seine

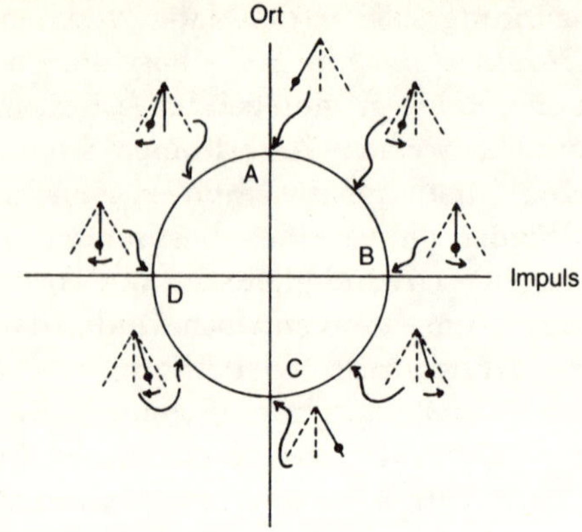

Abbildung 26. Ein Zustandsraum-Diagramm für ein Pendel. Am höchsten Punkt seiner Schwingung (A), befindet sich das Pendel in größter Entfernung von seiner Mittellage und hat die Geschwindigkeit null. In der Mittellage (B) verfügt das Pendel über seine höchste Geschwindigkeit, aber die Entfernung null. In D hat es zwar dasselbe Tempo, bewegt sich aber in die entgegengesetzte Richtung, so daß sein Impuls ein anderer ist.

Bewegung und kommt für einen unendlich kleinen Bruchteil einer Sekunde zum Stillstand, kehrt sich dann um und nimmt auf dem Weg zum Gravitationszentrum wieder an Tempo zu. In der Mitte seines Schwungs erreicht es seine höchste Geschwindigkeit, um anschließend, wenn es nach rechts wieder an Höhe gewinnt, abermals langsamer zu werden. Dergestalt schwingt das Pendel: gewinnt und verliert an Geschwindigkeit, nähert sich zunächst seiner Mittellage und strebt dann wieder von ihr fort.

Die Schwingung eines Pendels läßt sich im Zustandsraum leicht darstellen (Abbildung 26). Das Pendel bewegt sich zwischen Geschwindigkeitsextremen, denn wenn es in zwei aufeinanderfolgenden Schwingungen seine Mittellage erreicht, bewegt es sich mit demselben Tempo, aber in entgegengesetzter Richtung, das heißt mit entgegengesetzter Geschwindigkeit. An den höchsten Punkten links und rechts ist seine Geschwindigkeit null. Darüber hinaus schwingt das Pendel zwischen Extremen der Entfernung von seiner Mittellage. Abbildung 27 zeigt, daß seine Entfernung von der Mittellage am größten ist, wenn seine Geschwindigkeit null beträgt – es befindet sich am höchsten Punkt seiner Schwingung. Und wenn es sich in seiner Mittellage befindet (Entfernung null), ist seine Geschwindigkeit am größten.

Sich selbst überlassen, wird der Zustandsraum-Punkt, der dieses ideale Pendel darstellt, endlos im Zustandsraum kreisen. Sein Hin-und-Herschwingen im realen Raum wird als kreisförmige Schwingung im Zustandsraum abgebildet.

Wenn wir dem Pendel genau zum richtigen Zeitpunkt einen kleinen Stoß versetzen, wird es seine Geschwindigkeit erhöhen und einen etwas größeren Kreis beschreiben (Abbildung 27). Wenn wir dagegen die Luft einwirken lassen, wird das Pendel bei seinen Schwingungen auf Luftwiderstand stoßen. Mit jeder Schwingung wird es etwas langsamer werden und infolgedessen nicht mehr in der Lage sein, dieselbe Höhe zu erreichen wie bei der vorausgehenden Schwingung. Der Luftwiderstand verringert die Extreme der Geschwindigkeit und des Ortes. Infolgedessen bewegt sich der Punkt im Zustandsraum spiralförmig

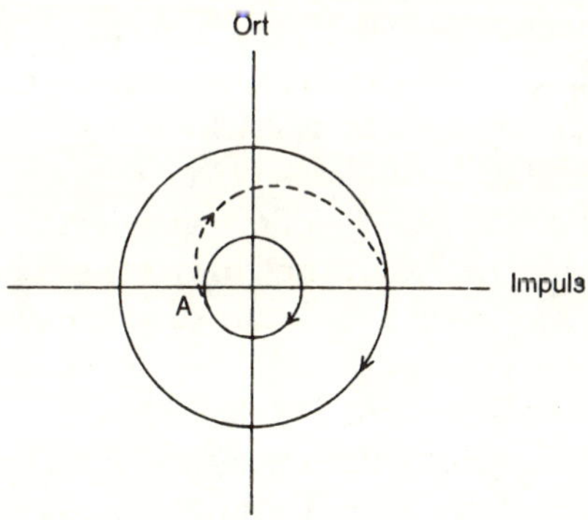

Abbildung 27. Ein Pendel erhält einen kleinen Stoß in A, wodurch es zu einer rascheren und höheren Schwingung veranlaßt wird. Das Zustandsraum-Diagramm zeigt eine spiralförmige Bewegung nach außen, bis das Pendel eine neue stabile Kreisbewegung aufnimmt.

nach innen, bis er schließlich einen Punkt in der Mitte erreicht – das Pendel schwingt nicht mehr.

Ein ideales Pendel ist nicht stabil. Jeder zusätzliche Stoß zwingt seinen Zustandsraum-Punkt, sich in einem größeren Kreis zu bewegen, während der Luftwiderstand ihn veranlaßt, sich spiralförmig nach innen zu bewegen. Dies gilt jedoch nicht für ein Pendel in einer Uhr. Ein solches Pendel erhält in regelmäßigen Abständen einen Stoß – der zeitlich genau auf die Schwingung abgestimmt ist –, um den Einfluß der Reibung und des Luftwiderstandes wettzumachen. Wenn man diese kleine periodische Antriebskraft auf das Pendel einwirken läßt, beschreibt es eine konstante Kreisbewegung im Zustandsraum. Erhält das Pendel einen winzigen Stoß, um es aus seiner Bahn zu bringen, geht es rasch auf seinen ursprünglichen Weg im Zustandsraum zurück. Versucht man, seine Bewegung zu verlangsamen, so beschleunigt es. Sogar der Luftwiderstand hat keinen Einfluß auf seine Bewegung.

Grenzzyklen

Ein solches Pendel ist dynamisch stabil, weil es die Einflüsse winziger Stöße und des Luftwiderstandes ausgleicht und stets zu seiner stabilen Bewegung zurückkehrt. Seinen kreisförmigen Weg im Zustandsraum bezeichnet man als *Grenzzyklus*, weil er den Endzustand darstellt, in den das Pendel stets zurückkehrt, wenn es in seiner Bewegung gestört wird (Abbildung 28). Es wirkt fast so, als übe dieser Grenzzyklus eine Art magnetischer Anziehungskraft auf den Punkt im Zustandsraum aus.

Grenzzyklen kommen in der Natur recht oft vor. Nehmen wir ein einfaches Beispiel, die Beziehung von Freßfeind und Beutetier. Wenn aus irgendeinem Grund die Forellenpopulation in einem See zurückgeht, geht auch die der Hechte zurück, weil ihre Nahrungsquelle versiegt ist. Da die Zahl der Hechte nun kleiner ist, erholt sich die Forellenpopulation wieder. Mit der Zahl der Forellen wächst auch das Nahrungsangebot für die

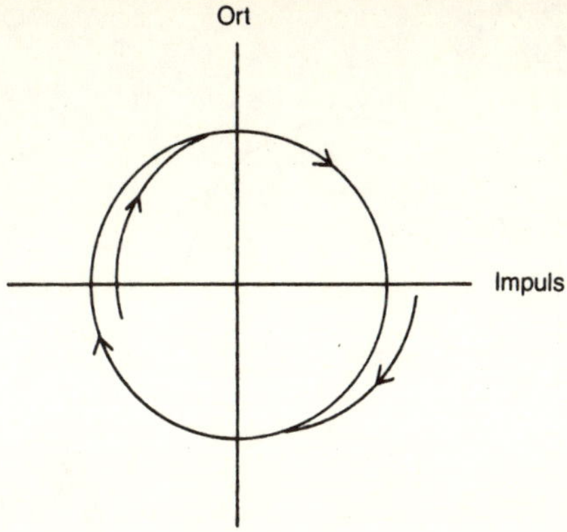

Abbildung 28. Im Falle eines Grenzzyklus ist die Bewegung des Pendels stabil. Aber nach einem kleinen Stoß wird das Pendel stets wieder in die Bewegung des Grenzzyklus gezogen.

Hechte, die sich nun ihrerseits vermehren und dadurch erneut die Forellenpopulation reduzieren. Auf diese Weise jagen sich Jahr für Jahr, Jahrzehnt für Jahrzehnt die Populationen der Hechte und der Forellen in einer dem Grenzzyklus durchaus vergleichbaren Form (Abbildung 29). Ein solches Verhalten ist typisch für die Beziehung, die zwischen vielen Raub- und Beutetieren besteht. Bemerkenswert an diesem System ist die dynamische Stabilität. Auch nach einer kleinen Störung kehrt das System stets in sein ursprüngliches Gleichgewicht zurück. Man kann ruhig jedes Jahr ein paar zusätzliche Hechte oder Forellen ins Wasser setzen – der alte Grenzzyklus stellt sich rasch wieder ein.

Der Zustandsraum, in dem sich das System bewegt, ist offenbar kein flacher Raum mehr, sondern eine höchst abwechslungsreiche Landschaft, und das System rollt wie eine Kugel durch sie hindurch. Im Falle des Grenzzyklus nimmt die Landschaft des Zustandsraums die Form eines kreisförmigen Kanals zwischen zwei Gebirgssystemen an (Abbildung 30). Die Kugel, die die Bewegung des Pendels im Zustandsraum oder die Hecht- und Forellenpopulation darstellt, rollt endlos auf dem Boden

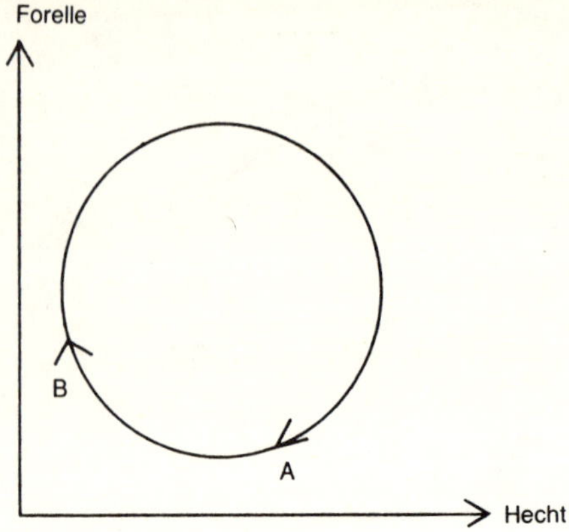

Abbildung 29. Grenzzyklen kennzeichnen viele natürliche Systeme. Hier sind Hechte und Forellen in einem Grenzzyklus eingeschlossen. Wenn nämlich die Zahl der Forellen zu stark zurückgeht (A), sind die Hechte ihrer Beutetiere beraubt, und ihre Population nimmt ab. Bei einer reduzierten Hechtpopulation (B) nimmt die Zahl der Forellen wieder zu.

des Kanals entlang. Immer wenn sie verlagert wird, indem man sie auf der einen oder der anderen Seite die Berge hinaufstößt, fällt sie wieder in den Kanal zurück. Weil er eine spezifische Art der Anziehung ausübt, bezeichnet man einen solchen Kanal als *Attraktor.*

Immer wenn durch kollektives Zusammenwirken unterschiedlicher Teilsysteme Stabilität oder repetitive Bewegung entsteht, befindet sich irgendwo in der vielfältig gegliederten Geographie des Zustandsraums ein Attraktor. Diese Landschaft kann recht kompliziert sein – mit Gebirgszügen, Bergkämmen und unterschiedlichen Talformationen. Der einfachste ist der symmetrische Attraktor in Form einer Senke, wie ihn Abbildung 31 zeigt. In diesem Falle fällt ein gestörtes System stets auf die Talsohle zurück – den *Grenzpunkt*. Attraktoren mit anderen geometrischen Formen können den Zustandsraum-Punkt veranlassen, sich auf einen Grenzzyklus zubewegen oder auch auf der Oberfläche eines Torus umlaufen, wie aus Abbildung 32 zu ersehen ist.

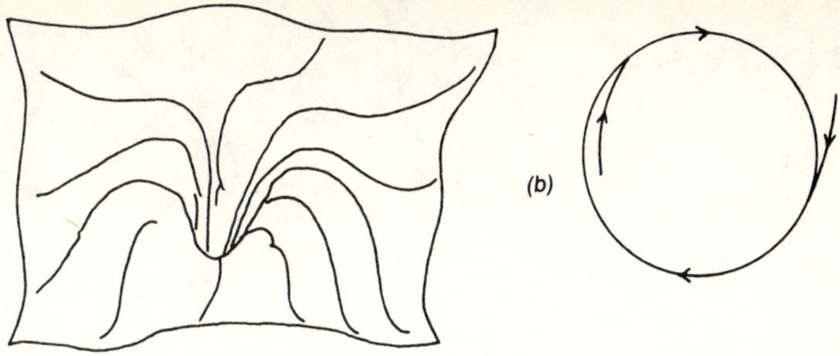

Abbildung 30. Viele natürliche Systeme lassen sich als Bewegung durch einen Zustandsraum darstellen, der eine vielfältig gegliederte Landschaft bildet – mit Bergen, Tälern, Sattelpunkten und Ebenen. Hier ist ein Berg im Zustandsraum von einem tiefen, kreisförmigen Tal umgeben (a). Der Zustandsraum-Punkt entspricht einem System, das in der Talsohle umläuft. Das Ergebnis ist ein Grenzzyklus (b), weil das System, immer wenn es auf den Berg verlagert wird, in die Talsohle zurückrollt.

Spontane Strukturen und Landschaften im Zustandsraum

Eine Möglichkeit, sich der Chaostheorie und nichtlinearen Dynamik zu nähern, ist die Landschaft im Zustandsraum. Stabilität, Chaos, Bifurkationspunkte und katastrophale Veränderungen – sie alle sind Eigenschaften dieser Landschaft. Wenn man den Zustandsraum dergestalt erweitert, erinnert er ein bißchen an die Vielfalt und den Reichtum der im ersten Kapitel erörterten Karten. Die älteren wissenschaftlichen Karten sind nicht aussagefähig genug, um uns durch diese neuen komplexen und differenzierten Landschaften zu leiten. Wir müssen uns vorsichtig unseren Weg suchen, wenn wir noch nicht vermessenes Neuland betreten wollen.

Die Vorstellung, daß der Zustandsraum eine eigene komplexe Landschaft ausbilden kann, geht auf jene Fälle von Selbstorganisation zurück, die wir in früheren Kapiteln erörtert haben, denn immer wenn ein System kooperatives Verhalten

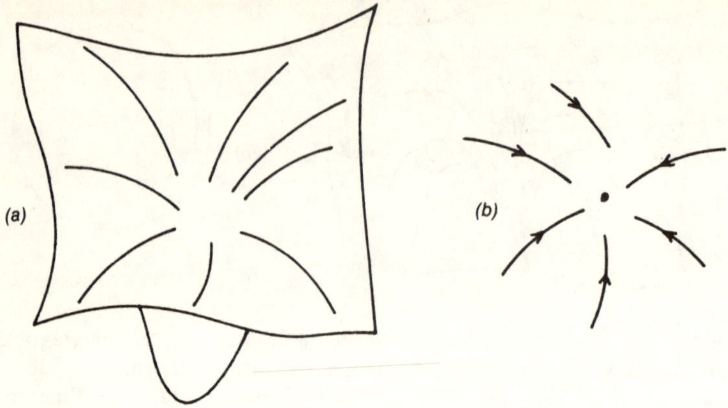

Abbildung 31. In diesem Falle enthält die Landschaft eine Attraktor-Senkung (a). Wenn das System gestört wird, kehrt es immer zum selben Grenzpunkt zurück (b).

an den Tag legt, prägt sich dies in der Landschaft des Zustandsraums aus. Der Zustandsraum in Kapitel eins besaß eine einfache, regelmäßige und flache Geometrie. Doch je mehr sich die inneren Variablen eines Systems verbinden und verschränken, desto vielfältiger gliedert sich die Geometrie des Zustandsraums und desto komplexer gestaltet sich unsere Reise in ihm. Die lebenden Systeme der Natur verlangen für ihre Darstellung einen Zustandsraum von gleicher Komplexität und zwingen uns, neue Karten für unsere Reise durch die natürliche Welt anzulegen.

Viele sehr unterschiedliche Systeme der Natur entwickeln spontan ihre eigene Stabilität. Winters wie sommers bewahrt unser Körper eine konstante Kerntemperatur. Wenn das Wetter zu kalt ist, beschleunigen sich unsere Stoffwechselprozesse, um diese Temperatur beizubehalten. Ist es zu warm, so schwitzen wir. Unsere Systeme sorgen für die richtige Sauerstoff- und Glukosekonzentration im Gehirn, für einen ausgeglichenen Elektrolythaushalt, sie regulieren den Blutdruck und so fort.

Doch Stabilität ist kein Privileg lebender Systeme. Die ungeheuer zahlreichen Elektronen in einem Supraleiter befinden sich im Einklang, so daß die einzelnen Elektronen an Hindernissen vorbeigelenkt werden, nicht streuen und keine Turbulenzen im globalen Fluß des Elektronengases hervorrufen. Im Falle des Supraleiters sorgen die übergeordnete kollektive Form der Wellenfunktion und die Struktur des Hilbert-Raums für das stabile Fließen eines elektrischen Stroms. Doch das ist nur ein Beispiel unter vielen anderen aus der Physik, Chemie und Biologie.

Die dynamische Stabilität, die aus der inneren Gesamtordnung eines Systems erwächst, unterscheidet sich sehr stark von der inerten Stabilität eines Steins, der auf einem Berggipfel ruht. Die dynamische Stabilität ist aktiv bestrebt, sich gegen äußere Veränderungen zu wehren. Sobald Störungen auftreten, werden sie ausgesteuert, um die ursprüngliche Balance und das Verhalten des Systems wiederherzustellen. Das Konzept der dynamischen Stabilität läßt sich auch auf Entwicklungsprozesse anwenden. Dem Biologen Conrad Hall Waddington verdanken wir ein anschauliches Bild für die Entwicklung eines Organismus: Er vergleicht sie mit einer Kugel, die in einer

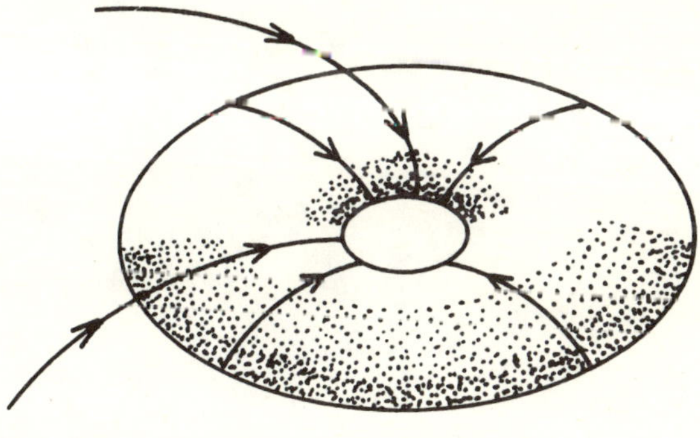

Abbildung 32. Der Zustandsraum eines natürlichen Systems kann sehr viele Dimensionen besitzen. In Abbildung 30 bewirkt ein kreisförmiges Tal im dreidimensionalen Raum, daß das System in einen Grenzzyklus eingeschlossen ist. Doch eine vierdimensionale Verallgemeinerung dieses Tals (nicht abgebildet) bewirkt, daß der Zustandsraum-Punkt von der Oberfläche eines Torus angezogen wird.

Wasserrinne einen Berghang hinunterrollt.[4] Erinnern wir uns an den Attraktor im Zustandsraum: Wenn wir im Falle eines Attraktors auf die Kugel einwirken und sie von ihrem Weg im Zustandsraum abbringen, wird sie zu ihrer stabilen Bewegung zurückkehren (Abbildung 33). Waddington hat aber darauf hingewiesen, daß ein Organismus im Wachstum noch mehr leistet: Wenn die Kugel von ihrem Weg abgelenkt wird, so kehrt sie nicht an den Ort zurück, an dem sie sich befunden hat, *bevor* die Störung auf sie einwirkte. Sie bewegt sich vielmehr vorwärts zu dem Ort, an dem sie sich befunden hätte, wenn keine Störung auf sie eingewirkt hätte. Homöostase ist die Fähigkeit eines Systems, in den Zustand eines stabilen Gleichgewichts zurückzukehren – wie es etwa bei konstanter Körpertemperatur oder konstantem Blutdruck der Fall ist –, während *Homöorhese* das Vermögen eines im Wachstum befindlichen Organismus ist, in einem vorgegebenen Entwicklungsschema zu bleiben: Beispielsweise kann er eine künstliche Verzögerung wettmachen und den normalen zeitlichen Entwicklungsablauf wiederaufnehmen.

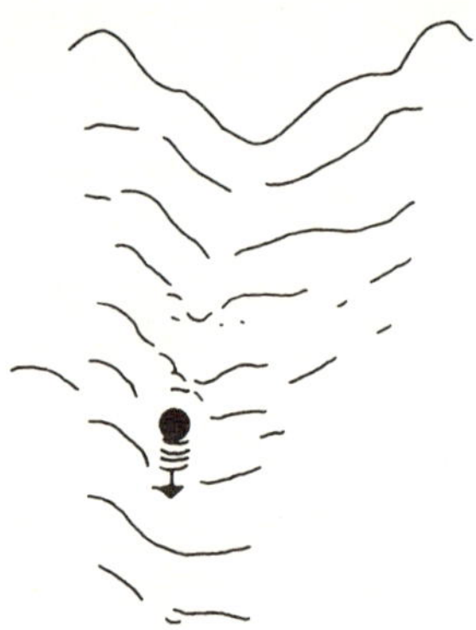

Abbildung 33. Conrad Waddington hat die Entwicklung eines Organismus mit einer Kugel verglichen, die einen Berghang hinunterrollt. Ein Organismus im Wachstum leistet aber weit mehr als ein Attraktor im Zustandraum. Wenn die Kugel (der Organismus) gestört wird, kehrt sie nicht an den Ort zurück, an dem sie sich vor der Störung befand, sondern steuert den Ort an, den sie *ohne* Störung erreicht hätte (Homöorhese).

Nach Waddington sind lebende Systeme zur Selbstkorrektur fähig. Sie sind mit einer aktiven Karte ihrer Landschaft ausgestattet, die die Hügel und Täler, die Berggipfel und Hochebenen verzeichnet, so daß diese Systeme, wenn ihr normaler Entwicklungsprozeß gestört wird, von selbst den Weg zurück zur üblichen und vorgezeichneten Entwicklung finden können. Die Karten, über die die natürlichen Systeme verfügen, sind aktiv und dynamisch, sie orientieren sich an Kontexten und sind mit Sinn und Bedeutung erfüllt.

Eine Landschaft des Lebens

Ich möchte Waddingtons Konzept einer Lebenslandschaft in diesem Buch noch etwas weiterführen. Wir haben gesehen, wie Systeme auf der Quantenebene miteinander kommunizieren können und wie ein Quantensystem seine Umwelt »erspürt«. So führen beispielsweise kollektive Quantenschwingungen in einem biologischen System zu weitreichenden Signalen. Und wie das Echolot-System der Fledermäuse werden diese Signale von der engeren Umgebung modifiziert und informieren dergestalt über die Dinge, die sich außerhalb einer Zelle oder eines Organismus befinden. Wir haben auch gesagt, daß sich ein lebendes System in einem großen elektromagnetischen Meer bewegt, darüber hinaus in Meeren von Schallwellen, von Gerüchen und mechanischen Schwingungen.

Das Leben reagiert auf diese immense, aktive und sich stets wandelnde Informationslandschaft. Waddington und andere Wissenschaftler, die ein weniger lineares Verständnis von natürlichen Systemen haben, beschreiben diese Landschaft als reich gegliedert, mit Attraktor-Senkungen und -Tälern, hohen Bergen, Gipfeln, Kämmen und Pässen. Eine andere Landschaft wäre holographischer Natur, oder, um David Bohms Ausdruck zu verwenden, von implikater, das heißt eingefalteter, Ordnung.

Eine implikate Ordnung läßt sich am besten am Beispiel einer Holographie erklären. Die ersten Holographien waren so beschaffen, daß die Information über das gesamte Bild in jedem Teil der holographischen Platte enthalten war. In Bohms Ausdrucksweise: Die explikaten Formen der Vorlage waren in die implikate Ordnung des holographischen Bildes verwandelt worden. Wenn man ein Stück von einer gewöhnlichen Fotografie abreißt, so zeigt dieses Stück nur einen Teil des Motivs; dagegen enthält jedes Fragment einer holographischen Platte die Information über das gesamte Motiv.

Das Konzept einer implikaten oder holographischen Ordnung hat Ähnlichkeit mit dem Konzept der Nichtlokalität, das wir kurz im Zusammenhang mit dem Bell-Theorem erörtert haben. John Bell hat nachgewiesen, daß isolierte Quantenobjekte in aktiver Korrelation zueinander stehen, ohne daß sie durch irgendein Feld oder auf mechanische Weise miteinander verbunden sind. Eine Erklärung dafür könnte sein, daß sich Quantenformen aus einer tieferen implikaten Ordnung entfalten. Zwei Elektronen wären dann auf der implikaten Ebene miteinander in Kontakt, auf der explikaten Ebene dagegen weit getrennt.

Nehmen wir an, das Leben würde sich in einem Feld mit implikater Information bewegen, einem Feld, das eine gewisse Ähnlichkeit mit einer Holographie hätte. Dann wäre es möglich, an jedem beliebigen Punkt auf entfernte Prozesse zu reagieren und sich einen umfangreichen Informationsbereich zugänglich zu machen. Umgekehrt könnten die eigenen Reaktionen über eine Rückkopplungsschleife wieder in das holographische Informationsfeld eingegeben werden, das dadurch gewisse Veränderungen erführe.

Könnten Geist und Körper des Menschen direkte Verbindung mit diesem Meer aus aktiver Information aufnehmen, so hätten sie Zugang zu Formen und Strukturen, die die Grenzen zwischen innen und außen, Geist und Materie überschreiten – mit anderen Worten, zu Synchronizitäten. Die chinesischen Weisen erklärten die Synchronizitäten des I Ging auf ihre Weise. Unsere manifeste Welt sei, so sagten sie, das Spiegelbild einer viel tieferen Realität, die dem Reich der Zeit entzogen sei. Synchronizitäten sind die Urmomente, die, eingefaltet im

Keim, die Möglichkeiten dieser transzendenten Wirklichkeit enthalten. Durch Betrachtung der Muster, die sich solchen besonderen Augenblicken entnehmen lassen, kann man die Möglichkeiten des manifesten Universums entfalten. Wenn wir das Universum als ein riesiges Informationsmeer verstehen, so ist denkbar, daß wir in diesem Meer Bilder erfassen können, die Hinweise auf die transzendente Entfaltung des Universums enthalten.

Die Vorstellung, jedes Lebewesen sei ein aktiver Teil eines Informationsmeeres, ist auch von großer Bedeutung für den menschlichen Körper und sein Immunsystem. In einem früheren Kapitel habe ich gezeigt, wie Quantenstrukturen ihre kollektive Natur zum Ausdruck bringen, indem sie sich aus einer elementaren Mehrdeutigkeit herauskristallisieren. Ein solches Quantensystem kann auch mit anderen Molekülen in seiner Umgebung in aktive Kommunikation treten. Man kann sich deshalb eine bestimmte Molekularstruktur oder einen Molekularprozeß als die materielle Manifestation eines Informationsgewebes vorstellen, in dem ständige Austauschprozesse stattfinden. Entsprechend ist die Information innerhalb dieses Meeres eine Manifestation der Schwingungen und Reaktionen materieller Formen. Aktive Information und materielle Prozesse werden so zu zwei Seiten oder Aspekten einer einzigen Ganzheit.

Immunsystem

Das menschliche Immunsystem etwa könnten wir uns sowohl als dynamisches Muster molekularer Prozesse als auch als harmonisches Muster von Sinn und Bedeutung vorstellen, das durch den Körper tanzt. Das Immunsystem ist zugleich ein materieller Prozeß und eine Art kollektiver Intelligenz des gesamten Körpers. Es gibt sogar Parallelen zwischen dem Immunsystem einerseits und dem menschlichen Gehirn und Nervensystem andererseits. Beide sind von vergleichbarer Komplexität. Einige Neurotransmitter (chemische Substanzen, die für die Informationsübertragung im Gehirn zuständig sind) sind an Rezeptoren des Immunsystems gekoppelt. Wie das menschliche Gehirn Muster zu erkennen vermag, so erkennt das Immunsystem die Struktur körperfremder Proteine und anderer Schadstoffe.

Das Immunsystem ist Dialogzentrum und Denkfabrik des Körpers. Der Informationsfluß des Immunsystems findet auf jeder Ebene des Körpers statt und ist insofern mit einem Fraktal zu vergleichen, denn es ist wie dieses auf unendlich vielen Ebenen wirksam – von Prozessen in der Zelle über Vorgänge in einzelnen Organen bis hin zur allgemeinen Stoffwechselregulation. Das Immunsystem ist eingefaltet, »implikat«: auf der molekularen Ebene, in den Stoffwechselregulationen und Nervenimpulsen und im globalen Körpergeschehen enthalten. Durch den aktiven Dialog des Immunsystems sorgt der Körper dynamisch für die Erhaltung der Harmonie und schirmt sich gegen schädliche, von außen kommende Einflüsse ab – Verletzungen etwa und körperfremde Proteine.

Ein solcher aktiver Informationsaustausch durchdringt die gesamte Gesellschaft, denn wenn eine Gruppe sich durch einen gemeinsamen Sinn verbunden weiß, ist sie auch der Herausforderung von Veränderungen gewachsen. Die Werte und das Selbstverständnis einer Gesellschaft arbeiten im Idealfall wie ein kollektives Immunsystem. Und wie der menschliche Körper krank wird, wenn er – unter dem Einfluß von Schadstoffen in seiner Umwelt oder anderen Unregelmäßigkeiten – nicht mehr kohärent zu handeln vermag, so können auch in einer Gesellschaft Gewalt und sinnlose Destruktivität um sich greifen.

Seltsame Attraktoren

Die komplexe Landschaft eines nichtlinearen Systems enthält eine Vielzahl von Attraktoren wie zum Beispiel Senken und Täler, geographische Formationen, die das System stabilisieren und es in die Lage versetzen, sich gegen Veränderung zu wehren. Doch gibt es noch eine andere Art von Attraktoren, die sogenannten seltsamen Attraktoren. Sie stellen die Vereinigung des Zustandsraums mit den Fraktalen dar. Diese seltsamen Attraktoren sind ein zentrales Konzept der Chaostheorie.

Stellen wir uns ein fließendes Gewässer vor. Im Sommer, wenn der Wasserspiegel niedrig und die Strömung des Flusses langsam ist, ist seine Oberfläche glatt. Wenn Sie sich in einem kleinen Boot von der Strömung treiben lassen, sehen Sie links und rechts kleine Schwimmteilchen im Wasser, die Sie mit gleicher Geschwindigkeit begleiten – sie entfernen sich nicht vom Boot und überholen es nicht. In diesem Falle läßt sich die Wasserbewegung durch einen *Grenzpunkt* darstellen, denn die Fließgeschwindigkeit verändert sich nicht, und die kleinen Schwimmteile im Wasser bleiben im selben Abstand voneinander. Der entsprechende Attraktor wäre eine Senkung. Riefe man eine Störung hervor, indem man etwa einen Stein ins Wasser würfe, würde die Strömung des Flusses stets zum selben Grenzpunkt zurückkehren (konstante Geschwindigkeit und unveränderliche Abstände zwischen allen Regionen).

Nach heftigen Regenfällen nimmt die Strömung des Flusses zu, und Strudel beginnen sich zu bilden. Diese sind in sich ziemlich stabil. Auch sie sind durch einen Stein, den man ins Wasser wirft, nicht lange zu stören. Solche Strudel lassen sich durch Grenzzyklen darstellen.

Doch im Frühling, wenn die Strömung des Wassers noch rascher wird, bilden sich neue kleine Strudel in den größeren Strudeln. Die Geschwindigkeit des Wassers weist von Ort zu Ort größere Schwankungen auf, Schwimmteilchen im Fluß streben rasch auseinander – die Bewegung muß durch einen Zustandsraum-Punkt dargestellt werden, der auf einem Torus umläuft. (Diesen Torus kann man sich als Überlagerung zweier Grenzzyklen vorstellen, wie in Abbildung 34 gezeigt.)

Was aber geschieht, wenn die Strömung des Flusses weiterhin zunimmt? Das Ergebnis ist eine Turbulenz, eine hochkomplexe Störung des Wassers, die Leonardo da Vinci als Strudel darstellte, die in Strudeln enthalten waren, die wiederum in Strudeln lagen.

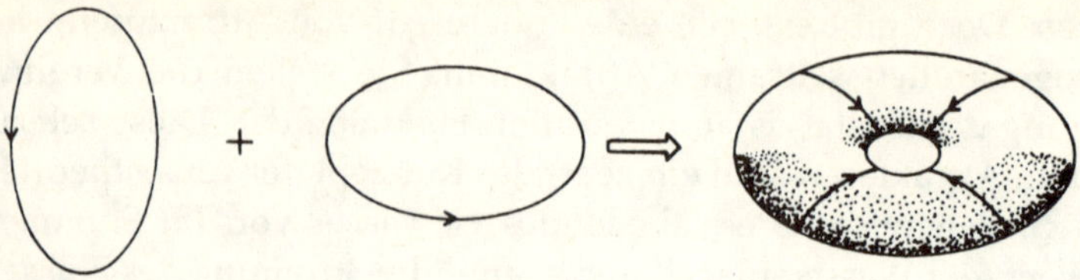

Abbildung 34. Zwei Grenzzyklen verbinden sich zu einem Torus oder einem Torus-Attraktor. Der Zustandsraum-Punkt kreist nun auf der Oberfläche des Torus. Tori können sich ihrerseits zu solchen mit noch mehr Dimensionen verbinden.

Wie läßt sich diese gesteigerte Komplexität im Rahmen der Attraktor-Geometrie darstellen? Früher meinten die Physiker, man müsse einfach Attraktoren von immer größerer Komplexität verwenden, das heißt die Zustandsraum-Landschaft mit immer komplizierteren Formen bevölkern. Da beispielsweise ein Strudel innerhalb eines anderen Strudels durch einen Punkt dargestellt wird, der auf der Oberfläche eines Torus umläuft – das heißt, der sich auf der zweidimensionalen Oberfläche eines dreidimensionalen Objektes bewegt –, glaubte man, die nächste Stufe der Komplexität müsse eine Art Supertorus sein: die Bewegung unseres Punktes auf der dreidimensionalen Oberfläche eines vierdimensionalen Objektes. Und welchen Grund gab es, hier haltzumachen? Warum sollte man nicht die Dimensionen des Zustandsraums erweitern, zur Bewegung auf der fünfdimensionalen Oberfläche eines sechsdimensionalen Torus und so fort? Solche Erweiterungen würden, so hoffte man, alle Ebenen der Detailliertheit – die Einzelheiten in den Einzelheiten der Einzelheiten – in den Turbulenzen eines Flusses erklären können.

Leider ging diese Hoffnung nicht in Erfüllung. Die Lösung des Problems liegt offenbar nicht darin, die Geometrie der Attraktoren und Grenzzyklen zu immer höheren Dimensionen zu erweitern. Vielmehr muß man wohl von der konventionellen Geometrie der ganzzahligen Dimensionen zu der der Fraktale übergehen. Physiker vertreten heute die Auffassung, daß der Attraktor, wenn die Strömungsgeschwindigkeit des Flusses zunimmt, plötzlich von der regelmäßigen, genau definierten Oberfläche eines Torus zu der eines Fraktals springt.

Die Oberfläche des Torus hört also auf, eine regelmäßige, wohldefinierte geometrische Figur zu sein, und ufert in grenzenlose Detailliertheit aus. Dabei entsteht, was Physiker und Mathematiker als *seltsamen Attraktor* bezeichnen. Seltsam heißt er, weil er keine regelmäßige Geometrie aufweist. Ein seltsamer Attraktor nimmt eine endliche Region im Phasenraum ein, besitzt aber eine unendliche Oberfläche ohne Steigung. Als mathematische Funktion läßt er sich nicht differenzieren, weil er in seiner Detailliertheit grenzenlos ist.

Wenn die Geschwindigkeit und der Ort eines Objektes dadurch bestimmt sind, wie es sich im Zustandsraum auf der Oberfläche seines Attraktors von einer Stelle zur anderen bewegt, dann stelle man sich vor, wie bizarr diese Bewegung wird, wenn die Oberfläche des Attraktors fraktaler Natur ist. Beispielsweise kann die Geschwindigkeit des Objekts sich sprunghaft ändern, indem es sich zuerst hier- und dann dorthin bewegt. Zwei benachbarte Schwimmteilchen im Fluß sind plötzlich durch eine große Entfernung getrennt, um gleich darauf wieder aufeinander zuzuschießen.

Und dies entspricht genau dem Bild, das man von einem turbulenten Fluß erwartet. Die Vorstellung, daß sich die Bewegung des Flusses durch einen seltsamen Attraktor – ein Fraktal – darstellen läßt, erscheint uns intuitiv als richtig. In einem turbulenten Fluß bewegen sich die Dinge ziellos von einem Ort zum anderen, die Strömung verläuft offenbar chaotisch, und es gibt keine erkennbare Ordnung, weil sich die zahllosen Einzelheiten der Fraktale in der unendlichen Komplexität der Flußströmung widerspiegeln. Seltsame Attraktoren lassen sich durchaus nicht nur auf Flußströmungen anwenden. Sie sind auch kennzeichnend für die Stoßwellen eines Überschallflugzeugs, die Luftbewegungen eines Unwetters und die willkürlichen Schwankungen des Aktienmarktes.

Empfindlichkeit

Eine wichtige Eigenschaft dieses chaotischen Systems ist seine extreme Empfindlichkeit. Stellen wir uns beispielsweise eine mehrspurige Schnellstraße vor. Um die Mittagszeit fließt der Verkehr ruhig dahin, und ein Autofahrer paßt sich im Normalfall der gleichmäßigen Geschwindigkeit des Verkehrs an. Zwei Autos, die zur selben Zeit an derselben Einfahrt auf die Schnellstraße fahren, werden einander nahe bleiben, weil der Verkehr als Attraktor wirkt. Doch zur Stoßzeit verändern sich die Dinge: Die Autos auf den verschiedenen Spuren bewegen sich mit unterschiedlichen Geschwindigkeiten: Auf einigen bilden sich Staus, auf anderen kommt der Verkehr rasch voran. Wenn Sie sich auf der falschen Spur befinden, kommen Sie womöglich während der nächsten halben Stunde nur im Kriechtempo voran, während ein Spurwechsel Sie an dem Stau vorbeiführt und Ihnen ein rasches Tempo ermöglicht, nur um Sie zwei oder drei Kilometer später in einem anderen Stau festzuhalten. Dieses Phänomen ist leicht zu erklären: Die Bewegung Ihres Autos ist auf für Störungen und Unregelmäßigkeiten empfindliche Weise an das Verhalten all der anderen Autos in Ihrer Umgebung geknüpft. Deren Verhalten wiederum hängt von dem anderer Autos ab – einschließlich Ihres eigenen. Wir haben es hier mit der genauen Umkehrung des reibungslosen, kooperativen Verhaltens zu tun, das im Supraleiter stattfindet. Dort verhält sich, wie gesehen, die große Elektronenpopulation kooperativ, um ein reibungsloses Fließen zu gewährleisten.

Systeme, die von chaotischen Attraktoren bestimmt werden, wie Hauptverkehrszeiten und Turbulenzen einer Flußströmung, haben einige Gemeinsamkeiten. Sie weisen eine unglaublich komplexe und chaotische Bewegung auf, die es praktisch unmöglich macht, vorherzusagen, wie sich ein Teil des Systems verhalten wird. Benachbarte Regionen bleiben nicht zusammen, sondern können rasch höchst unterschiedliche Geschwindigkeiten und Abstände entwickeln. Diese Systeme sind so empfindlich, daß die geringste Störung einzelne Systemteile in eine neue Richtung driften lassen kann.

Das Verhalten derart chaotischer und komplexer Systeme ist weit von den einfachen Regelmäßigkeiten entfernt, mit denen sich die Wissenschaft früher beschäftigt hat. Die Natur beginnt, ihre irrationale Seite zu zeigen, denn das Chaos setzt dem Menschen Grenzen in seiner Fähigkeit, die natürliche Welt vorherzusagen und zu beherrschen. Mit den moralischen und praktischen Konsequenzen dieser Grenzen wollen wir uns im nächsten Kapitel beschäftigen. Zumindest aber beginnen wir jetzt zu verstehen, wie empfindlich die Ereignisse in solchen Systemen und wie abhängig ihre Teile voneinander sind: Das Geschehen in jeder Region wird entscheidend von dem bestimmt, was sich in allen anderen ereignet. Dieses wechselseitige Angewiesensein spielt selbstverständlich eine kaum zu überschätzende Rolle in ökologischen, sozialen und politischen Systemen.

Chaotische Käfer

Seltsame Attraktoren sind eine von vielen Möglichkeiten, sich der unendlichen Komplexität der Natur zu nähern. Ein konkretes Beispiel, an dem sich diese Komplexität hervorragend nachweisen läßt, sind die heftigen Schwankungen innerhalb von bestimmten Insektenpopulationen. Vielleicht sitzen Sie an einem warmen Sommerabend auf Ihrer Terrasse und denken darüber nach, warum es in diesem Jahr so viele Käfer gibt: weil der vorangegangene Winter besonders mild oder das Frühjahr ungewöhnlich naß war. Es wird Sie nun sicherlich verblüffen, daß solche plötzlichen Sprünge der Insektenpopulationen nicht unbedingt mit äußeren Ursachen zusammenhängen müssen, sondern sich aus der komplexen inneren Dynamik der Insektenpopulation selbst ergeben können. Die Zahl der Insekten in Ihrem Garten kann eine langfristige Stabilität zeigen, jährlichen Schwankungen unterworfen sein oder sich auch völlig chaotisch entwickeln.

Betrachten wir der Einfachheit halber ein einzelnes Insekt, das einen Sommer lang lebt, seine Eier legt und dann stirbt. Im folgenden Jahr schlüpfen die Larven aus den Eiern und wir erhalten eine neue Insektenpopulation. Wenn die einzelnen Individuen wenig Eier legen, würden die Käfer irgendwann aussterben. Wenn dagegen überdurchschnittlich viele Eier gelegt werden, müßte die Population von Jahr zu Jahr stark zunehmen. Wenn beispielsweise B Eier auf jeden Käfer kommen, so ist B die Reproduktionsrate. Die Gleichung für die Population lautet:

$$\text{Population}_{(\text{dieses Jahr})} = B \times \text{Population}_{(\text{letztes Jahr})}$$

Wenn B gleich 1 ist, wird für jeden Käfer, der stirbt, ein Ei gelegt, und die Population ist völlig stabil. Wenn B kleiner als 1 ist, werden die Käfer irgendwann aussterben; wenn B dagegen größer als 1 ist, werden sie sich grenzenlos vermehren.

Rein rechnerisch ergibt sich ein Problem: eine endlos wachsende Insektenpopulation würde irgendwann zu einem ökologischen Zusammenbruch führen, weil die Nahrungskonkurrenz für andere Arten zu groß wird. Doch geschieht so etwas nur äußerst selten, weil die natürlichen Feinde der Insekten wie Vögel, Frösche und Fledermäuse auch übergroße Populationen nie dezimieren und im übrigen knappe Nahrungsreserven irgendwann nicht nur die Nahrungskonkurrenten anderer Arten treffen, sondern auch die Käferpopulationen selbst.

Wir brauchen also offensichtlich ein Korrekturglied in unserer Gleichung, das die natürlichen Grenzen berücksichtigt, die dem Wachstum von Populationen gezogen sind. Um die neue Gleichung möglichst einfach zu halten, führen wir ein neues Maß für die Population ein. Man kann eine Käferpopulation nach tausend, zehntausend oder Millionen zählen. Wir aber wollen die Menge auf einen Faktor reduzieren, um möglichst bequem rechnen zu können. Beschränken wir also die Zählung der Käferpopulation auf einen Wert zwischen null und eins. Natürlich bedeutet der Wert 1 nicht, daß es nur einen Käfer im Garten gibt, sondern daß es sich um die höchste Käferzahl handelt, die in unserem Garten leben kann. Ein Wert von 1 gibt eine Population von 100 Prozent an – die maximale Belastbarkeit des Territoriums. Entsprechend bezeichnet ein Wert von 0,5 die halbe Maximalpopulation – 50 Prozent des Sättigungsgrades; 0,25 bezeichnen ein Viertel dieses Wertes und so fort. Ein Wert von 1 kann bedeuten, daß es tausend oder eine Million Käfer im Garten gibt. Das spielt im Grunde genommen keine Rolle.

Mit dieser neuen Methode zur Populationsmessung wollen wir nun unsere ursprüngliche Gleichung auf möglichst einfache Weise verändern. Wir brauchen dazu ein Verfahren, das die Population begrenzt, wenn der Populationsdruck sich der maximalen Belastbarkeit nähert, das heißt, wenn der Populationswert gegen 1 tendiert. Der einfachste Faktor, der die Population an der völligen Sättigung hindert ist $[1 - \text{Population}_{\text{(letztes Jahr)}}]$.

Wenn wir diesen Faktor hinzufügen, erhalten wir eine neue Gleichung:

$$\text{Population}_{\text{(dieses Jahr)}} = B \times \text{Population}_{\text{(letztes Jahr)}} \times [1 - \text{Population}_{\text{(letztes Jahr)}}]$$

Wir haben jetzt zwei Faktoren in der Gleichung, in denen $\text{Population}_{\text{(letztes Jahr)}}$ vorkommt. Technisch gesehen handelt es sich dabei um das, was Mathematiker eine nichtlineare Gleichung nennen. Darüber hinaus arbeiten diese beiden Faktoren in der Regel gegeneinander. Je größer beispielsweise der erste Ausdruck ist, desto stärker trägt er zu einem Anstieg der Population dieses Jahres bei. Andererseits reduziert das zweite Glied die Population!

Betrachten wir diesen Vorgang etwas genauer: Die Insektenpopulation beginnt beispielsweise mit einem sehr kleinen Wert, nur einem winzigen Bruchteil ihres Maximums, etwa mit 0,05. Der Ausdruck in den eckigen Klammern beträgt 0,95, also fast eins. Um die Dinge zu vereinfachen, wollen wir ihn gleich 1 setzen. Unsere Gleichung lautet dann:

$$\text{Population}_{\text{(dieses Jahr)}} = B \times \text{Population}_{\text{(letztes Jahr)}} \times 1.$$

Das Ergebnis ist wie oben eine expandierende Population, wobei die Wachstumsrate von dem Wert B abhängt. Sich selbst überlassen, wird sich diese Population bald ihrem Maximalwert von 1 nähern.

Betrachten wir nun das andere Extrem – daß nämlich die Population ihrem Maximalwert sehr nahe kommt, sagen wir 0,99 beträgt. Jetzt kommt der erste Ausdruck (Population$_{\text{(letztes Jahr)}}$ 1 sehr nahe, so daß wir ihn der Einfachheit halber gleich 1 setzen können und die folgende Gleichung erhalten:

$$\text{Population}_{\text{(letztes Jahr)}} = \text{B } 1 \times [1 - \text{Population}_{\text{(letztes Jahr)}}]$$

Der Wert für den Ausdruck in den eckigen Klammern ist jetzt sehr klein. Bei einer Population von 0,99 beträgt er nur 0,01. Der geringe Wert des rechten Ausdrucks hat zur Folge, daß die Population des nächsten Jahres stark zurückgeht.

Mit anderen Worten, die allgemeine Populationsgleichung enthält zwei Faktoren – einen, der, wenn die Population klein ist, zu ihrem Wachstum führt, und einen anderen, der sie reduziert, wenn sie zu groß ist (Abbildung 35). Verbindet man die beiden, so kommt es zu einer Spannung zwischen den Effekten. Man würde erwarten, daß sich dadurch eine Schwankung ergibt. Das geschieht auch, aber nur bei bestimmten Werten von B.

Beginnen wir zunächst mit einer bescheidenen Reproduktionsrate von 1,5 und einer kleinen Population. Jahr um Jahr steigt die Population an, allerdings nicht unbeschränkt, weil der Wert in den eckigen Klammern, wenn er zu groß wird, die Population reduziert. So pendelt sich die Population schließlich bei 0,66 ein, also zwei Dritteln der maximalen Belastbarkeit des Gebiets. Von nun an bleibt sich die Population Jahr um Jahr gleich. Untersuchen wir jetzt, was bei einer Reproduktionsrate von 2,5 geschieht [Abbildung 35 (b)]. Wiederum steigt die Population an, durchläuft aber eine kleine Schwankung, bevor sie sich bei zwei Drittel einpendelt.

Bei einer Reproduktionsrate von 2,99 erlebt die Population von Jahr zu Jahr eine regelmäßige Schwankung [Abbildung

35 (c)]. Im einen Jahr gibt es viele Käfer, im nächsten weniger. Dieser Effekt hat nichts mit periodischem Wechsel im Klima oder mit dem Umstand zu tun, daß Sie in manchen Jahren vergessen, im Garten Insektenvertilgungsmittel zu versprühen. Die regelmäßige Schwankung ergibt sich ganz natürlich aus der Dynamik der Insektenpopulation selbst.

Sehen wir jetzt, was geschieht, wenn die Reproduktionsrate weiter steigt, etwa auf 3,0. Mit einem Male entdecken wir, daß die Population einer doppelten Schwankung unterworfen ist [Abbildung 35 (d)]. Der ursprüngliche Populationswert tritt nicht jedes zweite, sondern jedes vierte Jahr wieder auf. Tatsächlich haben wir es mit zwei Zyklen zu tun. Zunächst ist die Population gering, im nächsten Jahr hoch. Im dritten Jahr folgt eine niedrigere Population (niedriger als im ersten Jahr), dann eine höhere Population (aber nicht so hoch wie im zweiten Jahr). Im vierten Jahr schließlich ist die ursprüngliche Population wieder erreicht. Bei einer festen Reproduktionsrate von 3,0 wird sich ein solcher Doppelzyklus unendlich fortsetzen.

Betrachten wir jetzt eine erhöhte Reproduktionsrate von 3,4495, und wir entdecken eine ganz neue Form des Verhaltens, einen vierfältigen Zyklus, in dessen Verlauf die ursprüngliche Insektenpopulation jedes achte Jahr wieder auftritt [Abbildung 35 (e)]. Steigern wir die Reproduktionsrate erneut auf 3,56 – so kehrt der ursprüngliche Zustand alle sechzehn Jahre wieder; bei 3,596 alle 32 Jahre. Von nun an bewirken schon sehr kleine Zuwächse der Reproduktionsrate, daß sich die Zahl der Populationszyklen verdoppelt. Schon bald sind die Schwankungen so zahlreich, daß die Käferzahl im Garten im Laufe eines Menschenlebens jedes Jahr anders ausfiele. Doch die Nachkommen dieses Menschen könnten feststellen, daß sich die Populationszahlen exakt wiederholen. (Natürlich ist diese Annahme nur gültig unter der Voraussetzung, daß sich im Garten sonst nichts verändert.)

Selbst wenn man Faktoren wie einen milden Winter oder einen nassen Frühling, eine vermehrte Zahl von Freßfeinden wie Fröschen oder Schwalben außer acht läßt, wenn man also absolut konstante Bedingungen voraussetzt, kann die innere

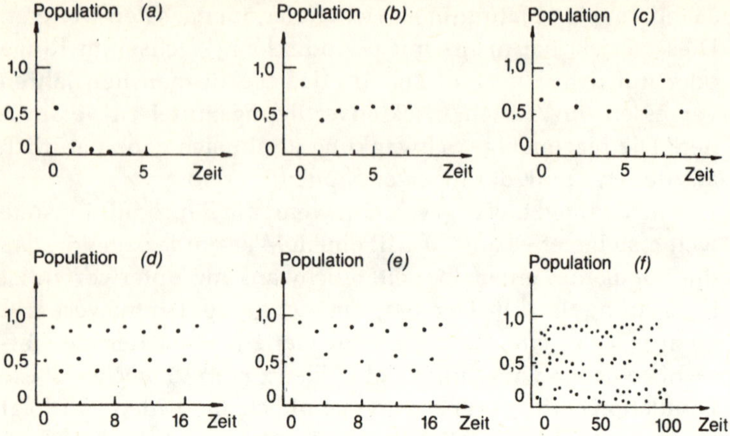

Abbildung 35. Die Insektenpopulation auf einem bestimmten Gebiet schwankt unter dem Einfluß der Reproduktionsrate von Jahr zu Jahr (a). Bei einer Reproduktionsrate von weniger als 1 stirbt die Population rasch aus (b). Bei einer Reproduktionsrate von 2,5 pendelt sich die Population bei einem ausgewogenen Wert von zwei Drittel der maximalen Belastbarkeit des Gebietes ein (c). Bei einer Reproduktionsrate von 3,1 schwankt die Population regelmäßig um zwei Werte, wobei alle zwei Jahre der höhere auftritt (d). Bei weiter wachsenden Reproduktionsraten schwankt die Population um vier, dann um acht, um 16, 32... verschiedene Werte (f). Bei einer Reproduktionsrate von 4,0 schließlich verhält sich die Population vollkommen chaotisch.

Populationsdynamik die Schwankungen in der Insektenpopulation eine völlig bizarre Gestalt annehmen lassen. Wenn die Reproduktionsrate einen Wert von 3,56999 erreicht, wird die Zahl der verschiedenen Zyklen unendlich [Abbildung 35 (f)]. Man könnte dann ein Jahrhundert um das andere Daten über die Käferpopulation sammeln und wäre der Möglichkeit, die Population des nächsten Jahres vorherzusagen, um keinen Schritt nähergekommen. Von einem bestimmten Punkt an gehen diese zyklischen Fluktuationen sogar über eine unendliche Zahl von Zyklen hinaus und werden völlig chaotisch: Die Populationsmenge springt von Jahr zu Jahr, sie ist nicht mehr vorauszusagen und nicht berechenbar. Periodisches Verhalten, wenn auch mit einer unendlichen Zahl regelmäßiger Schwankungen, eine in die andere verschachtelt, ist einem totalen Chaos gewichen.

Was ist Chaos?

Aber was ist Chaos? Wir haben bereits gesehen, daß sich Chaos als eine Bewegung darstellen läßt, die so komplex ist, daß sich der wechselnde Ort und die veränderliche Geschwindigkeit eines Teilchens nur mit Hilfe der unendlichen Detailliertheit eines fraktalen seltsamen Attraktors beschreiben lassen. Das Beispiel der Käferpopulation läßt darauf schließen, daß das Chaos jenseits einer unendlichen Zahl von ineinander verschachtelten Zyklen angesiedelt ist. Dann aber kann man sich Chaos nicht länger als bloße Abwesenheit von Ordnung vorstellen. Vielmehr handelt es sich um eine neue Ordnung, die so reich und vielfältig ist, daß sie sich durch kein Periodizitätsmuster einfangen läßt. Chaos ist eine Ordnung von unendlicher Komplexität. Wollte man ein chaotisches System beschreiben, so würde man eine unendliche Menge von Informationen und Einzelheiten benötigen.

Die Käfergleichung, auch Verhulst-Gleichung genannt, ist die einfachste aller möglichen nichtlinearen Gleichungen und zeigt doch ein wahrhaft verblüffendes Spektrum von Verhaltensweisen. Man hat sie auf die unterschiedlichsten Phänomene angewendet – von Insektenpopulationen in Obstgärten über das menschliche Lerntempo und die Ausbreitungsgeschwindigkeit von Gerüchten bis hin zur Bewegung von Genen in verschiedenen Populationen. Wie die Komplexität in einer winzigen Region eines turbulenten Flusses aus ihrer Empfindlichkeit für alle anderen Bereiche des Wassers erwächst, wo geht die Komplexität der Insektenpopulation auf die ständige Iteration zurück, denn die Eier der Population des letzten Jahres dienen als Input für das folgende.

Die Verhulst-Gleichung und der seltsame Attraktor sind beide deterministisch – das Ergebnis unitärer, iterativer Prozesse. Die Chaostheorie ist nämlich eine im wesentlichen deterministische Methodik, sich Vorgänge in der Natur zu erklären. Nach allem, was bisher gesagt wurde, ist nun die Frage unvermeidlich, ob eine solche deterministische Theorie tatsächlich das Wesen des natürlichen Chaos einfangen kann. Eine ähnliche Frage haben wir bereits anläßlich unserer Erörterung der Fraktale gestellt, weil trotz ihrer unendlichen Detailliertheit nicht klar ist, ob sie wirklich eine naturgetreue Wiedergabe der Vielfalt und Authentizität natürlicher Formen sind. Es stellt sich die Frage, ob es nicht vielleicht ein irrationales Element in der Natur gibt, etwas, das so unauffällig und verborgen ist, daß es sich mit Hilfe der deterministischen Chaostheorie nicht mehr adäquat abbilden läßt. Die These, die Natur sei ihrem Wesen nach nicht-unitär, würde auch bedeuten, daß die Chaostheorie nur eine Annäherung an eine sehr viel weiterreichende Eigenschaft darstellt. Dennoch ist sie im Augenblick das Beste, was die Wissenschaft zu bieten hat, und liefert uns sicherlich eine Reihe von Bildern und Metaphern für Komplexität.

Unendliche Empfindlichkeit

Bemerkenswert an der Verhulst-Gleichung ist ihre außerordentliche Empfindlichkeit in der chaotischen Region. Das hat weitreichende Bedeutung für den Versuch des Menschen, das Wesen der natürlichen Welt zu analysieren. Nehmen wir beispielsweise an, Sie sammelten Daten, um eine Tabelle der künftigen Insektenpopulationen aufzustellen. Sie geben den Wert für die diesjährige Population in die Gleichung ein, sagen wir, 0,34585637, und beginnen damit, das Ergebnis auszurechnen. Was machen Sie mit der letzten Stelle des Ausgangswertes, der 7? Woher wissen Sie, ob die tatsächliche Population nicht in Wirklichkeit 0,345856372 oder 0,345856376 beträgt? Da Sie auf Ihrem Taschenrechner nur acht Stellen eingeben können, bleibt immer eine gewisse Unsicherheit in bezug auf die letzte Ziffer. Ist sie näher an der 7 oder an der 8? Wann im normalen Alltag geraten wir schon einmal in die Situation, auf die allerletzte Stelle hinter dem Komma rechnen zu müssen?

Aber erinnern wir uns, daß dieser Wert nur als Input für die Berechnung der Population des nächsten Jahres dient und daß das Ergebnis dieser Berechnung wiederum als Eingabe für das folgende Jahr verwendet wird. So taucht ein winziger Anfangsfehler, diese kleine Ungewißheit, Jahr für Jahr in der Gleichung auf. Im Laufe der Zeit vergrößert sich die Reiteration eines winzigen Fehlers und akkumuliert so stark, daß sie schließlich die tatsächliche Insektenpopulation völlig entstellt wiedergibt. So erweist sich, daß ein Taschenrechner viel zu grob arbeitet, um verläßliche Vorhersagen anhand der Verhulst-Gleichung zu machen. Denn schon nach wenigen Jahrzehnten wären die errechneten Vorhersagen der Insektenpopulation völlig nutzlos, weil die winzige Ungenauigkeit der letzten Ziffer die Berechnungen im Laufe der Zeit hoffnungslos verzerrt.

Doch wie verhält es sich mit einem Computer, der mit sechzehn Zifferstellen arbeitet? Selbst hier ist schon nach fünfzig Jahren die Ungewißheit in der letzten Ziffer, die einen Fehler von nur einem zehnbilliardstel Teil (eine Eins geteilt durch eine Eins gefolgt von sechzehn Nullen) bedeutet, so groß geworden, daß sie die gesamte Rechnung stark beeinträchtigt. Wir haben keine Vorstellung, wie die Insektenpopulation in fünfzig Jahren aussieht, nur weil es eine fast infinitesimale Ungewißheit in der Zahl der Ursprungspopulation gibt!

Das verrät uns eine wichtige Eigenschaft des Chaos: Zwar können seine inneren Prozesse durchaus determiniert verlaufen. Dennoch haben wir keine Möglichkeit, die Zukunft vorherzusagen, weil selbst die kleinste Ungewißheit bei der Bestimmung der Eigenschaften des Systems rasch so groß wird, daß sie alle Vorhersagen hinfällig macht. Der Vorgang erinnert an die beiden Autos, die während der Hauptverkehrszeit auf die Schnellstraße fuhren, und schon eine halbe Stunde später durch eine Entfernung von vielen Kilometern getrennt sind. Der geringste Unterschied beim Eintritt in das System führt zu einer großen Entfernung der endgültigen Positionen der Autos. Aus dem nichtlinearen Verhalten der Populationsgleichung folgt, daß solche Systeme außerordentlich empfindlich für externe Einflüsse sind. Nehmen wir an, daß Sie aus Versehen einen der Käfer in Ihrem Garten totgetreten haben. Rein rechnerisch könnte dieses kleine Versehen zehn Jahre später großen Einfluß auf die Höhe der Insektenpopulation haben. Edward Lorenz, der sich als einer der ersten Fachleute mit nichtlinearen meteorologischen Vorgängen beschäftigt hat, spricht in diesem Zusammenhang vom »Schmetterlingseffekt«. Nach seiner Auffassung sind Wettersysteme so empfindlich, daß schon der Schlag eines Schmetterlingsflügels das Wetter von morgen verändern kann. Selbst die Beobachtung oder Untersuchung eines unendlich empfindlichen Systems kann dessen Verhalten verändern. Die externen Bedingungen dürfen also niemals ganz vernachlässigt werden. Man kann keine Grenzen um ein solches System ziehen und außer acht lassen, was außerhalb dieser Grenzen liegt, weil die kleinste externe Fluktuation letztlich einen tiefgreifenden Einfluß auf das Verhalten unseres Systems ausüben kann. Im allgemeinen sind solche Systeme aufgrund ihrer Empfindlichkeit gegenüber allen anderen Regionen durch und durch holistisch und lassen sich nicht in einfachere, unabhängige Einheiten zerlegen oder auf sie zurückführen.

Intermittenz

Wir können diesen einfachsten nichtlinearen Gleichungen noch eine Erkenntnis entnehmen: In Regionen, in denen reines Chaos herrscht, lassen sich nämlich manchmal winzige Inseln der Ordnung entdecken. Diese Regionen deuten auf eine Form des Verhaltens hin, die man *Intermittenz* nennt und die zeigt, daß man inmitten des Chaos manchmal auf Enklaven einfacher Ordnung stößt. Einfache, regelmäßige Schwingungen erscheinen in chaotischen Fluktuationen und lassen darauf schließen, daß solche Ordnung in Wirklichkeit aus dem Chaos entsteht und nicht umgekehrt das Chaos aus der Ordnung.

Man hat die Intermittenz in einer Vielzahl von Systemen entdeckt. Sie zeigt sich in den Perioden des Schweigens im

»weißen Rauschen« eines elektronischen Verstärkers oder in den Ruheregionen inmitten turbulenten Wassers. Kurze Perioden vollkommener Ordnung können sich im Herzen des Chaos manifestieren. Für einige kurze Augenblicke hört das Chaos auf zu sein und weicht der Ordnung. Doch dann gewinnt das Chaos wieder die Oberhand. Noch überraschender ist der Umstand, daß die zeitlichen Intervalle zwischen Chaos und Ordnung eine fraktale Struktur haben!

Intermittenz ist ein Merkmal so vieler natürlicher Systeme, daß man sich zu fragen beginnt, ob es sie nicht auch in gesellschaftlichen Systemen gibt. Sind Phasen sozialer Ruhe wirklich die Norm, oder entfalten sie sich lediglich aus einem grundsätzlicheren Chaos? Gewöhnlich halten wir das Chaos für die Unterbrechung der wünschenswerten Ordnung, und zwar aufgrund einer externen Störung. Doch könnte es sich nicht auch umgekehrt verhalten? Könnte nicht das Chaos, das heißt eine hochkomplexe Ordnung, vorherrschen? Dann wäre das, was wir für die normale Ordnung halten, in Wirklichkeit nur die Entfaltung eines Aspektes dieser zugrunde liegenden Komplexität.

Die Erkenntnisse der Chaostheorie fordern, die traditionelle Dualität von Chaos und Ordnung zu überdenken. Wenn eine Gesellschaft in einen Zustand gerät, den man als »chaotisch« bezeichnet, entwickelt sie eine gesteigerte Sensibilität für ihre Umwelt und für ihre eigene innere Ordnung. In dieser Verfassung unendlicher Komplexität, in der sich in jedem Gesellschaftsbereich eine erhöhte Sensibilität für alle anderen Aspekte des Ganzen entwickelt, können neue gesellschaftliche Formen und Ordnungen entstehen.

Eine Gesellschaft könnte sich auf höchst kreative Weise hin und her bewegen zwischen Phasen einer regelmäßigen Ordnung und Phasen, in denen diese einfache Ordnung sehr komplexen Übergangszuständen Platz macht. Jedes Mitglied der Gesellschaft wird sich dann in verstärkter Weise der eigenen Rolle und Position bewußt und reflektiert die geltenden Wertvorstellungen. Den Leuten, die an der Macht sind und die die bisherige Ordnung um jeden Preis bewahren möchten, wird diese Phase als eine Zeit sozialen Zerfalls erscheinen. Doch wenn man die Übergangsperiode nicht mit großer Energie oder Gewalt unterdrückt, kann sich daraus eine neue Ordnung entwickeln. Soziale Übergangsphasen müssen nicht unbedingt negative Folgen haben, sie müssen auch nicht auf äußere Konflikte oder Einflüsse zurückgehen, sondern können sich aus der natürlichen inneren Dynamik der Gesellschaft entwickeln. In bestimmten sozialen Kontexten könnte die Intermittenz also die gesunde Norm sein.

Bifurkationen

Ein weiteres Beispiel für die komplexe Landschaft eines nichtlinearen Systems ist der sogenannte *Bifurkationspunkt*. In der Nähe eines normalen Attraktors kehrt ein gestörtes System stets zu seinem Grenzzyklus oder Grenzpunkt zurück. Wenn man es etwa einen Berg zu hoch hinaufbewegt, erreicht es möglicherweise einen Kamm oder einen Gipfel, eine kritische Region, in der es vor eine Entscheidung gestellt ist. Es kann entweder in seinen Grenzzyklus zurückfallen oder den Berg auf der anderen Seite hinunterrollen und damit in eine Region von qualitativ neuem Verhalten gelangen (Abbildung 36).

Es gibt in der Natur eine Fülle von Beispielen für solche Bifurkations- oder Entscheidungspunkte-Regionen, in denen ein winziger Stoß ein System dazu bringen kann, sich in die eine oder andere Richtung zu bewegen. Ihre Systeme können sehr rasch von Stabilität zu Instabilität, von Ordnung zu Chaos, von regelmäßiger Schwingung zu wilden Schwankungen, von Selbstkorrektur zu unendlicher Empfindlichkeit übergehen.

Konsequenzen

Immer mehr Wissenschaftler entdecken, daß Nichtlinearität die Norm ist, wirklich lineare Systeme dagegen eine Ausnahme in der Natur darstellen oder grobe Annäherungen an kompli-

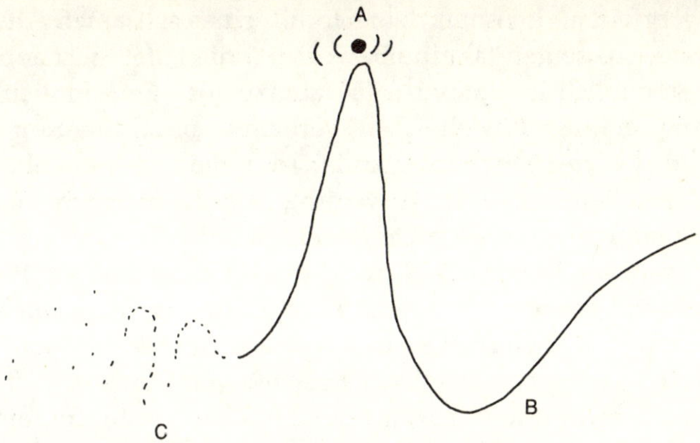

Abbildung 36. Das System hat einen Bifurkationspunkt A erreicht. Die geringste Störung kann bewirken, daß es nach rechts fällt, wo es in die Attraktor-Senkung B gerät. Eine minimale Störung nach links – und das System rollt zum seltsamen Attraktor C hinunter, wo es von einer chaotischen Bewegung erfaßt wird.

zierteres, nichtlineares Verhalten sind. Zu den nichtlinearen Systemen gehören jene, in denen das Geschehen in der einen Region in hohem Maße von Ereignissen in anderen Regionen abhängt und seinerseits auf diese Regionen zurückwirkt, in denen die Ereignisse dieses Jahres bestimmend für die Resultate des nächsten sind, in denen sich verschiedene Teile kooperativ verhalten und in denen das Ganze eine Art Tanz ausführt. Kurzum, es sind Systeme, die holistisches Verhalten erkennen lassen. Da ihre Landschaft sehr reich und vielfältig gegliedert sein kann, ist es vielleicht sinnvoll, hier noch einmal die Eigenschaften der verschiedenen Regionen zusammenzufassen:

1. Bifurkationspunkte liegen zwischen Regionen mit qualitativ unterschiedlichem Verhalten. An solchen Punkten wird das System außerordentlich empfindlich für die kleinste Störung.

2. Regionen im Einflußbereich eines normalen Attraktors zeigen (a) ungewöhnliche Stabilität und Widerstandskraft gegen Veränderung (Grenzpunkt) und (b) die Möglichkeit zu stabilen Schwingungen (Grenzzyklus).

3. Regionen, die unter dem Einfluß eines seltsamen Attraktors stehen, zeigen (a) eine Bewegung, die zufällig, chaotisch und unendlich komplex ist, (b) grenzenlose Empfindlichkeit gegenüber ihrer Umwelt, (c) ein Verhalten von solcher Komplexität, daß es nicht vorhersagbar ist, (d) unendlich viele Ebenen der Detailliertheit in der Bewegung und die Möglichkeit der Selbstähnlichkeit in allen Größenbereichen.

4. Systeme, die auf dem Prinzip der Iteration oder der Rückkopplung beruhen, offenbaren ein großes Spektrum von Verhaltensweisen zwischen Stabilität und Chaos. Ferner kann die komplizierte Dynamik solcher Systeme von innen erwachsen und muß nicht unbedingt das Ergebnis äußerer Kräfte sein.

Andere Aspekte dieses Verhaltens, auf die ich in diesem Kapitel nicht eingegangen bin, sind unter anderem:

- Solitone
- Vor- und Rückkopplungssysteme
- Ilya Prigogines dissipative Strukturen
- René Thoms Katastrophentheorie.[5]

Wir haben gesehen, wie diese Systeme spontan ihre eigenen Ordnungen und Formen hervorbringen, und im vorigen Kapitel haben wir uns mit der Frage befaßt, wie komplex sie miteinander und ihrer Umwelt kommunizieren können. Es hat den Anschein, als wäre jedes natürliche System in ein Meer von aktiver Information getaucht oder als wäre es Teil einer lebendigen Holographie.

Die Natur ist also eine weitläufige, komplexe und dynamische Landschaft. Für ihre Beschreibung sind die mechanistischen und linearen Karten untauglich. Etwas von der Komplexität dieser Landschaft ist im vorliegenden Kapitel mit Hilfe der Chaostheorie sichtbar gemacht worden. Zwar ist die Chaostheorie unitär und deterministisch, und deshalb nur ein schwacher Abglanz der tieferen, nicht-unitären Ordnungen, die in der Natur möglich sind, dennoch läßt die Chaostheorie erkennen, wie vielfältig die Verhaltensweisen sind, die man von einem natürlichen System erwarten kann – von stabiler Schwingung bis hin zu einem unendlich empfindlichen Chaos. Welche Konsequenzen aus der Empfindlichkeit und Komplexität der Natur zu ziehen sind, wollen wir im Schlußkapitel dieses Buches betrachten, wo wir uns mit einer neuen Art des Handelns beschäftigen wollen, ja mit einer neuen Art, in unserem Universum zu sein.

Achtes Kapitel

Sanftes Handeln für eine harmonische Welt

Dieses Buch entwirft neue Karten von unserer Welt und zeichnet ein Universum, in dem jedes Atom, jeder Stein und jeder Stern an dem nie versiegenden Quell der Schöpfungskraft teilhat. Die Natur ist eine Sinfonie, die sich in immer neuen Themen, Harmonien und Strukturen entfaltet. Diese Strukturen und Prozesse stehen in einem großen Zusammenhang und haben Teil an einem gemeinsamen Tanz der Formen. Das Leben ist eingetaucht in ein Meer von Sinn und Bedeutung, in ständige Aktivität und Kohärenz, die die Grenzen zwischen belebter und unbelebter Natur, zwischen Geist und Materie verwischt.

Aus dieser Karte ergeben sich neue Werte und Bedeutungen, weil wir als Bewohner eines lebendigen Universums zu einer neuen Handlungs- und Seinsweise aufgerufen sind. Wir können die Natur nicht mehr – wie in der Vergangenheit – als Schauplatz mechanistischer Vorgänge betrachten. Wir brauchen eine völlig neue Gesellschaftsordnung. Mit der Frage, wie diese neue Ordnung aussehen könnte und welche anderen Konsequenzen sich aus der neuen Karte der Natur ergeben, wollen wir uns im vorliegenden Schlußkapitel beschäftigen.

Lebensbaum

Während eine Maschine ihre Struktur gerade aufgrund Unveränderlichkeit ihrer Teile bewahrt, muß ein lebendes System sich ständig anpassen.

Ein Baum, der seit fünfhundert Jahren am gleichen Platz steht, beherbergt in Wirklichkeit eine unerhörte Vielfalt an Ereignissen. Trotz seines standfesten Erscheinungsbildes ist der Baum für seine Umgebung offen: über seine Blätter tauscht er mit ihr Gase wie Sauerstoff, Kohlendioxid und Wasserdampf aus. Die Sonnenenergie erreicht jedes Blatt und versorgt es über komplizierte chemische Reaktionen, die dem Baum Nahrung geben, mit der notwendigen Energie. Mit seinen Wurzeln nimmt er Wasser und Mineralien auf, die über den Stamm und die Äste bis in die Blätter vordringen. Der in den Blättern hergestellte Zucker kehrt wieder in den Körper des Baums zurück.

Wie ein Strudel durch das Wasser erhalten wird, das durch ihn hindurchfließt, so wird der Fortbestand des Baums durch das Wasser gewährleistet, das er aus der Erde in sich aufnimmt, durch die Luft, die seine Blätter aufnehmen, und die Sonne, die auf ihn herabstrahlt. In gewisser Hinsicht repräsentiert der Baum natürlich Stabilität, doch betrachtet man ihn aus einer anderen Sicht, so befindet er sich in ständigem Wechselspiel mit seiner Umwelt und besitzt keine absolute Grenze, an der er selbst endet und die Erde, die Luft oder das Sonnenlicht anfangen.

Ob Baum, Wasserspiel, Kerzenflamme, Strudel oder soziale Gemeinschaften – für sie alle liegt Leben und Stabilität in ihrer Offenheit gegenüber der Außenwelt und in der Fähigkeit, sich veränderten Verhältnissen auf immer neue und flexible Weise anzupassen. »Alles fließt«, heißt es bei Heraklit.

Wir sollten uns gelegentlich an dieses weise Wort erinnern. Wir haben uns weitgehend von der Natur abgesondert und halten uns für die Krone der Schöpfung, in der Meinung, die Welt sei geschaffen worden, damit wir sie benutzen und ausbeuten. Wir haben uns die Rolle von Helden zugelegt, die sich gegen die natürlichen Systeme auflehnen und bemüht sind, alle Widerstände zu überwinden, um sich die Schätze dieser Welt aneignen zu können.

Von der Tragödie zur Komödie

Der Ökologe und Schriftsteller Joseph W. Meeker hat dargelegt, daß die Tragödie und der tragische Held ein typisches Merkmal der abendländischen Kultur sind, deren Spuren sich von Sophokles über Shakespeare bis in die Moderne verfolgen lassen. Im dichterischen Werk anderer Kulturen spielt das Gegenstück der Tragödie, die Komödie, eine weit größere Rolle. In der Tragödie lehnt sich der Held (im allgemeinen ist er männlichen Geschlechts) gegen die Götter auf, was für ihn meist den Tod und für seine Untertanen Not und Unglück bedeutet. In der Komödie dagegen geht es um den alltäglichen Überlebenskampf der kleinen Leute, die sich nicht gegen die Gesetze der Natur und der Menschen empören, sondern mit ihnen spielen und sie sich listig zunutze machen. Während der tragische Held edel ist und sich einem festen Verhaltenskodex verpflichtet fühlt, ist die Komödie turbulent, obszön, lebt vom Rollentausch, spontanen Einfällen und letztlich der Absurdität menschlicher Autorität. Während die Tragödie im Tod ihren Höhepunkt findet, werden in der Komödie die Handlungsfäden zu einer Eheschließung geknüpft, so daß sich die Geschichte sozusagen ohne Ende fortsetzt.

Meeker erklärt bündig, warum unser Planet es sich nicht länger leisten kann, eine derart heroische Gesellschaft zu dulden und zu ernähren, die nach Herrschaft über die natürliche Welt trachtet und sich gegen deren Gesetze auflehnt. Er verlangt statt dessen nach einer »Überlebenskomödie«, einem Geist schöpferischen Spiels, der unserem Alltag neue Impulse gibt und in die Gesellschaft hineinwirkt. Unsere Gesellschaft muß lernen, mit den Strömungen der natürlichen Welt zu schwimmen. Wie der Baum muß sie offen für Veränderung sein und fähig zu ständigen Anpassungsprozessen. Wir müssen erkennen, daß alle Festlegungen nur vorläufig und nur innerhalb bestimmter Grenzen und Zusammenhänge gültig sind. Unsere inneren und kollektiven Karten müssen sich mit der Realität der Außenwelt in Einklang befinden, und sie müssen sich an neuen Bildern und Leitbildern orientieren.

Kontrolle oder Illusion?

Als Student fuhr ich einen Ford Prefect, ein uraltes Gefährt. Es war von einfacher Bauart und hatte die schlechte Angewohnheit, an den entlegensten Orten seinen Dienst zu versagen. Doch damals war eine Broschüre auf dem Markt, mit deren Hilfe die »Krankheiten« des Autos zu diagnostizieren und zu beheben waren. Als erstes galt es festzustellen, ob der Fehler im elektrischen oder im Brennstoffsystem steckte. Wenn beispielsweise die Elektrik funktionierte, dann wurden die Zylinder aller Wahrscheinlichkeit nach nicht mit der richtigen Brennstoffmischung versorgt. Lag der Fehler zwischen dem Vergaser und der Benzinpumpe? Die Broschüre nannte etliche Tests anhand derer das Gebrechen der alten Karre zu lokalisieren war.

Der Verfasser der Broschüre hatte das Automobil als eine Folge logischer Verknüpfungen dargestellt – als eine ineinandergreifende Kausalkette. Der Fahrer brauchte nur dem vorgezeichneten Weg durch dieses System zu folgen, um beispielsweise zu entdecken, daß die Ursache der Panne ein blockiertes Nadelventil im Vergaser war. Sobald die Panne lokalisiert war, war es ein leichtes, das defekte Teil zu reparieren oder zu ersetzen und das Auto wieder zu starten.

Bei meinem Ford Prefect ließ sich jedes Problem auf eine bestimmte Ursache zurückführen, und für jeden Störfall gab es eine bestimmte Korrekturmöglichkeit. Sogar wenn man irgendein Teil justierte, ließ sich die Wirkung auf die Gesamtleistung des Autos vorhersagen. Das »Innenleben« dieses Autos barg keine Überraschungen und keine Probleme, die sich nicht beheben ließen. Das Diagnosebüchlein lieferte die präzise Karte eines realen Autos und seines Verhaltens.

Ein Gewebe von Zusammenhängen

In der wirklichen Welt sind die Zusammenhänge unendlich komplex, doch in vielerlei Hinsicht verhalten wir uns, als sei diese Welt genauso einfach strukturiert wie mein Ford Prefect.

Angesichts einer Konjunkturschwankung konzentrieren wir uns auf einen Aspekt einer komplexen und vielfältig verzahnten Welt – die Wirtschaft – und setzen dort mit unserer Analyse an. Sofort gelangen wir zu dem Schluß, daß jede Abweichung als »Problem« zu bezeichnen sei und daß jedes Problem eine lokalisierbare Ursache in irgendeinem Defekt oder Fehler habe, der sich dann auch irgendwie beseitigen lasse. Die Lösung jedes Problems besteht nach dieser Auffassung in einer Handlung, welche die Welt wieder ins Lot bringt.

Doch diese Methode funktioniert nur in sehr begrenzten Kontexten. Oben haben wir gesehen, daß natürliche Systeme, darunter auch soziale Gemeinschaften, über ein vielfältiges Spektrum von Verhaltensweisen verfügen, das von Stabilität und regelmäßiger Schwingung bis hin zu Chaos und unendlicher Empfindlichkeit reichen kann. Es mag zwar möglich sein, ein System in einem bestimmten engen Ausschnitt dieses Spektrums zu kontrollieren, in einem Bereich, in dem sich sein Verhalten leicht beschreiben und die Folgen einer Störung vorhersagen lassen. Doch wenn man zu stark auf das System einwirkt, erreicht es womöglich einen Bifurkationspunkt, von dem aus es zu einer völlig anderen Verhaltensweise springt. Andere Systeme können sich jedem Versuch einer einfachen Beschreibung entziehen, so daß die Wirkung von Eingriffen nicht vorhersagbar ist. Manche Systeme sind so empfindlich, daß sie sich nicht von dem größeren Kontext, in den sie eingebettet sind, trennen lassen. Andere erweisen sich als so stabil und unflexibel, daß sie sich überhaupt nicht verändern. Manche Systeme verändern sich in unmittelbarer Reaktion auf äußere Bedingungen, bei anderen sind Veränderungen ein Ausdruck ihrer eigenen inneren Dynamik.

Das entscheidende Paradoxon liegt darin, daß die natürliche Welt weit komplexer, vielfältiger und empfindlicher in ihren Reaktionen ist als die Organisationen, die auf sie Einfluß zu nehmen trachten. Organisationen sind in ihren Reaktionen unflexibel und festgelegt, ihre Karten sind zerstückelt, ihre Verhaltensmöglichkeiten begrenzt und langsam.

Organisationen richten ihre Aktivitäten auf begrenzte Bereiche und kommen deshalb mit einem entsprechend eingeschränkten Verhaltensrepertoire aus. Wie sollen sie Probleme bewältigen, die in komplizierter Weise weite Bereiche der Gesellschaft betreffen? Die Zerstörung der brasilianischen Regenwälder ist beispielsweise Ergebnis eines vielfach vernetzten Problemzyklus, zu dem die Dritte-Welt-Verschuldung, die internationale Weltwirtschaftspolitik und auch unterschiedliche ethische Wertsysteme gehören. Die nordamerikanische Vorliebe für Rindfleisch hat nachhaltigen Einfluß auf die Wirtschaftlichkeit der Rinderzucht, so daß der Verkauf von Hamburgern in Detroit womöglich einen brasilianischen Viehzüchter dazu veranlaßt, für mehr Weideland weitere Urwaldregionen roden zu lassen. Bedenken wir das gesamte Ausmaß sozialer, wirtschaftlicher, politischer, ökologischer, moralischer und sogar religiöser Probleme, die alle die Existenz des Regenwaldes betreffen. Wer will entscheiden, welche Fragen man gefahrlos außer acht lassen kann und welche wichtig sind? Wie weit entfernt muß ein Land sein und wie gering sein Bruttosozialprodukt, damit man seinen Einfluß auf das Leben eines Volksstammes in diesem Regenwald vernachlässigen darf?

Oder betrachten wir ein anderes Beispiel: die scheinbar einfache Entscheidung, ein neues Auto zu kaufen. Sie besitzen einen alten Benzinfresser, und Ihre umweltbewußten Freunde drängen Sie, Ihr Auto gegen ein kleineres Modell mit einem energiesparenden Motor auszutauschen. Dadurch, so sagen Ihre Freude, sparen Sie jedes Jahr viele hundert Liter Benzin ein.

Auf den ersten Blick scheint das eine vernünftige Entscheidung zu sein. Doch überlegen wir einen Augenblick. Um die Metall- und Plastikteile des neuen Autos herzustellen und um die Fabrik, in der sie montiert werden, zu betreiben, ist ebenfalls ein hoher Energieaufwand erforderlich. Ist es besser, weiterhin das Benzin in Ihrem derzeitigen energieverschwendenden Auto zu verbrennen oder den Energieaufwand in Kauf zu nehmen, der erforderlich ist, um das neue Fahrzeug zu bauen?

Ist es überhaupt sinnvoll, verschiedene Energieträger zu vergleichen – etwa Treibstoff mit den diversen Energieformen, die man für den Bau eines Autos braucht? Im letztgenannten Fall stammt ein Teil der Energie möglicherweise aus einem Wasserkraftwerk, einem Kernreaktor oder einem Kohlekraftwerk. Wie soll man regenerative und nicht-regenerative Energiequellen miteinander vergleichen? Und erörtern wir die Frage nach den wirtschaftlichen, gesellschaftlichen und politischen Strukturen, in die die Produktion und Verteilung von Energie eingebettet sind. Ist der Energieverbrauch im übrigen die einzige relevante Frage? Was ist mit den sozialen, wirtschaftlichen, ökologischen und politischen Folgen der Automobilherstellung? Wo wird das Auto produziert? Welche Teile der Weltbevölkerung sind von dem Produktionsprozeß betroffen? Wo werden die einzelnen Zubehörteile hergestellt?

Dies sind nur einige Fragen, die man im Zusammenhang mit der Entscheidung, ein neues Auto zu kaufen, stellen kann. Und jede Frage hängt unmittelbar mit einer Vielzahl anderer zusammen, die immer weiter ausgreifen und eine Fülle nur scheinbar völlig sachfremder Probleme einbeziehen. Ehrlich gesagt, bezweifle ich, daß irgend jemand die richtige Antwort auf die Frage weiß, ob es sich empfiehlt, ein neues Auto zu kaufen. Vielleicht ist sogar die Vorstellung, daß es überhaupt eine »richtige Antwort« geben könnte, falsch. Selbst ein kompliziertes Computerprogramm, das den gesamten Energiebedarf berechnet, gibt nur eine Teilantwort, vernachlässigt aber eine Vielzahl anderer ökologischer und sozialer Probleme. Und wer kann entscheiden, ob nicht einer dieser anderen Zusammenhänge auf irgendeine verwickelte Weise in den gesamten Bereich der Energieproduktion und -nutzung zurückwirkt? Innerhalb bestimmter Grenzen kann man möglicherweise zu einer rationalen Entscheidung gelangen und eine bestimmte Handlungsweise festlegen. Doch ist es nicht möglich, daß im Augenblick der Entscheidung an irgendeinem anderen Ort in der Welt eine Handlung vorgenommen wird, die auf verwickelte Weise weiterwirkt, so daß sich am Ende alle Voraussetzungen verändern, unter denen die ursprüngliche Entscheidung getroffen wurde.

Jeden Tag fällen wir Entscheidungen innerhalb einer gewaltigen und in stetem Wechsel begriffenen Matrix von Wechselbeziehungen. Sogar der Entschluß, Tee oder Kaffee zu trinken, bleibt, hochgerechnet, nicht ohne »internationale Folgen«. In manchen Ländern ist Kaffee ein wichtiger Exportartikel, so daß schon winzige Schwankungen auf dem internationalen Kaffeemarkt verheerende Auswirkungen auf die Wirtschaft dieser Länder haben können. Wenn der Kaffeepreis fällt, geraten womöglich Pflücker und Plantagenbesitzer in Not. Manch einer mag sich dann dazu entschließen, sein Geld lieber mit dem Anbau von Kokapflanzen zu verdienen.

Handeln oder Untätigkeit

Die Welt, in der wir leben, wird von zahlreichen Krisen erschüttert. Und zwar so sehr, daß dringend Handlungsbedarf besteht. Doch wie wir andererseits wissen, kann überstürztes Handeln die Probleme noch verschlimmern, weil die dafür zuständigen Entscheidungsträger viel zu grob strukturiert sind, um der unendlichen Verästelung jener Systeme gerecht werden zu können, die sie beherrschen und kontrollieren wollen.

Darin liegt das entscheidende Paradoxon des Handelns: Wenn wir handeln, so tun wir es mit begrenzter Kompetenz. Immer. Wenn wir dagegen gar nicht handeln, lassen wir die Probleme schleifen, und die Dinge geraten völlig außer Kontrolle – ein Dilemma, das in privatem wie in sozialem Zusammenhang seit langem besteht. Im besten Falle versuchen wir das zu tun, was im Moment richtig zu sein scheint, und hoffen, daß irgend jemand den Schaden beseitigen wird, wenn wir falsch entschieden haben. Doch die Welt wird immer kleiner, und unsere Fehler haben immer brisantere Konsequenzen. Jeder Mensch, von der Einzelperson in der Familie bis hin zum Staatsmann, der sich mit den Problemen der Welt auseinandersetzt, ist in diesem Paradoxon des Handelns gefangen.

Schöpferisches Innehalten

Es gibt eine Möglichkeit, dieses Paradoxon zu überwinden: Wir dürfen nicht hilflos zwischen der Maxime zu handeln und der geboten erscheinenden Passivität hin und her schwanken. Beide haben nämlich einen gemeinsamen Ursprung, zu dem es vorzudringen gilt. Diesen Weg möchte ich im Fortgang als *schöpferisches Innehalten* und *aktive Wachsamkeit* bezeichnen. Wenn wir nach dem zeitlosen Augenblick suchen, der zwischen Intention und Handeln liegt, können wir möglicherweise Klarheit gewinnen, über die Struktur unseres Denkens, die Verfassung von Geist und Körper und den mangelnden Spielraum innerhalb unserer stereotypen Reaktionen.

Was bedeutet schöpferisches Innehalten? Es ist, einfach gesagt, die Fähigkeit, angesichts eines dringenden Handlungsbedarfs oder des Wunsches nach einer sofortigen Reaktion, einen kurzen Augenblick in einen Zustand aktiver Wachsamkeit einzutauchen.

Stellen wir uns eine der schlimmsten Situationen vor, in die wir geraten können – etwa einen Verkehrsunfall, ein Gewaltverbrechen oder einen Hausbrand. In den meisten Fällen sind Menschen in solchen Situationen wie paralysiert, oder sie reagieren instinktiv. Beides kann sich als gleichermaßen verhängnisvoll erweisen.

Denken wir uns ein Auto, das sich überschlagen hat und dessen Windschutzscheibe zertrümmert ist. Der Fahrer sitzt bewegungslos hinter dem Steuerrad eingeklemmt, und auf dem Beifahrersitz schreit ein Mensch mit blutigem Gesicht um Hilfe. Während Sie und ich hinstürzen würden, um dem Verletzten zu helfen, würde ein guter Arzt zunächst nicht eingreifen, sondern sich zunächst einen Überblick verschaffen. Die Dinge verhalten sich möglicherweise nicht so, wie sie auf den ersten Blick erscheinen. Der Beifahrer kann große Schmerzen oder auch nur einen hysterischen Anfall haben, während seine Verletzungen belanglos sind. Dagegen könnte sich der regungslose Fahrer in einem Schockzustand befinden, hervorgerufen durch schwere innere Verletzungen.

Der Arzt befindet sich also in einem Zustand wachsamen Innehaltens. Erst dann entscheidet er, was als nächstes getan werden muß. Äußerst behutsam beginnt der Arzt mit seiner Untersuchung. Erst wenn er sich einen ungefähren Eindruck vom Ausmaß der Verletzungen und vom Zustand des Unfallopfers verschafft hat, wird er an weiterreichende Maßnahmen denken. Der Versuch, einen Verletzten zu bewegen, ihm eine Spritze zu geben oder seine Körperlage zu verändern, kann eine ohnehin schon gefährliche Situation noch verschlimmern.

Das Innehalten des umsichtigen Arztes führt zu erhöhter Wachsamkeit und zu einem besseren Verständnis der Gesamtsituation. Doch zum schöpferischen Innehalten gehört noch mehr, denn wir können uns dadurch eine Möglichkeit verschaffen, Einblick in unser gesamtes Reaktionsmuster zu gewinnen, in unsere Hemmungen und unsere Konditionierung. Ähnliches gilt für politische und wirtschaftliche Organisationen.

Dieser Zustand der aktiven Wachsamkeit ist den unterschiedlichen Meditationstechniken östlicher Kulturen nicht unähnlich. Durch Meditation versucht man zum Ursprung der Gedanken vorzudringen und zu beobachten, wie sie kommen und gehen. Das schöpferische Innehalten soll uns die Möglichkeit geben, den gesamten Zusammenhang von Intention, Handlung und Konditionierung zu erkennen, indem wir vorübergehend die Intention nicht in die Tat umsetzen. In diesem Zustand gespannter Wachsamkeit können wir wahrnehmen, wie sich die Intention entfaltet und auf Geist und Körper einwirkt.

Nehmen wir beispielsweise an, jemand wirft Ihnen eine Beleidigung an den Kopf. Ihre spontane Reaktion kann entweder darin bestehen, ihm mit gleicher Münze heimzuzahlen oder sich zu beherrschen, um Herr der Situation zu bleiben. Wenn Sie sich für letzteres entscheiden, erscheinen Sie zwar nach außen hin ruhig, bemerken aber eine Beschleunigung Ihres Herzschlags und Ihrer Atmung. Auch Ihre Gedanken überschlagen sich, während Sie gleichzeitig bemüht sind, sie zu beruhigen oder zu unterdrücken. In dem Versuch, »normal«

und unberührt zu erscheinen, sagen Sie möglicherweise sogar etwas völlig Unangemessenes, womit Sie die Situation noch verschlimmern.

Kontra geben oder die Beleidigung hinunterschlucken? Auch der Regierungschef einer Großmacht, der sich angesichts einer Krise fragt, ob er handeln soll oder besser versucht, Zeit zu gewinnen, befindet sich in einer vergleichbaren Situation. Doch es gibt eine Möglichkeit, dieses Dilemma zu überwinden, indem man sich einen Raum läßt, in dem sich die Intention, zu handeln oder aber diese spontane Reaktion zu unterdrücken, entfalten kann. Statt dieser Intention nachzugeben oder sie zu unterdrücken, spürt, hört, beobachtet und verfolgt man, wie sie Gestalt annimmt. Kreatives Innehalten ermöglicht uns, zu beobachten, wie bestimmte Wörter eine physische Reaktion in unserem Körper hervorrufen und wie diese physische Reaktion ihrerseits andere Gedanken und Wörter auslöst oder ihre Bedeutung verändert.

Indem man eine Lücke zwischen Intention und Handlung läßt, gewinnt man Einblick in die Struktur des eigenen Denkens, in die Konditionierung von Geist und Körper. Dieses Intervall kann kurz sein und dennoch ein hohes Maß an schöpferischer Wahrnehmung auslösen.

Fortgang ohne Bewegung

Wie komplex die Struktur der Intention ist, die im Augenblick des schöpferischen Innehaltens wahrgenommen wird, mag folgendes Beispiel verdeutlichen. Der Israeli Moshe Feldenkrais, einst Physiker, inzwischen Therapeut, lehrte eine Form physischer und geistiger Aktivität, die die konditionierten Reaktionsblöcke im Körper auflösen und sie durch neue, differenzierte Bewegungen ersetzen soll. Nach Ansicht vieler Therapeuten werden physische und geistige Traumata nicht nur als Erinnerungen, sondern auch als Muskelspannungen und fixierte physische Reaktionsmuster im Körper gespeichert. Ein fixierter Gedanke manifestiert sich als Muskeldisposition, und ein Muster von Körperspannungen kann eine Erinnerung einschließen.

Doch ist es wenig hilfreich, dem Betroffenen zu sagen, sie sollten ihre Art und Weise, zu sitzen oder zu gehen, ändern. Feldenkrais versuchte vielmehr, die alten Bewegungskomplexe aufzulösen und Körper und Geist dazu zu bringen, neue und weniger fixierte Dispositionen zu lernen, indem er sie – dies ist meine Interpretation – dazu anhielt, die Arbeitsweise der Intention zu erkunden.

Bei der Feldenkrais-Methode fordert der Therapeut den Patienten nicht auf, sich in einer bestimmten Weise zu bewegen, sondern erläßt ihn die Absicht hervorrufen, sich zu bewegen. Der Patient wird beispielsweise aufgefordert, ein ziemlich komplexes und ungewöhnliches Bewegungsmuster zu zeigen. Unterschiedliche Körperteile führen stark unterschiedliche Bewegungen aus, die nicht auf die übliche Weise vollzogen werden können, weil einfache Bewegungen zu komplizierten Bewegungsfolgen verknüpft werden. Möglicherweise ist der Patient nicht in der Lage, sich die Bewegung auf rationale, logische Weise vorzustellen. Dennoch lösen Verstand und Intuition die Intention aus, das gesamte Bewegungsmuster zu wiederholen.

Es ist außerordentlich überraschend, wie Körper und Geist auf dieser Ebene zusammenwirken, um ein derart komplexes und flexibles Bewegungsmuster zu entwickeln, das die einfachere und undifferenzierte Konditionierung des Körpers ersetzt. Unsere Fähigkeit, neue und hochdifferenzierte Reaktionen zu entwickeln, ist also möglicherweise weit größer, als wir bislang wußten. Sobald wir uns von konditionierten Mustern und Blöcken befreit haben, erschließen sich uns unbegrenzte schöpferische Möglichkeiten.

Es stellt sich heraus, daß es keine Rolle spielt, ob wir diese neue und komplexe Intention in physische Bewegungen des Körpers umsetzen. Feldenkrais berichtet, daß die Wirkung um so größer sei, je kleiner und minimaler die Bewegung. Es hat den Anschein, als existiere die physische Bewegung bereits als eine Art Potential oder als winzige im Keim enthaltene Ordnung in Gehirn und Körper. Konkrete Bewegungsmuster scheinen als minimale muskuläre und nervöse Signale, elektrische und chemische Erinnerungen, Dispositionen, Empfindungen und Möglichkeiten verschlüsselt zu sein. Die Intention ist ein sehr komplexes Gewebe, eine Form der Information, die jeden Augenblick aus ihrem potentiellen in ihren aktualisierten Zustand überführt werden kann.

Entfaltung der Intention

Wenn wir oben gesagt haben, daß sich potentielles Handeln zur Intention aufbaut, so können wir uns das schöpferische Innehalten als Gegenstück dieses Vorgangs vorstellen. Statt sich auf die äußere Handlung zu richten, ist das schöpferische Innehalten bestrebt, ein komplexes Muster zu entfalten, das in der Intention zu handeln enthalten ist. Im Innern von Körper und Geist zeigen sich das Gedankenmuster und die Disposition, die auf eine äußere Handlung gerichtet sind, und zugleich die Struktur der eigenen Konditionierung.

Wie der Mensch in der Lage ist, in seinem Innern die Intention einer neuen äußeren Handlung zu entwickeln, so ist es vielleicht auch möglich, in unserem Innern explizit und detailliert die Struktur eines gegebenen Reaktionsmusters darzustellen. Diese innere Darstellung zeigt uns die Grenzen unserer Reaktionen in einer gegebenen Situation. Durch einen schöpferischen Akt der Wahrnehmung können wir uns von beschränkenden Aspekten unserer Konditionierung befreien und eine flexiblere Reaktionsweise entwickeln.

Organisationsstrukturen erfassen

Dank des schöpferischen Innehaltens können wir Einblick in unsere persönlichen Reaktionen gewinnen und uns neue Räume erschließen, in denen wir rascher und kreativer agieren können. Was für den einzelnen gilt, trifft auch für Organisationen und die Gesellschaftssysteme zu.

Anläßlich einer bedrohlichen Krise reagieren auch die Entscheidungsträger in einer Organisation mit dem unmittelbaren Bedürfnis zu handeln. Wenn wir ein solch kurzes Aufschieben aller nach außen gerichteten Handlungen sehr konkret verstehen, so würde dieser Vorgang die Organisation in eine hektische innere Aktivität stürzen. Die verschiedenen Funktionsträger würden Eilbotschaften austauschen, und auf den Sichtschirmen der Computerterminals in den Büros würde eine Anweisung die nächste jagen.

Doch der Grundgedanke des schöpferischen Innehaltens ist nicht, »nichts zu tun« oder jegliche äußere Aktivität zu unterbinden, sondern sich in einen Zustand der sensiblen Wachsamkeit zu versetzen, in dem sich die einzelnen Mitglieder, aber auch die Gruppen innerhalb der Organisation die Spannungen, Motive, Pläne, Zielsetzungen, Reaktionen und Werte bewußt machen, die für ihr Handeln bestimmend werden könnten. Jemand kann zum Beispiel beobachten, welches Schicksal die Anweisungen eines bestimmten Funktionsträgers auf ihrem Weg durch die Organisationen erleiden – ob sie sinngemäß ausgeführt oder ob sie konterkariert und entstellt werden. Auf diese Weise wird die gesamte Dynamik einer Organisation mit ihren Kommunikationssträngen, Aktivitätszentren und Reaktionsbahnen transparent. Die Gesamtstruktur der Organisation tritt zutage einschließlich der Bereiche, in denen ihr Verhalten konditioniert ist und die nötige Flexibilität vermissen läßt.

Nicht nur Oberflächenstrukturen und Kommunikationskanäle lassen sich mit einem dergestalt gesteigerten Bewußtsein erfassen, sondern auch die Wertvorstellungen, Motive und Überzeugungen, die von entscheidender Bedeutung für die Organisation sind. Das schöpferische Innehalten vollzieht sich auf allen Ebenen bis hinab zu jeder Einzelperson innerhalb der Organisation mit ihren besonderen Bedürfnissen, Werten und ihrem Wunsch nach Sicherheit einerseits und schöpferischer Entfaltung andererseits.

Durch schöpferisches Innehalten wird die Organisation und jedes ihrer Mitglieder für den Zustand ihres Denkens und

Handelns sensibilisiert. Auf diese Weise löst sie festgefahrene Reaktionsweisen und Verhaltensmuster auf – oder stärkt sie zumindest nicht mehr und führt ihnen keine Energie mehr zu. Das Ergebnis ist eine Änderung des Verhaltens und Selbstverständnisses innerhalb der Organisation.

Jeder von uns verfügt über ein hohes schöpferisches Potential, nur ist dieser Kreativitätspool oft von fixierten Reaktionsmustern blockiert. Jetzt aber sehen wir eine Möglichkeit, diese Blockaden aufzuheben. Damit ergibt sich die Möglichkeit, daß die innere Dynamik einer Organisation oder eines Individuums so unendlich sensibel und kreativ wird wie die Außenwelt.

Auch das Weltbild in einer Organisation verändert sich, denn unsere Wahrnehmungen sind von unseren Vorurteilen geprägt. Wir sehen, was wir zu sehen erwarten, und schenken jenen Dingen unsere Aufmerksamkeit, die wir besonders schätzen. Wenn wir uns von früheren Konditionierungen befreien und uns in stets veränderlichen Kontexten bewegen, wächst unsere Sensibilität für die Außenwelt. Je stärker wir uns des inneren Geschehens bewußt sind, desto eindringlicher nehmen wir die Außenwelt wahr.

Das Paradoxon des Handelns liegt darin, daß sich die Natur in so vieler Hinsicht einer Analyse entzieht, so daß kein festgelegter Plan jemals der Vielfalt und reichen Gliederung der Außenwelt gerecht werden kann. Doch nun wird es möglich, die Grenzen zu überschreiten und die unendliche Komplexität der Welt zu verinnerlichen. Statt bestrebt zu sein, die Ereignisse zu beherrschen und vorherzusagen, lassen sich jetzt für den einzelnen, aber auch für Gruppen neue Möglichkeiten erschließen. Die stets veränderliche Dynamik der Welt spiegelt sich im Mikrokosmos, wird gewissermaßen nach innen projiziert. Und daraus erwächst eine völlig neue Form des Handelns.

Sanftes Handeln

Wer versucht, etwas zu kontrollieren oder gar zu beherrschen, wahrt Distanz zu seinem Objekt, sieht es als separate Einheit und versucht, es im Sinne eines vorgefaßten Zieles oder Plans zu manipulieren. Doch sobald die Grenzen zwischen Innenwelt und Außenwelt aufgehoben sind und festgefahrene Reaktionsweisen flexiblen und komplexen Handlungen gewichen sind, läßt sich eine neue Form aktiver Wahrnehmung praktizieren. Aus dieser ganzheitlichen Wahrnehmung erwächst das, was ich *sanftes Handeln* nennen möchte.

Lassen Sie mich zunächst anhand eines Bildes erläutern, wie diese Art des Handelns aussehen könnte. Konventionelle Handlungen sind meist lokal und direkt auf die Ursache des Problems gerichtet. Je schwerwiegender das Problem ist, desto stärker muß die korrigierende Kraft sein. Sanftes Handeln dagegen verläuft behutsam und bezieht das gesamte System ein.

Wenn Sie sich schwimmend im Meer treiben lassen, müssen Sie sich ständig mit kleinen Bewegungen anpassen, um Ihren Körper in bequemer Rückenlage zu halten. Sogar wenn wir ruhig im Bett liegen, schicken wir kleine, exploratorische Signale an die Muskeln, die daraufhin kaum merklich an- und abspannen. Das Feedback dieser muskularen Explorationen bewegt sich durch den Körper und vermittelt uns ein Empfinden für die genaue Lage unseres Körpers im Bett.

Wenn wir uns im Meer treiben lassen, greifen diese winzigen Bewegungen auf das Wasser über, bis wir eins werden mit dem Meer und allen seinen Bewegungen. Ganz ähnlich verhalten wir uns, wenn wir sanft handeln: Ein Bündel koordinierter Maßnahmen nimmt Einfluß auf eine Situation. Sanftes Handeln ist die folgerichtige Fortsetzung des schöpferischen Innehaltens. Nachdem wir uns einen Eindruck von etwas verschafft haben, nehmen wir wirksam, aber sensibel Einfluß.

Spritzer und Wellen

Was ich als konventionelles Handeln bezeichnet habe, gleicht dem Wurf eines schweren Steins in einen Teich: Das Wasser spritzt hoch auf, und es entsteht eine intensive Wellenbewegung. Übertragen wir das Beispiel auf menschliches Handeln: Wie würde sich eine Gruppe verhalten, die sich für den Schutz eines »hypothetischen« Regenwaldes engagiert?

Die Gruppe drängt auf sofortiges Handeln. Da sie zunehmend Unterstützung aus der Öffentlichkeit erhält, bringt die Regierung ein Gesetz ein, das weitere Rodungen verbietet. Doch das erweist sich als wenig wirksam, weil von den Maßnahmen zu viele Interessen betroffen sind. Als die öffentlichen Reaktionen immer heftiger werden, greift die Polizei ein und verhaftet einige der Leute, die mit den Rodungen fortgefahren sind. Nun eskaliert die Situation. Ein örtlicher Regierungsvertreter wird erschossen, ein anderer verschwindet. Nach einigen Tagen rückt das Militär an. Am Ende werden die Rodungen gestoppt, und der Wald ist gerettet – aber nur für eine gewisse Zeit. Zehn Jahre später führt die entsetzliche Armut in dieser Region zu einer blutigen Revolution. Nun kann nur noch wenig getan werden, um den Wald zu retten. Hätte es – symbolisch gesprochen – eine Alternative zu dem ersten Stein gegeben, der ins Wasser geworfen wurde?

Lassen Sie mich die Metapher noch ein wenig fortspinnen und von einem Ereignis erzählen, das außerhalb unserer alltäglichen Erfahrungen liegt. Nehmen wir an, Sie erzeugen überall am Ufer des Teiches winzige Wellen. Die Bewegung der Wellen ist kaum feststellbar. Sie laufen rasch auseinander und verschwinden dann ganz. Nun erzeugen Sie ein zweites Mal Wellen, und zwar so, daß die Phase jeder Welle genau mit der Phase aller anderen übereinstimmt. Nun können die Wellen sich zu einem Tanz zusammenschließen, der durch den ganzen Teich verläuft, weil die Wellen, wie die Elektronen bei ihrem Tanz im Supraleiter, Teil eines größeren Ganzen sind.

Um zu verstehen, wie dies geschehen kann, müssen wir uns an das Doppelspalt-Experiment erinnern, bei dem die Interferenz der Wellen hinter den Spalten ein Muster heller und dunkler Regionen hervorrief. Ähnliches geschieht, wenn sich Wellen in einem Teich treffen: Wo Kämme auf Kämme stoßen, entsteht eine verstärkte Störung, und wo Kämme auf Täler treffen, wird die Wirkung aufgehoben. In unserer alltäglichen Welt ist eine Anzahl winziger Wellen niemals hinreichend kohärent, oder genau genug koordiniert; deshalb ruft die allgemeine Interferenz im Wasser Zufallsmuster hervor, die sich rasch auflösen. Doch bei einer präzisen zeitlichen und räumlichen Koordination kann jede Welle konstruktiv interferieren und den Effekt ihrer Nachbarwelle verstärken. Dadurch nimmt die Größe der Wellen auf ihrem Weg nach innen zu. Unmerkliche Störungen am Rande des Teiches rufen eine kreisförmige Welle hervor, die konvergiert und dadurch auf ihrem Weg an Intensität gewinnt, so daß sie zu dem Zeitpunkt, da sie zum Mittelpunkt des Kreises gelangt, ein großes, konzentriertes Aufspritzen verursacht.

Das Ergebnis wirkt sich ähnlich aus wie die Zeitumkehrung des uns vertrauteren Wasserspritzers und der sich nach außen ausbreitenden Wellen. Die sich konzentrisch nach innen verstärkende Wellenbewegung widerspricht der Vorstellung des gesunden Menschenverstandes, weil solche Ereignisse in unserer alltäglichen Welt nie zu beobachten sind. Um diese Wirkung hervorzurufen, bedarf es nämlich einer unglaublich präzisen und komplexen Koordination überall am Rande des Teiches, einer phantastisch genauen Abstimmung der globalen Information. Genau diese global koordinierte Aktivität ist die Grundlage sanften Handelns. Kommen wir von der Metapher zur Wirklichkeit, vom fiktiven Teich zum konkreten Regenwald. Das Konzept des sanften Handelns, auf das Problem des Regenwaldes bezogen, würde behutsame Aktivitäten auslösen, die sich nicht speziell auf den Regenwald als solchen konzentrieren, sondern aus einer sensiblen Wahrnehmung des größeren Zusammenhangs der Wechselwirkungen und Konsequenzen erwächst. Die Entscheidungen eines japanischen Bankers, eines amerikanischen Teenagers an einer Hamburger-Bude, eines englischen Autoverkäufers, eines Leitartiklers in

Berlin, eines Kaffeemaklers, eines Fernsehzuschauers, der sich zwischen verschiedenen Kanälen entscheidet, können das Leben eines Kleinbauern am Rande eines Regenwaldes unmerklich beeinflussen. Nur auf differenzierte Weise grundsätzliches Handeln kann den Regenwald retten, die Säuglingssterblichkeit verringern oder die Großstadtkriminalität reduzieren, in einer genau koordinierten Vielfalt von Aktionen, die auf höchst unterschiedliche Weise und an ganz verschiedenen Orten beginnen.

Sanftes Handeln greift global. Es ist an der Gesamtstruktur eines Problems ausgerichtet. Dabei geht es nicht nur um praktische Probleme wie den Ölpreis oder die Energienutzung einer bestimmten Fabrik, sondern auch um Werte, Moral und Lebensqualität. Sanftes Handeln kann in einer Vielzahl von Situationen seine intelligente und koordinierte Wirkung entfalten. Wie die Wellen um den Mittelpunkt bewegt es sich nach innen, um in einer bestimmten Frage zu konvergieren. Sanftes Handeln wirkt nicht mit roher Kraft und blindem Einsatz, sondern durch die Modifikation jener Prozesse, die unerwünschte oder schädliche Folgen haben.

Die Konsequenzen sanften Handelns sind weitreichend. Die Probleme, denen wir uns heute gegenübersehen, verlangen von den Menschen, nicht nur ihren Lebensstil und ihre Wertvorstellungen zu ändern, sondern auch die Bedingungen, unter denen sie leben. Indem wir unsere traditionellen Reaktionen, das heißt unser Bestreben nach Sicherheit und Kontrolle, überwinden, schaffen wir die Möglichkeit, uns auf eine Weise zu verhalten, die der komplexen Dynamik der gesamten Situation auf sensible Weise Rechnung trägt.

Nichtlokales Handeln

In gewissem Sinne geschieht sanftes Handeln nichtlokal, denn es entwickelt sich an vielen unterschiedlichen Orten und konvergiert in einer bestimmten Region. Die Physik erklärt der Welt dagegen anhand von Kausalketten, die entweder durch

Abstoßungs- und Anziehungskräfte oder durch Felder und Wechselwirkungen direkt miteinander verknüpft sind und von einem gegebenen Punkt nach außen wirken.

Wenn Sie sich eine Vorstellung von globaler Koordination machen wollen, stellen Sie sich ein gewaltiges Orchester und einen Riesenchor auf einer großen Bühne vor. Sie haben den besten Platz im Saal. Doch wenn der Dirigent den Stab hebt, geschieht etwas Merkwürdiges: Mit der Musik stimmt etwas nicht – einige Musiker – so scheint es – hinken dem Takt hinterher. Zwar hat kein Musiker seinen Einsatz verpaßt. Doch die Töne der weiter entfernten Instrumente erreichen Ihr Ohr später als die nächstpositionierten. Selbstverständlich können Sie diesen Unterschied nicht wirklich hören. Dennoch existiert er. Die einzige Möglichkeit, die Musik so zu koordinieren, daß keine Zeitintervalle entstehen, bestände darin, jeden Musiker mit winziger Zeitverschiebung einsetzen zu lassen. Dies ließe sich tatsächlich auf ziemlich mechanische Weise bewerkstelligen. Doch was wäre, wenn Sie im Zuschauerraum umherwandern würden, so daß sich Ihre Entfernung zu jedem der Musiker ständig verändert? Oder wenn die Musiker selbst sich bewegten? Wollte man jetzt die vollkommende Ordnung der Musik bewahren, müßte der Einsatz der einzelnen Instrumente ständig verändert werden. Und das würde eine fortwährende Veränderung des globalen Informationsmusters voraussetzen. Die musikalische Ordnung würde aus einer nichtlokalen Beziehung aller Instrumente erwachsen. Dieser Effekt wäre mit dem Prozeß des sanften Handelns zu vergleichen.

Etwas Ähnliches haben wir bereits in der globalen Form der Wellenfunktion kennengelernt, die die Bewegung jedes Elektrons in einem Supraleiter koordiniert. In einem normalen Metall ist die Wellenfunktion nicht kohärent, sondern setzt sich aus vielen Einzelbeiträgen aus jeder winzig kleinen Region zusammen. In einem Supraleiter ist jedoch die gesamte Wellenfunktion zu einer globalen Form zusammengeschlossen. Diese Form steuert die Bewegung jedes einzelnen Elektrons. Entsprechend erwächst sanftes Handeln aus der Globalform einer gegebenen Situation.

Sanftes Handeln und Quantenpotential

Wenn eine beträchtliche Veränderung durch eine äußerst geringfügige, aber hochintelligente Handlung hervorgerufen wird, so läßt sich dieser Effekt mit David Bohms Quantenpotential vergleichen. Wie Bohm sagt, hat das Quantenpotential im Unterschied zu den mechanischen Abstoßungs- und Anziehungskräften, die durch die Felder und Kräfte der konventionellen Physik ausgeübt werden, eine Steuerfunktion. Am Beispiel des Ozeandampfers hat er gezeigt, wie die präzise Information eines Funk- und Radarsignals der Rohenergie der Schiffsmaschinen eine bestimmte Form verleiht. Die im Quantenpotential enthaltene Information ist ähnlich präzise und vielfältig und erwächst aus dem Gesamtkontext des Quantensystems. Sie steuert ein Elektron beispielsweise durch einen der Doppelspalte.

Entsprechend übt sanftes Handeln keine Kraft aus, um eine bestimmte Wirkung zu erzielen, sondern setzt auf der Ebene an, auf der diese besondere Wirkung hervorgerufen wird. Wie das Quantenpotential bedient es sich keiner Anziehungs- oder Abstoßungskräfte, sondern verleiht den Dingen im Moment ihrer Entstehung eine bestimmte Form, denn sanftes Handeln entwickelt sich aus der kreativen Wahrnehmung einer komplexen Situation. Sanftes Handeln ähnelt in gewisser Weise den präzisen, aber sparsamen Bewegungen, mit deren Hilfe ein Drahtseilartist sein Gleichgewicht bewahrt.

Soziales Handeln

Sanftes Handeln entfaltet sich global auf den vielen verschiedenen Ebenen eines Systems und verschafft dem Begriff des sozialen Handelns eine neue Dimension. Legt man seine Prinzipien zugrunde, so könnten ganz normale Durchschnittsmenschen, als Individuen wie als Mitglieder einer Gruppe, äußerst effizient handeln. Es käme entscheidend auf ihre Wertvorstellungen, moralischen Grundsätze, Zielsetzungen und Wünsche an. Soziale Veränderungen sind dann nicht mehr nur auf der politischen Ebene zu bewirken, sondern können beim einzelnen beginnen und sich in Organisationen und Staaten entfalten. Das kann eine Veränderung des Konsumverhaltens, eine neue Sensibilität für ethische Fragen oder ein verstärktes Identitäts- und Selbstwertgefühl sein.

Viele Menschen sind mutlos angesichts politischer Macht, weil sie nur eine Stimme unter Millionen anderer haben. Doch im Zuge sanften Handelns stellen wir fest, wie entscheidend die Wertvorstellungen, Wünsche und Absichten jedes einzelnen sein können. Das Individuum kann eine winzige, aber präzise koordinierte Welle sein, die an einer sehr viel größeren Woge mitwirkt. Denn ohne den Beitrag jeder kleinen Welle im Rahmen einer globalen Aktion würde die große Woge an Kraft verlieren. Man kann die politische Macht nicht mehr nur nach Einfluß, Finanzkraft oder Wählerstimmen messen – das Verhalten eines jeden einzelnen ist auf vielfältige und nicht vorhersehbare Weise von Bedeutung.

Diese Überlegungen verleihen auch dem Begriff der Gesellschaft einen neuen Sinn. Sie verfügt fortan wieder über vielfältig gegliederte und detaillierte Karten und über eine sehr differenzierte Ordnung, in der sich keine festgelegten Formen oder Hierarchien herausbilden, sondern die sensibel und organisch strukturiert sind.[1] Wie sich die Funktion von Zelle und Organismus als ein Tanz von Sinn und Kommunikation darstellen läßt, so kann man auch die Gesellschaft und das Individuum betrachten. Diese Beziehung läßt sich mit der zwischen Elektron und Plasma vergleichen, bei denen das Verhalten des einen jeweils im anderen enthalten ist. Entsprechend spiegeln sich die Moralvorstellungen, Zielsetzungen, Sinnentwürfe und Wertvorstellungen der Gesellschaft im Individuum und umgekehrt.

Hirntanz

Sanftes Handeln oder Wirken ist nicht nur auf gesellschaftlicher Ebene möglich, sondern findet sich auch in der Biologie und Physik. Wir haben bereits gesehen, daß man sich das Immunsystem als einen Fluß von aktiver Information durch den Körper vorstellen kann. Auch das Gehirn läßt sich auf diese Weise beschreiben.

Vergleichen wir die Entstehung eines Gedankens im Gehirn mit dem Wellenmuster auf der Oberfläche eines Teiches. Diesmal dürfen wir uns jedoch nicht einen einfachen Kreis von Wellen vorstellen, sondern müssen uns ein Muster kompliziert zusammenhängender Wellen denken, die ständig konvergieren und divergieren. Eine Welle in der einen Region interferiert konstruktiv mit anderen und erzeugt so eine komplizierte Form, die sich nach innen bewegt. Komplexe Wellenmuster schwingen, als würden sie atmen – mal expandierend, mal sich zusammenziehend –, und wandern langsam in neue Regionen.

Übertragen wir dieses Bild auf die elektrochemische Aktivität des Gehirns, die sich ständig über seine Oberfläche bewegt und in seine tieferen Ebenen steigt. Einige dieser Wellen entstehen an einem bestimmten Ort und breiten sich über das Gehirn aus. Andere beginnen dezentralisiert: Einzelne Nervenimpulse und chemische Reizungen laufen in einem Punkt einer bestimmten Region zusammen, um anschließend erneut zu expandieren.

Das ständige Spiel dieser Aktivitäten im Gehirn läßt sich mit zahlreichen Phänomenen vergleichen, etwa den kohärenten und kollektiven Schwingungen, die aus der Aktivität des Gesamtsystems entstehen, oder der Art und Weise, wie die Form einer Wellenfunktion das individuelle Verhalten bestimmt. Die Gehirnaktivität ähnelt auch der aktiven Information des Quantenpotentials, wo ja auch die Formation des Ganzen die Bewegung einzelner Teile festlegt. Oder den nichtlokalen Verknüpfungen, die dafür sorgen, daß getrennte Quantenobjekte in aktiver Beziehung zueinander bleiben.

Wir haben ferner gesehen, wie eine komplexe Intention im

Gehirn entsteht und sich zu einer Vielfalt von Gedanken, aber auch physischer Reaktionen entfaltet. Das physische Gehirn wirkt über das gesamte Nervensystem bis in den Körper hinein, wo es Verbindungen zum Immunsystem unterhält. Wie quälende Gedanken und Gefühle Körperspannungen hervorrufen können, so wäre auch der umgekehrte Prozeß denkbar; die physische Verfassung nimmt Einfluß auf das Gehirn.

Sanftes Handeln beruht auf einem globalen Fluß von Bedeutung und Sinn, der zugleich lokal und nichtlokal ist. Um die Aktivität des Gehirns zu beschreiben, müssen wir über die Konzepte hinausgehen, die aus der *lokalen Physik*, wie ich sie bezeichnen möchte, übernommen wurden. Der Versuch, das Gehirn von einem lokalen Ansatz her zu verstehen, geht davon aus, daß die Aktivitäten des Gehirns in einem lokalisierten Reiz entstehen, der sich über ein Netzwerk von neuralen Verknüpfungen ausbreitet. Doch man kann sich auch die Wirkung einer sanften Handlung vorstellen, in deren Verlauf großflächige Regionen des Gehirns zueinander in Beziehung gesetzt und sensibilisiert werden, so daß eine bestimmte kohärente Aktivität entsteht. Sie muß nicht an einem bestimmten Ort beginnen, sondern kann global erzeugt werden, in manchen Regionen zusammenlaufen und von anderen nach allen Richtungen fortstreben. Diese Vorstellung von der Tätigkeit unseres Gehirns scheint mir weit besser zur Selbsterfahrung und Selbstbeobachtung des denkenden Menschen zu passen.

Globale Beziehungen können auf verschiedene Weise auftreten. Kollektive Schwingungen in einer Region des Gehirns können weitreichende Signale hervorrufen, die verschiedene Bereiche neu strukturieren. Vielleicht gibt es sogar kohärente Zustände im Gehirn, die quantenmechanischer Natur sind. (Das soll nicht heißen, daß das Gehirn insgesamt auf der Quantenmechanik beruht, doch sicherlich sind an der Auslösung eines Signals in einem Nerv Prozesse beteiligt, in denen Energiequanten ausgetauscht werden.) Die Quantenbeziehungen könnten sich über beträchtliche Entfernungen erstrecken, so daß die Sensibilität globaler Gebiete des Gehirns durch die Form einer kollektiven Wellenfunktion beeinflußt wird.

Globale Beziehungen und sanftes Handeln können also auf unterschiedliche Weise wirksam werden. Man kann sich ihren Effekt auch mit Hilfe eines seltsamen Attraktors vorstellen. Wie gesehen, fehlt es in chaotischen Systemen nicht etwa an Ordnung, jedoch bewegen sie sich so extrem komplex, daß sie sich nur mit Hilfe einer unendlichen Informationsmenge beschreiben lassen. Der seltsame Attraktor ist eine unendlich detaillierte Globalform, die die chaotische Bewegung steuert. Statt uns also den seltsamen Attraktor als etwas vorzustellen, das die Ordnung eines Systems zerstört, können wir ihn als die globale Verteilung sehr fein verästelter Information verstehen.

Wenn wir diese Vorstellung auf das Gehirn übertragen, wäre denkbar, daß seine Aktivität von einer extrem komplexen Informationsebene gesteuert würde. Das Denken wäre die Reaktion auf diese Information, die in Form bestimmter Ein- und Entfaltungen elektrochemischer Aktivität im Gehirn vorliegt. Dies würde jedoch bedeuten, daß das Denken eine relativ grobe Form der Gehirnaktivität darstellt. Das Denken wäre nur der einfachere Teil dessen, was es zu leisten imstande ist, denn hinter dem Denken existierte noch ein Faktor, der unendlich viel schneller und komplexer wäre. Berichte über eine ganze Reihe von Meditationserfahrungen lassen darauf schließen, daß es in der Tat jenseits des Denkens andere Phänomene gibt und daß die Fähigkeiten des Gehirns weit größer sind, als bislang vorausgesetzt wurde. Unsere Überlegungen zum sanften Handeln lassen auch erkennen, warum bestimmte Gehirnfunktionen, wie etwa das Gedächtnis, nicht an irgendeiner bestimmten lokalisierten Struktur auszumachen sind.[2] Erinnerungen scheinen nicht lokal gespeichert zu werden, denn sowohl lokalisierte als auch weitgestreute Störungen des menschlichen Gehirns führen nicht zum Verlust spezifischer Erinnerungen. Seit langem rätselt man, wie Erinnerungen aufgezeichnet werden. Jetzt erkennen wir, wie die ganze Dynamik des Gedächtnisses möglicherweise nichtlokaler Natur ist: Spezifische Gedanken und Erinnerungen entfalten sich aus einem sanften Handeln oder, besser, einem sanften Wirken im Gehirn.[3]

Solitone

Das sanfte Handeln oder Wirken kann auch in der Physik als Metapher dienen. Das Bild der Wellen, die im Mittelpunkt des Teiches konvergieren, erscheint uns höchst ungewöhnlich, weil wir in der Regel die Welt nicht im Hinblick darauf betrachten, wie die Einzelteile eines Systems wechselwirken. Das heißt jedoch noch lange nicht, daß es solche Phänomene in der Natur nicht gibt. Wir kennen beispielsweise merkwürdige Wellen, sogenannte *Solitone*, die dank ihrer inneren Koordination in der Lage sind, ihre Form über weite Entfernungen zu bewahren, ohne sich zu zerstreuen.

Bei einer normalen Welle bewirkt die Dispersion, daß winzige Wellen sich mit leicht abweichenden Geschwindigkeiten von der Hauptwelle lösen, so daß diese schließlich völlig zerfließt. Doch bei einem Soliton bewirken nichtlineare Wechselwirkungen, daß sich diese kleinen Wellen koppeln, so daß jede Welle, die zu enteilen versucht, von den anderen zurückgehalten wird. Wie die Form einer supraleitenden Wellenfunktion individuelle Elektronen daran hindert, zu streuen und elektrischen Widerstand zu verursachen, so sorgt auch die Globalform des Solitons dafür, daß die innere Kohärenz erhalten bleibt.

Solitone finden sich in der Luft, in Metallen, Plasmen, Planetenatmosphären und sogar Kernstrukturen. Einige Forscher vertreten die Auffassung, Solitone seien dafür verantwortlich, daß biologische Energie über weite Entfernungen ausgetauscht wird und daß Nervenimpulse über erhebliche Abstände übertragen werden, ohne Beeinträchtigungen zu erleiden. In beiden Fällen entstehen die Solitone aus den Beziehungen des Gesamtsystems und lassen sich nicht auf die einfache Wechselwirkung zusammenhängender Teile zurückführen.

Handeln und Chaos

Sanftes Handeln steht in einer direkten Beziehung zu dem, was wir normalerweise Chaos nennen. Im Zusammenhang mit dem Gehirn haben wir bereits unterstellt, das Chaos besitze eine Ordnung von so hoher Komplexität, daß sie sich jeder einfachen Beschreibung entzieht und eine globale Karte von unendlicher Detailliertheit verlangt – einen seltsamen Attraktor.

Das Chaos ist unendlich empfindlich und unendlich detailliert, und in vielen Fällen ist es das Tor, durch das eine Struktur verschwindet und die andere eintritt. Ein chaotisches System läßt sich nicht auf konventionelle Weise kontrollieren oder steuern, weil es in allen seinen Teilen unendlich empfindlich ist. Statt also den Versuch zu unternehmen, ein chaotisches System dazu zu zwingen, eine bestimmte Richtung einzuschlagen, muß man über die Struktur seines seltsamen Attraktors global vorgehen. Im Herzen des Chaos zu leben würde bedeuten, daß man ständig verschwindend kleine, aber global koordinierte Anpassungsbewegungen vornimmt. Man würde nicht als Kontrolleur irgendwo außerhalb des Systems agieren, sondern müßte sich direkt hineinbegeben und die Qualität seiner Bewegung dort verändern, wo diese entsteht.

Entropie und sanftes Handeln

Behutsames Wirken kann auch die Bedeutung der Entropie erhellen. In ihrer einfachsten Form hat die Entropie mit dem Maß an Ordnung in einem System zu tun. Wenn Sie ein Päckchen Karten mischen, verteilen sich seine Farben und Werte zufällig. Damit wird seine ursprüngliche Ordnung zerstört – der Physiker sagt: Die Entropie nimmt zu. Lassen Sie ein Stück Eisen im Regen liegen, so rostet es, ein Prozeß, der die regelmäßige Anordnung der Atome im Metallgitter allmählich vernichtet.

Nach Auffassung der Physik entwickeln sich natürliche Systeme, die man sich selbst überläßt, zu einem Zustand hoher

Entropie hin. Doch Entropie bedeutet mehr als nur den Zusammenbruch der Ordnung. Sie ist auch mit einem Verlust an Beziehungen verknüpft. Denn wenn die Beziehungen in einem System nicht ständig wiederhergestellt werden, lösen sie sich schließlich auf und das System gerät in einen Zustand der Unordnung. Diese Darstellung ist jedoch in vielerlei Hinsicht viel zu einfach. Wir haben bereits eine Vielzahl von Beispielen kennengelernt, in denen sich Ordnung spontan aus dem Chaos entwickelt. Ein Wortführer derer, die einen umfassenderen Entropiebegriff fordern, ist Ilya Prigogine, der viele Fälle untersucht hat, in denen Ordnung sich dynamisch aus Chaos entwickelt. Das gesamte Chaoskonzept ist in der Physik noch höchst unklar. Manchmal ist das Chaos einfach eine Reihe von nichtkoordinierten Zufallsbedingungen. In anderen Fällen verbirgt sich hinter dem Chaos ein unendlich komplexes Maß an Ordnung, das sich lediglich allen konventionellen Beschreibungsmethoden entzieht. Die Aussage, die Ordnung in einem System breche zusammen oder seine inneren Beziehungen gingen verloren, ist möglicherweise irreführend, weil womöglich neue und komplexere Formen der Ordnung entstehen und nichtlokale Beziehungen auftreten.

Sanftes Handeln und Wirken läßt erkennen, wie ein System, das an der Oberfläche chaotisch wirkt, auf einer tieferen Ebene korreliert sein könnte, so daß auch weit voneinander entfernte Teile in nichtlokaler Beziehung stehen. Was wie eine zunehmende Entropie oder Unordnung aussieht, könnte also in Wirklichkeit eine verborgene Form der Ordnung sein. Beispielsweise verlangt der unerbittliche Vormarsch der Entropie, daß sich die Wellen in einem Teich zerstreuen müssen. Doch haben wir bereits gesehen, daß äußerst feine, nichtlokale Korrelationen winzige Wellen dazu veranlassen können, zu wachsen und eine Bewegung nach innen anzutreten, die den normalen Fluß der Entropie und Zeit umkehrt. Offenbar müssen die Konzepte von Ordnung und Entropie erweitert werden, damit sie auch Phänomene wie sanftes Handeln und nichtlokale Beziehungen berücksichtigen.

Lokalisation

Im Zusammenhang mit dem menschlichen Gehirn haben wir uns bereits überlegt, ob sich lokalisierte Phänomene nicht aus fein verzweigten Prozessen entwickeln könnten. Sogar weit entfernte Teile des Universums stehen möglicherweise in Wechselbeziehung und sind nichtlokal verknüpft. Sanftes Handeln oder Wirken beruht auf einem Tanz von Konvergenz und Divergenz, in dem jede Region des Raumes zugleich lokal und nichtlokal ist. Die Ordnungen des Raumes könnten sich auf neue und komplexe Weise gliedern, so daß sie weit über die ursprünglichen Entwürfe von Descartes und Newton hinausgehen.

Im übrigen könnte die Idee, daß jeder Punkt oder jede lokale Region eine unendlich komplexe Struktur in sich birgt, nicht nur für den Raum gelten, in dem wir uns bewegen, sondern auch für eine Fülle anderer Phänomene, auf die das Konzept des »Raumes« angewendet wird – beispielsweise für ein komplexes Netz logischer Verknüpfungen in einem Computer, verschiedene soziale Beziehungen oder auf einen Raum sozialer oder ökonomischer Werte. In jedem Falle könnte das, was wie eine kleine Region oder ein einfacher Punkt aussieht, ein komplexer, generativer Prozeß sein. Diese Möglichkeit legt den Gedanken nahe, daß die Wissenschaft ihre Auffassung von solchen Systemen gründlich überdenken muß, denn was sie in einer ökonomischen oder sozialen Gleichung für primitive oder eigenschaftslose Elemente hält, könnte sich als eine Entfaltung zugrunde liegender »implikater« Formen und Prozesse erweisen.

Schluß

Dieses Buch begann mit der Forderung nach neuen Karten, die uns auf unserer Reise durch das Universum leiten sollten. Wir sehen jetzt, daß uns diese Reise von begrenzten Konzepten wie Mechanismen, Kausalität, Lokalität, Unitarität und regelmäßiger Ordnung fortgeführt und zu differenzierteren Begriffen gebracht hat wie Nicht-Unitarität, Innenwelt, Schöpfungskraft, reich gegliederten Ordnungen des Raumes und der Zeit, Chaos als unendlich komplexer Ordnung, Aktivitäten von Sinn und Information, spontaner Struktur, Kommunikation, die zur Vereinigung wird, und der Aufhebung der Schranken zwischen belebter und unbelebter Natur, zwischen Geist und Materie.

Wir haben neue und informativere Karten kennengelernt, in denen die leisen und differenzierten Phänomene an Bedeutung gewannen. Eine zentrale These dieses Buches besagt, Wissenschaft und Gesellschaft müssen neuen und leisen Bewegungen mehr Aufmerksamkeit schenken, wenn unsere Wahrnehmung, unser Denken und unser Handeln in harmonischen Bahnen verlaufen soll.

In den letzten zweihundert Jahren hat die Wissenschaft in ihrem Bemühen, Ordnung in der Welt zu entdecken, bemerkenswerte Erfolge erzielt. Doch nun ist es für die Wissenschaft an der Zeit, eine neue Verständnisebene zu suchen. Bisher ließ sie sich mit einer Landschaftsskizze vergleichen, für die aus einer verwirrenden Fülle visueller Daten bestimmte Formen und Konstellationen ausgewählt werden. Linien und Körper werden hervorgehoben und frühere Hilfslinien ausradiert. Das Ergebnis zeigt eine bestimmte, graphische Ordnungsebene des Motivs. Doch der Maler geht über diese Skizze hinaus, indem er sie als Werkzeug oder Orientierungshilfe für eine Arbeit nimmt, die viel differenzierter ist, weil sie vielfältige Abstufungen, Rhythmen von Linien und Farbharmonien berücksichtigt.

In der Vergangenheit hat die Wissenschaft die Einheit der Natur entdeckt, indem sie verallgemeinerte und vom Einfachen zum Komplizierten vordrang. Im 18. Jahrhundert beschäftigte sich die Physik mit den Eigenschaften der Materie, ihrer Bewegung und Verwandlung. Im 19. Jahrhundert wandte sie sich den Ursachen dieser Verwandlungsprozesse zu und begann, die Energie zu erforschen. Allmählich kristallisierte sich der Gedanke heraus, daß so unterschiedliche Phänomene wie Wärme, Elektrizität und mechanische Arbeit möglicherweise alle durch das komplexere Energiekonzept miteinander in Verbindung zu bringen seien. Sogar das Licht begriff man schließlich als eine Form der Energie, und man führte den Begriff des elektromagnetischen Feldes ein.

Als die Physik sich von der Materie der Energie zuwandte, bewegte sie sich vom »Groben zum Feinen«. Ein ähnlicher Übergang ist heute möglich. Ob man, wie David Bohm, von aktiver Information spricht, die der Energie ihre Form verleiht, oder Gedanken erörtert, wie sie in diesem Buch dargelegt worden sind, etwa Bedeutungsflüsse, sanftes Handeln und nichtlokale Beziehungen – in jedem Falle geht es um sehr differenzierte und hochintelligente Phänomene.

Diese Ideen lassen sich auch auf unser eigenes Leben übertragen, da solche außerordentlich fein verästelten Phänomene eine entscheidende Rolle in allen Bereichen der Natur spielen und da wir unbedingt unter die Oberfläche der Dinge sehen müssen, um die sehr komplexen Vorgänge zu verstehen, die sich dahinter verbergen. Synchronizitäten sind natürliche Entfaltungen der zugrunde liegenden Ordnung der Natur. Wie sich die Muster kleiner Wellen im Gehirn oder auf der Oberfläche eines Teiches entfalten, so können sie auch Gedanken, Träume und äußere physische Ereignisse bewegen.

Wenn wir unsere starren Denk- und Reaktionsmuster auflösen, machen wir den Weg frei für schnellere und differenziertere Prozesse. Das Denken könnte nämlich ein kleiner und relativ grober Teil dessen sein, wozu unser Geist fähig ist. Je mehr wir uns für diese komplexen und differenzierten Phänomene öffnen, desto unmittelbarer erschließen sich uns das Wesen des Universums und seine schöpferischen Kräfte.

Wir sind aufgerufen, diese neuen Karten zu nutzen und die Reise anzutreten. Wie bei jeder Reise ist das Wichtigste, den ersten Schritt zu wagen.

Anmerkungen

Einführung

1 F. David Peat, *Sychronicity: The Bridge Between Matter and Mind*, New York, Bantam Books, 1987 (deutsch: *Synchronizität – Die verborgene Ordnung*, München, Scherz, 1987).
2 C. G. Jung, »Synchronizität als ein Prinzip akausaler Zusammenhänge«, *Gesammelte Werke*, Bd. 8, Olten, Walter, 1981.
3 A. P. Elkin, *The Australian Aborigines*, New York, Doubleday, 1964.

Erstes Kapitel

1 Abraham Maslow, *The Further Reaches of Human Nature*, New York, Penguin Books, 1973.
2 Häuptling Seattles Worte sind in vielen Büchern zitiert worden, unter anderem in: Frederick W. Turner (Hg.), *The Portable North American Reader*, New York, Penguin Books, 1977. Dort findet der Leser auch Reden anderer amerikanischer Indianer. (Die deutsche Übersetzung ist entnommen: Seattle, *Wir sind ein Teil der Erde*, Olten, Walter, 1982.)
3 Pen Colorado zitiert ihren Großvater in »Bridging Native and Western Science«, *Convergence* XXI (Nr. 2/3), S. 49–72, 1988.
4 Viele andere Bücher beschäftigen sich mit dem Weltbild der nordamerikanischen Indianer. Einige tun das aufrichtig und mit dem nötigen Respekt, andere zeigen Tendenzen, die von Bevormundung bis Ausbeutung reichen. Hüten Sie sich vor Büchern, bei denen das Wort *primitiv* im Untertitel erscheint

oder in denen sich ein zeitgenössischer Autor mit Federschmuck und heiligen Pfeifen oder Kristallen abbilden läßt. Der Leser sollte sich darüber im klaren sein, daß es einigen Stammesältesten durchaus nicht recht ist, wenn die Kunde von Zeremonien und Visionen in die Öffentlichkeit gerät. Er sollte auch wissen, daß Dinge wie Masken, Zeremonienpfeifen, heilige Puppen und ähnliche Dinge zwar manchmal zum Kauf angeboten werden, grundsätzlich aber sakrale Gegenstände sind und keine Souvenirs oder kunstgewerblichen Artikel.

Die Worte von Black Elk, dem großen Lehrer der Oglala Sioux finden sich in *The Sacred Pipe*, hg. von Joseph Epes Brown (New York, Penguin Books, 1981) und in *Black Elks Speakes*, hg. von John G. Neihardt (New York, Washington Square Press, 1972). In dem Buch *Touch the Earth: A Self-Portrait of Indian Existence* (New York, Pocket Books, 1972) von T. C. McLuhan kommen Indianer selbst zu Wort. Zu empfehlen sind auch die Bücher: Dennis Tedlock und Barbara Tedlock, *Teachings from the American Earth: Indian Religion and Philosophy*, New York, Liveright, 1975; John Grim, *The Shaman: Patterns of Religious Healing Among the Ojibway Indians*, Norman, Oklahoma, University of Oklahoma Press, 1983; Elizabeth Tooker (Hg.), *Native North American Spirituality of the Eastern Woodlands*, Mahwah (N. J.), Paulist Press, 1979, ist ebenfalls zu empfehlen. Bruce Chatwin, *The Songlines*, New York, Penguin Books, 1988 (deutsch: *Traumpfade*, München, Hanser, 1990), ist ein poetischer und imaginativer Versuch, die Karten und die Landschaft der Kulturen der australischen Ureinwohner und eines westlichen Schriftstellers miteinander in Einklang zu bringen. Ein einfühlsamer Versuch, das Empfinden einer anderen Eingeborenenkultur, der BaMbuti-Pygmäen, zu vermitteln, ist das Buch: Colin M. Turnbull, *The Forest People*, New York, Simon and Schuster, 1961.

5 Hugh Brody, *Maps and Dreams: Indians and the British Columbia Frontier*, Vancouver (B. C.), Douglas and McIntyre, 1988.

6 Nach Dürers Sicht gibt es offenbar eine Trennung zwischen Künstler und Natur. Man kann das Bild auch als Teilung zwischen dem Männlichen und dem Weiblichen verstehen. Auf der linken, weiblichen Seite der Radierung ist die Natur durch ein Fenster zu sehen. Der einzige Hinweis auf die natürliche

Welt, der auf der sehr viel kargeren männlichen Seite zu finden ist, ist eine Topfpflanze, die von Stöcken eingezwängt ist. Nicht nur die Frau wird auf das Gitter der Perspektive gebunden, sondern auch die Natur wird dazu gebracht, sich dieser übergreifenden Ordnungskonzeption zu fügen.

Eine ähnliche Auffassung von diesen Dualitäten – von Perspektive und Wirklichkeit, Kunst und Natur, männlichem und weiblichem Prinzip, Sexualität und Sterilität, dem höfischen Garten und der menschlichen Gewalt – findet sich in dem bemerkenswerten Film *Der Kontrakt des Zeichners* von Peter Greenaway. Dürers Überlegungen zur Natur des künstlerischen Herrschaftsanspruches und der Sexualität sind in unserem Jahrhundert von Marcel Duchamp fortgesetzt worden.

7 Der Zusammenhang zwischen dem Frauenbild des Mannes und dem Naturbild des Wissenschaftlers wird erörtert bei: Susan Griffin *Woman and Nature, the Roaring Inside Her*, New York, Harper & Row, 1980.

8 *Die Analyse der Empfindungen und das Verhältnis des Physischen zum Psychischen* erschien erstmals 1886 unter einem etwas anderen Titel und erfuhr dann in vier späteren Auflagen wichtige Veränderungen und Erweiterungen.

9 Historisch gesehen, hat Newton wohl nicht direkt in den Kategorien dessen gedacht, was wir heute als Zustandsraum bezeichnen, doch im Grunde genommen lassen sich seine Theorien auf diese Weise ausdrücken.

10 Vgl. z. B. B. J. T. Dobbs, *The Foundations of Newton's Alchemie: or, The Hunting of the Green Lyon*, New York, Cambridge University Press, 1983.

Zweites Kapitel

1 Zu einer allgemeinverständlichen Erklärung der Superstringtheorie vgl. F. David Peat, Kosmische Fäden. Auf der Suche nach der Theorie, die alles erklärt, Hamburg, Hoffmann und Campe, 1989.

2 Anthony Lee, *Fearful Symmetry: The Search for Beauty in Modern Physics*, New York, Macmillan, 1988.

3 Werner Heisenberg, *Gesammelte Werke*, Bd. III, Der Teil und das Ganze, München, Piper, S. 89–90.

4 Roger Penroses Ideen über Twistoren und Twistergeometrie sind erklärt bei: F. David Peat, Kosmische Fäden. Auf der Suche nach der Theorie, die alles erklärt, Hamburg, Hoffmann und Campe, 1989.

Drittes Kapitel

1 Es gibt eine Vielzahl von Büchern, die sich mit den Problemen und Paradoxa bei der Interpretation der Quantentheorie beschäftigen. Eine gute Einleitung ist: Nick Herbert, *Quantenrealität, Jenseits der neuen Physik*, Goldmann, 1990. Leser, die sich eingehender mit dieser Frage beschäftigen möchten, seien verwiesen auf: Kohn Archibald Wheeler und Wojciech Hubert Zurek (Hgs.), *Quantum Theory and Measurement*, Princeton (N. J.), Princeton University Press, 1983. Die Herausgeber haben in diesem Band bahnbrechende Arbeiten der Gründungsväter der Quantentheorie zusammengestellt.

2 David Bohm und Basil Hiley haben die Auffassung vertreten, ihre Kausalinterpretation der Quantentheorie vermeide die Paradoxa der Messung. Ihr Ansatz ist jedoch weniger eine alternative Deutung eines existierenden Systems als vielmehr eine grundlegende Revision der quantentheoretischen Ontologie – eine völlig neue Auffassung dessen, was ein Quant-Teilchen tatsächlich ist. Weitere Einzelheiten dieses neuen Ansatzes findet der Leser im fünften Kapitel.

Viertes Kapitel

1 Dem wissenschaftlich interessierten Leser seien die folgenden Artikel empfohlen: F. D. Peat, »Time, Structure and Objectivity in Quantum Theory«, *Foundations of Physics* 18 (1988), S. 1213; ders., »The Evolution of Structure and Order in Quantum Mechanical Systems«, *Collective Phenomena*, 2 (1976), S. 149; ders., »The Emergence of Structure and Organization from Phy-

sical Systems«, *International Journal of Quantum Chemistry: Quantum Biology*, Symposium Nr. 1 (1974), S. 213.

2 Allerdings teilen nicht alle Physiker die Auffassung, das Wachstum eines Quasikristalles werde auf globaler Ebene gesteuert.

Fünftes Kapitel

1 Ich kann die Urknalltheorie jedoch nicht ganz akzeptieren, nach der das Universum in einem einzigen Augenblick entstanden ist. Aus den Darlegungen des vorigen Kapitels geht hervor, daß es keine fundamentale Ursprungsebene des Universums gibt. Die Urknall-Strahlung könnte trotzdem das Relikt irgendeines spektakulären Ereignisses sein, das in einem bestimmten Energie- und Raumzeitbereich stattgefunden hat.

2 *Electromagnetic Bio-Information*, hg. von Fritz-Albert Popp, Ulrich Warnke, Herbert L. König und Walter Peschka, München/Wien/Baltimore, Urban & Schwarzenberg, 1989.

3 Erläuterungen zu Bohms Theorien finden sich in: *Wholeness and the Implicate Order*, London, Routledge & Kegan Paul, 1980; und in: *Science, Order and Creativity*, New York, Bantam Books, 1987; letzteres unter Mitwirkung von F. David Peat.

4 C. G. Jung, *Erinnerungen, Träume, Gedanken*, Zürich, Rascher, 1968.

5 G. Fauconnier, *Mental Spaces*. Vgl. auch: Alan J. Ford und F. David Peat, »The Role of Language in Science«, *Foundations of Physics* 18 (1988), S. 1233.

Sechstes Kapitel

1 Der Gedanke, daß man das Universum als eine Sinfonie oder ein Kunstwerk sehen kann, wird auch entwickelt in dem Artikel: F. David Peat, »Mathematics and the Language of Nature«, in: Ronald E. Mickens (Hg.), *Mathematics and Science*, Teaneck (N. J.), World Scientific, 1990, S. 154–172.

2 Vgl. John S. Bell, *Speakable and unspeakable in quantum mecha-*

nics, New York, Cambridge University Press, 1987. Vgl. ferner: F. David Peat, *Einstein's Moon: Bells's Theorem and the Curious Quest for Quantum Reality*, Chicago, Contemporary Books, 1990.

3 Rupert Sheldrake, *A New Science of Life: The Hypothesis of Formative Causation*, London, Blond and Briggs, 1985; und ders., *The Presence of the Past: Morphic Resonance and the Habits of Nature*, New York, Random House/Vintage Books, 1989.

Siebtes Kapitel

1 Colin M. Turnbull, *The Forest People*, New York, Simon and Schuster/Touchstone Books, 1968.

2 Vgl. James Gleick, *Chaos Theory: Making a New Science*, New York, Viking, 1987 (deutsch: *Chaos – Die Ordnung des Universums*, München, Knaur, 1988). Vgl. ebenfalls John Briggs und F. David Peat, *The Turbulent Mirror: An Illustrated Guide to Chaos Theory and the Science of Wholeness*, New York, Harper & Row, 1989.

3 Heinz Pagels, *The Dreams of Reason*, New York, Bantam Books, 1988. Vgl. ebenfalls: Roger Penrose, *The Emperor's New Mind*, New York: Oxford University Press, 1989; und: F. David Peat, *Artificial Intelligence: How Machines Think*, New York, Baen Books, 1988.

4 Waddingtons Theorien werden erörtert in: Rupert Sheldrake, *The Presence of the Past: Morphic Resonance and the Habits of Nature*, New York, Random House/Vintage Books, 1989.

5 Eine Erörterung aller dieser Ideen sind zu finden in: John Briggs und F. David Peat, *Die Entstehung des Chaos*, Carl Hanser Verlag, München, 1990.

Achtes Kapitel

1 Joseph W. Meeker, *The Comedy of Survival: In Search of an Environmental Ethic*, Los Angeles (Cal.), Guild of Tutors Press, 1980.

2 Im Hippokampus gibt es Nervenstrukturen, die mit der Gedächtnisfunktion zu tun haben, doch sie scheinen eher dafür zuständig zu sein, wie Erinnerungen verarbeitet, gespeichert und wiedergefunden werden, als für den tatsächlichen Ort ihrer Unterbringung.

3 Einige dieser Spekulationen lassen sich experimentell überprüfen. Gegenwärtig beschäftigen sich KI-Forscher intensiv mit der Erforschung neuraler Netze – komplexer Netzwerke, die zur Informationsverarbeitung dienen. Dabei beeinflussen die Daten, die durch das Netz wandern, die Empfindlichkeit der Verknüpfungen. Auf diese Weise kann man neuralen Netzen beibringen, neue Aufgaben zu bewältigen und Muster zu erkennen, weil ein wiederholter Dateninput bei ihnen durch Veränderung ihrer Verknüpfungen »Lernprozesse« in Gang setzt. Es wäre interessant, ein System zu entwickeln, in dem diese Verknüpfungen auch in nichtlokaler Beziehung stehen. Ein hohes Maß an feinverzweigten Informationen oder Erinnerungen, über das ganze System verteilt, würde seine Leistung beeinflussen.

REGISTER

Das Buch

»Der Gedanke, daß eine letzte Gleichung existieren könnte, hat fast magische Qualität und wäre, wie der Stein der Weisen früherer Zeiten, das letzte Ziel aller wissenschaftlichen Forschung – die endgültige Antwort.« Wie unrealistisch diese Suche ist, zeigt der renommierte amerikanische Wissenschaftspublizist F. David Peat in diesem Buch eindrucksvoll auf. Er kritisiert, daß viele Forscher die »Mathematisierung der Natur mit deren Wirklichkeit verwechseln«, und weist anhand der Chaostheorie nach, warum es nicht gelingen kann, die Natur wie eine Maschine zu beherrschen und zu manipulieren. »Wer an einem lauschigen Spätsommertag am Strand oder im Schatten etwas über Heisenbergs Unschärferelation, Hilbert-Raum, Intermittenz, Bifurkationen und Attraktoren lesen und verstehen will – irgendwie hat man das ja alles schon mal gehört – und die Absicht hat, wie Peat sich ein philosophisches System daraus zu basteln, wird sicher nicht enttäuscht werden. Peat ist auf dem derzeitigen Stand der Wissenschaft. Ein lesenswertes und nachdenklich stimmendes Buch.« (Magazin für Computer und Technik)

Der Autor

F. David Peat ist Physiker, Wissenschaftspublizist und ständiger Mitarbeiter der Smithsonian Institution. Auf deutsch sind von ihm bislang erschienen: ›Superstrings – Kosmische Fäden‹ (1989), ›Die Entdeckung des Chaos‹ (1990; mit John Briggs), ›Sychronizität – Die verborgene Ordnung‹ (1991). F. David Peat lebt und lehrt in Ontario, Kanada.